中 等 职 业 教 育 教 材

化 工 基 础

张传梅　主　编
薛彩霞　副主编
李绍岭　主　审

化学工业出版社
·北京·

本书结合中职学生特点，对于化工基础的知识进行了系统的介绍。具体内容包括：流体流动与输送，非均相物系的分离与设备，传热，蒸发，气体吸收，蒸馏，固体干燥，煤气化合成甲醇，日用化学品简介，化工安全知识。附录部分给出了相关物理性质及化学性质的数据。本教材采用任务引领型的教学模式，图文并茂、简单明了，强化学生实践性联系，加强实训。

　　本书可作为中等职业学校化工专业教材，也可作为相关专业技术人员的参考用书。

图书在版编目（CIP）数据

化工基础/张传梅主编. —北京：化学工业出版
社，2010.7（2025.2重印）

中等职业教育教材

ISBN 978-7-122-08824-6

Ⅰ. 化…　Ⅱ. 张…　Ⅲ. 化学工业-专业学校-
教材　Ⅳ. TQ

中国版本图书馆 CIP 数据核字（2010）第 108746 号

责任编辑：旷英姿　　　　　　　　　文字编辑：颜克俭
责任校对：徐贞珍　　　　　　　　　装帧设计：王晓宇

出版发行：化学工业出版社（北京市东城区青年湖南街 13 号　邮政编码 100011）
印　　装：北京科印技术咨询服务有限公司数码印刷分部
787mm×1092mm　1/16　印张 14½　字数 356 千字　2025 年 2 月北京第 1 版第 12 次印刷

购书咨询：010-64518888　　　　　　售后服务：010-64518899
网　　址：http://www.cip.com.cn
凡购买本书，如有缺损质量问题，本社销售中心负责调换。

定　　价：36.00 元

前　言

本书是针对非化工专业、中等职业层次的学生的教材。本书也可供有关科技人员参考，并可供职业培训和化工技校作为教学教材使用，还可作为高职高专非化工专业教学教材。为了顺应全国中等职业教育教学改革的需要，培养符合社会需要的应用型人才，本书有以下特点。

（1）采用任务引领型的教学模式

倡导以学生为主体、以教师为主导的教学理念，采用项目教学的授课模式，将知识通过案例导出，以情景引入的方式展示在学生面前，进而让学生思考能用什么理论来解决这个案例，然后由教师引出理论，引导学生分析问题、解决问题。通过引出问题→分析问题→解决问题的诱导模式，将理论逐步分解成一个个知识点，再将知识点按其内在逻辑组合成相对独立的单元，将理论一层层地揭示出来，最后达到解决问题的目的。在解决问题的时候，强调师生互动，让学生参与寻找已知条件、分析未知条件，最后教师与学生共同解决未知问题。这样就像老师带领学生进入了实验室，触摸应用，认知理论，完成实践。课堂让学生查取的资料，可以锻炼学生与老师的合作能力，课后有双边交流练习，让学生广泛查找相关知识，自己寻找答案，下次上课时再分组交流，由分散练习到集中练习，充分发挥学生的主观能动性，有利于激发学生的学习兴趣和自信心。

（2）图文并茂，简单明了

尽可能多用图形和照片说明问题。简化理论，使其浅显易懂，减少冗长理论的阐述，将抽象的理论形象化、具体化，加强学生的直观感。

（3）强化学生实践性练习

课后附带多种练习，广泛收集相关知识在工业生产及人们生活中的应用，通过填空、判断、问答、思考、计算等练习，让学生解决实际问题，达到学以致用的目的。

（4）加强实训

对课程涉及的典型试验，项目教学之后，都有实验实训练习，让实训从理论中来再到理论中去，将理论和实践有机结合起来，起到巩固所学的作用。

本书由河南化工职业学院张传梅主编，并编写项目三、项目六；陕西省石油化工学校薛彩霞为副主编，并编写项目一、项目五、项目七；河南化学工业职业学院付玲编写项目二、项目十；新疆化学工业学校周金辉编写项目八、项目九；新疆化学工业学校朱江编写项目四。初稿完成后，由新疆化学工业学校李绍岭审稿。

本书在编写过程中，各编写学校的领导和老师给了大力的支持和帮助，北京东方仿真控制技术有限公司提供了部分资料，在此表示衷心的感谢！

由于编者水平有限，不当之处在所难免，恳请各位专家和使用本书的师生及读者批评指正。

编者

2010 年 3 月

目　录

附录 ·· 202

参考文献 ·· 223

绪　　论

任务1　了解化工生产过程

化学工业是以自然资源为原料，以工业规模对原料进行加工处理，通过物理变化和化学变化，使资源成为生产资料和生活资料的加工业。化工生产过程的最明显的特征就是化学变化。为了使化学反应过程得以经济有效地进行，必须创造及维持适宜的条件，对原料进行适当的预处理，以便创造具有一定的压力、温度、组成等适合化学反应的环境条件；反应后的产品必须经过后处理分离、提纯，获得符合质量标准的产品；对未完成反应的原料，还要进行循环利用。这些反应前的预处理和反应后的产品处理以及原料的循环处理，主要发生的是物理变化，进行的是物理操作。因此，化工生产过程是若干个物理处理过程与若干个化学反应过程的组合。

古老的化学工业有燃料、漆器、陶瓷、炼丹、酿酒、火药、造纸等。近代化学工业以发展无机化工产品为特征。18世纪末，发展了制酸、制碱工业。19世纪末20世纪初，以石油化工和有机化工为主要特征，逐步实现了化工生产装置的大型化和自动化。化学工业的突飞猛进，新技术不断涌现，高科技迅速发展，在国民经济中发挥着越来越重要的作用。

任务2　认识本课程的性质、作用和内容

化工基础是一门基础技术课，是学习化工生产过程基本知识和共同性操作规律的综合性课程，它阐明如何运用物理和化学理论，并结合化学工程中的观点和方法来解决化工生产中的实际问题。化工生产过程中，除了化学反应以外，还牵涉物理处理过程，这些物理处理过程称为单元操作。本课程的内容分为化工单元操作、典型的化工工艺、化工安全、日用化学品的相关知识的介绍和分析应用。

化工单元操作是化工生产过程中普遍采用的，遵循共同的物理学定律，所用设备相似，具有相同作用的基本操作。本课程介绍典型的单元操作、典型的化学生产工艺以及化工安全技术和常识，它是一门理论性和实践性都很强的课程。本课程介绍的单元操作过程有流体流动与输送、非均相物系的分离、传热、蒸发、蒸馏、吸收、干燥，通过学习掌握或了解其基本原理、计算方法、典型设备及操作注意事项。

化工工艺是使原料进行物理变化或化学变化，生产出物质产品。化学工艺过程要求的不仅是单一某台设备的性能优良，更重要的是全系统的性能优良，要求做到低耗、环保、高效、安全、可持续发展。本课程对较为典型的化学工艺过程进行介绍和分析。

化工安全是介绍化工生产中的各种事故和职业性危害的原因，并采取措施，以消除各种危害的原因或改善劳动条件。化工生产处理的物质往往具有易燃、易爆、腐蚀性强和有毒害物质多等特点，且生产装置趋向大型化，一旦发生事故，波及面很大，对国民经济及所在地

区的人民安全可能带来难以估计的损失和灾害。所以，了解化工安全的意义十分重大，是化工生产管理中的重要部分。

任务3　学习本课程的任务和方法

本课程的学习任务是：获得常用化工单元操作及设备的基础知识和基本原理，初步掌握化工单元操作及典型设备的有关计算和设计方法，熟悉典型化学产品的生产工艺和流程特点，了解化工典型设备的构造和性能，初步认识化工安全的相关知识。为从事本专业技术工作和安全生产及健康生活打下良好的基础。

化学工程的特点是过程影响因素多、制约条件多。学习本课程的过程中，要建立工程概念。工程概念就是理论上的正确性，技术上的可行性，操作上的安全性，经济上的合理性。本课程是理论性和实践性都很强的学科；强调理论知识与工程实践并重的原则；熟悉工程计算方法，培养基本计算能力。

项目一　流体流动与输送

任务1　了解流体输送在化工生产中的应用

想一想　液体可以自然地从高处向低处流动，如果用泵来驱动，就可以实现从低处向高处流动，也可以克服阻力向远距离输送，这些过程是如何实现的呢？

为了明白上述问题，学习流体机械能的衡算理论。

【案例1】　高位槽送料：高层住宅的用水是通过顶层的水箱来实现的，我们称之为高位槽。高位槽送料是一种由高处向低处送料的情况，是利用容器、设备之间的位差，将处在高位设备内的液体输送到低位设备内的操作。输送时，只要在两个设备之间用一根管道连接即可。高位槽的高度与流体的流量有直接的关系，即对于相同的输送管路，高位槽的高度越高，所输送流体的流量越大。另外，对于要求流体稳定流动的场合，为避免输送机械带来的波动，也常常设置高位槽。图1-1是甲醇汽化流程中用液体泵将甲醇送到高位储槽。

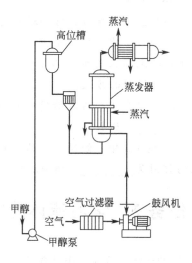

图1-1　甲醇汽化流程中用液体泵将甲醇送到高位储槽

【案例2】　输送机械送料：我国南水北调、西气东输工程，就是实现把我国南方长江的水，通过机械设备做功送到北方需要的地方；把新疆塔里木油田的天然气通过管道送到千家万户等，都是通过机械设备（泵或风机）加压被输送到所需要的地方。这种通过输送机械来实现流体输送的操作称为输送机械送料。

【案例3】　压缩气体送料：化工生产过程中如果需要远距离输送腐蚀性物料，一般采用压缩空气或惰性气体代替输送机械来输送物料，这种通过压缩空气实现物料输送的操作称为压缩空气送料。压缩气体送料是一种由低处向高处送料的情况。通过给上游流体施加一定的压力来完成物料的输送过程。但此操作流量小且不易调节，只能间歇输送物料。压缩空气送料时，空气的压力必须能够保证完成输送任务。图1-2是压缩空气输送硫酸的流程。

【案例4】　真空抽料：通过真空系统造成的负压来实现流体输送的操作称为真空抽料。真空抽料是一种由低处向高处送料的情况。通过给下游设备抽真空造成上下游设备之间的压力差来完成流体的输送过程。真空抽料以其结构简单、操作方便、没有动件的优点适用于化工生产中的很多场合；但由于流量调节不方便，需要真空系统，所以不适用于输送挥发性的液体。图1-3是用真空泵将设备3抽真空，来实现输送碱液的过程。

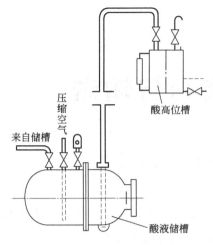

图1-2 压缩空气输送硫酸的流程

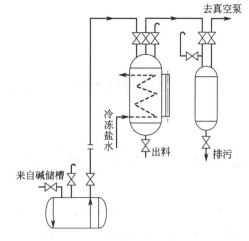

图1-3 真空抽料输送流程

🌀 **双边交流**

通过上面的学习，仔细观察图1-1～图1-3，然后回答下列问题。

1. 图1-1中，甲醇是通过_____方式被送入高位槽，要使高位槽中的液体被送入蒸发器中，要求高位槽的高度必须_____蒸发器的高度。该流程中采用了_____送料和_____送料的方式。

2. 图1-2中，酸液储槽中的酸是通过_____的方式被送入酸高位槽的，这种送料方式称为_____送料。

3. 图1-3中，烧碱中间槽中的烧碱是通过_____的方式被送入烧碱高位槽的，真空汽包的作用是_____，该输送方式称为_____送料。

任务2 学习流体的密度

📖 **想一想** 同样大小的气球，氢气球比空气球轻；相同体积的棉花要比铁块轻得多。为什么相同体积的物体，质量是不同呢？

这是因为物质的密度不同。下面来了解流体的密度。

1. 密度的定义

流体的密度是指单位体积流体的质量，用符号 ρ 来表示，国际单位是 kg/m^3。可以表示为：

$$\rho = \frac{m}{V} \tag{1-1}$$

式中 m——流体的质量，kg；

V——流体的体积，m^3。

（1）**液体的密度**

① 液体密度的获得 方法一：实验测取；方法二：查资料。

🌀 **双边交流**

1. 水池内装有 $1m^3$ 的水，它的质量是 1000kg，你知道它的密度吗？

2. 通过附录查取下列液体的密度：20℃时，水的密度是_____，苯的密度是_____。

② 影响液体密度的因素　影响液体密度的因素有压力和温度。但压力的变化对液体密度的影响很小（压力极高时除外），故液体常被称作不可压缩性流体，工程上常忽略压力对液体密度的影响。温度变化时，绝大多数液体的密度会有所变化，温度升高时，液体密度略有下降。例如，277K 时，纯水的密度是 $1000kg/m^3$，293K 时是 $998.2kg/m^3$，373K 时是 $958.4kg/m^3$。

（2）气体的密度

【案例 5】　氮气的体积分数为 79％、氧气的体积分数为 21％ 的某混合气，当其压力为 100kPa，温度为 300K 时，该混合气的密度是多少？

1. 解决案例的理论引导

气体密度的获得如下。在工程计算中，当温度不太高、压力不太大时，气体可以看作理想气体，由理想气体状态方程可以得到气体密度的计算式：

$$\rho = \frac{pM}{RT} \tag{1-2}$$

式中　ρ——气体的密度，kg/m^3；

　　p——气体的压力，kPa；

　　M——气体的摩尔质量，kg/kmol；

　　R——通用气体常数，取 8.314kJ/(kmol·k)；

　　T——气体的温度，K。

对于混合气体，式(1-2) 可以写为：$\rho_m = \frac{pM_m}{RT}$ $\tag{1-3}$

其中　M_m——混合气体的平均相对分子质量，kg/kmol，可由式(1-4)进行计算。

$$M_m = y_1 M_1 + y_2 M_2 + \cdots + y_n M_n \tag{1-4}$$

式中　$M_1, M_2, \cdots, M_n$——混合气中各组分的摩尔质量，kg/kmol；

　　　$y_1, y_2, \cdots, y_n$——混合气中各组分的摩尔分数，对理想气体来说，各组分的摩尔分数、体积分数、压力分数都相等。

也可以用式(1-5) 计算：

$$\rho_m = \rho_1 y_1 + \rho_2 y_2 \tag{1-5}$$

2. 解决案例的步骤

方法一：由式(1-5) 来计算混合气的密度

① 列出已知条件：氮气的体积分数 $y_1 = $_____，氧气的体积分数 $y_2 = $_____

② 氮气的密度：$\rho_1 = \dfrac{pM}{RT} = \dfrac{(\quad) \times (\quad)}{8.314 \times (\quad)} = 1.123$ (kg/m^3)

　　氧气的密度：$\rho_2 = \dfrac{pM}{RT} = \dfrac{(\quad) \times (\quad)}{8.314 \times (\quad)} = 1.283$ (kg/m^3)

③ 计算混合气的密度：

$$\rho_m = \rho_1 y_1 + \rho_2 y_2 = 1.123 \times 0.79 + 1.283 \times 0.21 = 1.1566 \ (kg/m^3)$$

方法二：由式(1-3) 来计算混合气的密度：

① 混合气的平均相对分子质量：

$$M_m = y_1 M_1 + y_2 M_2 = 0.79 \times 28 + 0.21 \times 32 = 28.84 \ (kg/kmol)$$

② 计算混合气的密度：由式(1-3) 得到：

$$\rho_m = \frac{PM_m}{RT} = \frac{100 \times 28.84}{8.314 \times 300} = 1.156 \text{（kg/m}^3)$$

2. 影响气体密度的因素

影响气体密度的因素有温度和压力，通过以上学习可以知道，气体密度随压力的增大而增大、随温度的增大而减小。

任务3　学习流体的压力

想一想　我们都听说锅炉内温度过高会爆炸，是因为锅炉内压力太高而材料承受不了而引起爆炸。什么是压力？

1. 压力的定义

压力是指流体垂直作用于单位面积上的力，也称压强，其定义式为：

$$p = \frac{F}{A} \tag{1-6}$$

式中　p——流体的压力，Pa；

　　　F——垂直作用在面积 A 上的力，N；

　　　A——流体的作用面积，m²。

在化工生产中，压力是一个非常重要的控制参数，为了测定操作条件下压力的大小，常常要在设备上安装测量仪表，传统的测量压力的仪表有两种，即压力表和真空表，所测得的压力称为表压和真空度，而并非实际压力即绝对压力，它们三者之间的关系是：

表压＝绝对压力－大气压力

真空度＝大气压力－绝对压力

由此可以看出，表压所反映的是设备内部实际压力比大气压力所高出的数值，而真空度所反映的是设备内部实际压力比大气压力所低的数值。在表示压力大小时，必须注明其表示方法，否则默认为绝对压力。

例如：600kPa 表示绝对压力，100kPa（表压）表示系统的表压力，100kPa（真空度）表示系统的真空度。

【案例6】　某真空精馏塔在大气压力为 100kPa 的地区工作，其塔顶的真空表读数为 90kPa，当塔在大气压力为 86kPa 的地区工作时，若维持原来的绝对压力，则真空表的读数变为多少？

解决案例的步骤如下。

① 分析：该精馏塔的绝对压力维持不变。

② 在大气压力为 100kPa 的地区工作时的绝对压力为：$p_绝 = p_大 - p_真 = 100 - 90 = 10$（kPa）。

③ 在大气压力为 86kPa 的地区工作时的绝对压力为：$p_绝 = p_大 - p_真 = 86 - p_真 = 10$（kPa）
则：$p_真 = $ _____ kPa。

2. 压力的测量

在化工生产中，压力通常是由仪表来测量得到的，通常所用的有压力表、真空表、压力

(a) 指针式压力表

(b) 真空表

(c) 压力真空表

图 1-4　几种常见的测压仪表

真空表等，如图 1-4 所示。图 1-4(a) 是一种指针式压力表，除此之外，还有数字式压力表，可以将压力的大小以数字的形式直接反映出来。测量压力时，直接将仪表安装在所要测量的设备或管道上，直接读取表盘面上的读数即可。

双边交流

要想测量一个设备内部的压力，什么情况下安装压力表，什么情况下安装真空表？请将你们讨论的结果写下来。

常用到的压力的单位有很多种，它们之间的单位换算为：

$$1atm=1.033at=101.33kPa=760mmHg=10.33mH_2O$$
$$1at=1kgf/cm^2=98.07kPa=735.6mmHg=10mH_2O$$

任务 4　学习流体的黏度

想一想　把一桶水倒出来花费的时间，与倒出一桶油花费的时间相比，时间一样吗？是不是倒出油花费的时间长一些？为什么？

为了弄清这个问题，我们学习流体的黏度。

1. 流体黏度的定义

实际流体流动时流体内部分子之间都会有内摩擦力，衡量内摩擦力的特性称为流体的黏性。黏性大的流体，分子间的内摩擦力大，流动性差，流动阻力大；反之则小。衡量流体黏性大小的物理量称之为黏度，用符号 μ 来表示，黏度是流体本身的一种属性，只有实际流体才具有黏性，理想流体是没有黏性的。

2. 流体黏度的获得

流体的黏度通过图表查取或通过实验测定，其国际单位为 Pa·s，它与其物理制单位泊（P）或厘泊（cP）之间的换算关系为：

$$1Pa·s=10P=1000cP$$

双边交流

通过附录查取下列液体的黏度。

20℃时，水的黏度是_____；50℃时，水的黏度是_____。

20℃时，空气的黏度是_____；50℃时，空气的黏度是_____。

3. 影响流体黏度的因素

由以上练习可以发现：温度变化时，流体黏度变化很大，温度升高，液体黏度减小，而气体黏度增大；反之，当温度降低时，液体黏度增大，而气体黏度减小。但压力对液体黏度的影响可以忽略，当压力极高或极低时，气体的黏度才有变化，一般情况下不予考虑。

任务 5　学习流体的流量和流速

想一想　水管里的水，在水压高的时候流得快，水压低的时候，流得很慢，甚至于呈滴状，所以水流有快有慢。那么，怎样衡量流体快慢？

下面介绍衡量流体流动快慢的两个量：流量和流速。

1. 流量

（1）流量的定义　流量是指单位时间内所流过的流体的量，分为体积流量和质量流量。用 q_v 和 q_m 表示，单位为 m^3/h（或 m^3/s）和 kg/h（或 kg/s），其关系式为：

$$q_m = \rho q_v \tag{1-7}$$

（2）流体流量的测量　在化工生产过程中，常常需要测量流体的流量。测量流体流量的仪表很多，常用的有转子流量计、孔板流量计、文丘里流量计等。下面分别加以简单介绍。

① 转子流量计　如图 1-5(a) 所示，转子流量计是由一支上粗下细的倒微锥形玻璃管及

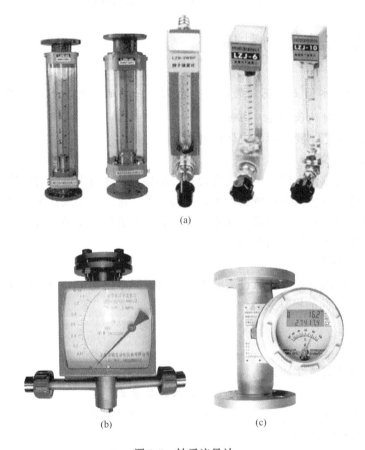

(a)

(b)　　　　　　　　　(c)

图 1-5　转子流量计

直径略小于玻璃管直径的转子（浮子）构成，转子材料的密度应大于被测流体的密度。

当流量为零时，转子处于玻璃管的底部。当一定流量的流体自下而上通过转子与玻璃管的间隙时，转子就会上升，直到静止在某一位置，此时，转子最大截面处所对应的刻度就是被测流体的流量。

需要注意的是，转子流量计上的刻度值，一般是在出厂前用20℃的清水（测量液体的流量计）或20℃、101.3kPa的空气（测量气体的流量计）进行标定的，若实际生产中用来测量其他介质时，则应进行校核或重新标订。

转子流量计具有读数方便、阻力损失小、测量范围较宽的优点，但由于玻璃管不能承受高温高压、易碎的缺点，使得其在使用过程中受到一定的限制。

转子流量计必须垂直安装在管路上，而且流体必须下进上出，操作时应该缓慢开启阀门，以免转子突然升降击碎玻璃管。

目前工业上常见的转子流量计还有如图1-5(b)、(c)所示，可以从仪表盘的指针对应刻度直接读取数据。

② 孔板流量计 如图1-6所示，孔板流量计是在管道中装有一块中央开有圆孔的金属板，要求孔板中心线与管道中心线重合。图1-6(a)为测量原理图，由孔板进出口的压差来获得流体的流量；图1-6(b)在孔板的两侧装上U形管测压差；图1-6(c)将流量值直接显示在仪表上。

孔板流量计具有结构简单、更换方便，价格低廉的优点；其缺点是阻力损失大，不适用于流量变化较大的场合。

孔板流量计安装时，要注意孔板的中心线必须与被测管路的中心线重合，而且孔板的前后都必须有稳定段，即一段大于50倍管路直径的直管。

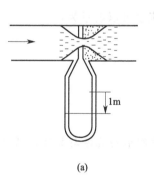
(a)

(b)

(c)

图1-6 孔板流量计

③ 文丘里流量计 如图1-7所示。文丘里流量计用文丘里管代替了孔板，其他与孔板相同，但克服了孔板流量计阻力大的缺点。图1-7(a)是通过U形管压差计来反映流量，图1-7(b)是将流量通过转换直接显示在仪表上。

除了以上介绍的几种流量计外，生产上常见的还有如图1-8所示的电磁流量计等。

🌀 **双边交流** 目前工业上所用到的流量计很多，通过网络进行查询，然后大家相互交流，了解流量计的不同种类、技术及各种应用情况。

2. 流速

流速的定义：流体在单位时间内流过的距离，用 u 表示。

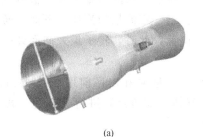

(a)   (b)

图 1-7　文丘里流量计

图 1-8　电磁流量计

$$u = q_v / A$$

式中　q_v——流体的体积流量；

　　　A——流体在管子里的流通截面积。

当流体在内径为 d 的圆形直管内以速度 u 流过时，其流量可以表示为：

$$q_v = u \frac{\pi}{4} d^2 \qquad (1-8)$$

或

$$q_m = \rho u \frac{\pi}{4} d^2 \qquad (1-9)$$

双边交流

生活观察：当我们站在河边观察水的流动时，发现河中间水的流速与靠近岸边水的流速有什么不同吗？

任务6　如何实现流体的输送过程

想一想　前面谈到高位槽送料、压缩空气送料、真空抽料和输送机械送料等 4 种输送方式。那么，对于不同的送料方式，如何才能保证完成输送任务呢？

要解决这个问题，先来学习流体输送的能量衡算——伯努利方程。

1. 伯努利方程

流体在流动过程中总是伴随着能量的变化，例如流体在一定高度处具有的位能、在一定流速下具有的动能、在一定压力下具有的静压能。当流体的位置、流速、压力发生变化时，

它的这三种能量也会随之而变,并且它们三者之间是相互转化的。根据能量守恒,得到伯努利方程式:

$$gz_1 + \frac{1}{2}u_1^2 + \frac{p_1}{\rho} + W = gz_2 + \frac{1}{2}u_2^2 + \frac{p_2}{\rho} + E_损 \tag{1-10}$$

式中 $gz, \frac{1}{2}u^2, \frac{p}{\rho}$ ——分别表示 1kg 流体所具有的位能、动能、静压能;

   W ——输送机械对 1kg 流体所做的功;

   $E_损$ ——1kg 流体在流动过程中损失的能量。

🌀 **双边交流**

如图 1-9 所示,某流体在一变径管内由 1-1 截面向 2-2 截面稳定流过,若不计阻力损失,则两截面的压力(p_1 和 p_2)之间有什么关系?请将分析的原因和讨论的结果写下来。

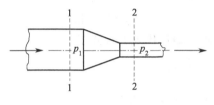

图 1-9 变径管

2. 学习流体输送问题的解决办法

前面介绍了几种常见的流体输送方式,现在来学习如何通过伯努利方程来解决流体输送问题。

(1)高位槽送料 高位槽送料是利用容器、设备之间的位差,将处在高位设备内的液体输送到低位设备内的操作。另外,对于要求流体稳定流动的场合,为避免输送机械带来的波动,也常常设置高位槽。所以,高位槽的高度就可以保证输送任务所要求的流量。

【案例 7】 如图 1-10 所示,高位槽内的水经内径为 $\phi114\text{mm} \times 4\text{mm}$ 的钢管被输送到某一设备,若水在输送过程中的能量损失为 20J/kg。当高位槽内水的液面距离管出口的高度为多少时,能保证水的流量为 $90\text{m}^3/\text{h}$?

1. 解决案例的理论引导

该题是伯努利方程中解决高位槽高度的一个问题,要用伯努利方程解决问题,要做到以下几点。

① 先确定能量的衡算范围,本案例中,取高位槽液面为 1-1 截面,水管出口为 2-2 截面。

② 位能的大小是和基准面有关的,这里取水管的中心线为基准面,这样,2-2 截面的位能为 0,而 1-1 截面的位能便和所要确定的高位槽的高度关联起来了。

③ 动能中的流速 u_1 和 u_2 分别表示 1、2 两个截面的流速,在稳定流动的过程中,高位槽的液面应该不变,故 $u_1 = 0$,管出口的流速 u_2 可以通过流量和管径计算出来。

④ 静压能中的压力 p_1 和 p_2 分别表示 1、2 两个截面的压力,由于高位槽的上方和水管出口均为常压,故 $p_1 =$

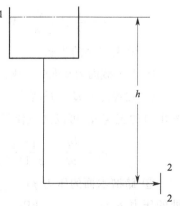

图 1-10 高位槽送料流程

p_2，即两截面的静压能相等。

⑤ 1、2 两个截面间没有输送机械提供能量，故 $W=0$，水在流动过程中的能量损失为已知。

2. 解决案例的步骤

① 取高位槽内水的液面为 1-1 截面，管出口为 2-2 截面，以 2-2 截面为基准面列伯努利方程：

$$gz_1+\frac{1}{2}u_1^2+\frac{p_1}{\rho}+W=gz_2+\frac{1}{2}u_2^2+\frac{p_2}{\rho}+E_{损}$$

② 列出方程式中的已知量和未知量

$$z_1=h=? \qquad u_1=0 \qquad p_1=p_2=p_大$$
$$W=0 \qquad z_2=0$$

$$u_2=\frac{4q_v}{\pi d^2}=\frac{4\times 90/3600}{3.14\times 0.106^2}=2.83 \text{ （m/s）}$$

$$E_{损}=20\text{J/kg}$$

③ 求出高位槽的高度　将已知量代入方程式得到：

$$z_1=\frac{1}{2g}u_2^2+\frac{E_{损}}{g}=\underline{\qquad}+\underline{\qquad}=\underline{\qquad}\text{ m}$$

（答案是 2.45m，你的计算结果正确吗？）

通过该案例可以得到，通过设置高位槽，可以提高上游流体的能量，从而确保流体以一定的方向和流量流动，当高位槽的高度确定后，所输送流体的流量也就随之而确定。

（2）输送机械送料　通过输送机械来实现流体输送的操作称为输送机械送料。此种操作方式具有输送机械类型多、选择范围大、调节方便而广泛适用于化工生产中。采用输送机械输送物料时，输送机械的型号及规格必须满足流体的性质及输送任务的要求。

【案例 8】　如图 1-11 所示，用泵将储槽中的水送到二氧化碳水洗塔，已知储槽水面的压力为 300kPa，水洗塔内的压力为 2100kPa，水管与喷头连接处的压力为 2250kPa，输水管的内径为 0.052m，输水管与喷头连接处比储槽水面高 20m，输送系统的能量损失为 49J/kg，若要完成 15m³/h 的输送任务，应安装泵的功率为多少？取水的密度为 1000kg/m³。

1. 解决案例的理论向导

取储槽内水的液面为 1-1 截面，输水管与喷头连接处为 2-2 截面，以 1-1 截面为基准面，列伯努利方程：

$$gz_1+\frac{1}{2}u_1^2+\frac{p_1}{\rho}+W=gz_2+\frac{1}{2}u_2^2+\frac{p_2}{\rho}+E_{损}$$

2. 解决案例的步骤

① 1-1 截面为基准面，故：$z_1=\underline{\qquad}$，$z_2=\underline{\qquad}$ m。

② 在稳定流动的过程中，储槽的液面应该不变，故 $u_1=0$，管出口的流速 u_2 可以通过流量和管径计算出来。

$$u_2=\frac{4q_v}{\pi d^2}=\frac{4\times 15/3600}{3.14\times 0.052^2}=1.96 \text{ （m/s）}$$

③ 储槽水面的压力 $p_1=\underline{\qquad}$ kPa，输水管与喷头连接处的压力 $p_2=\underline{\qquad}$ kPa。

④ 水在流动过程中的能量损失 $E_{损}=49\text{J/kg}$。

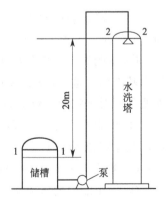

图 1-11　输送机械送料

输送机械所提供的能量 W 是我们所要求的未知量，通过它可以得到泵的功率。

⑤ 将上述所分析的结果代入伯努利方程式中，得到：

$$W = gz_2 + \frac{1}{2}u_2^2 + \frac{p_2 - p_1}{\rho} + E_{损}$$

$$= 9.81 \times 20 + \frac{1}{2} \times 1.96^2 + \frac{(2250 - 300) \times 10^3}{1000} + 49 = \underline{\qquad} \text{ J/kg}$$

⑥ 计算泵的有效功率 N_e

$$N_e = W \rho q_v = \underline{\qquad} \times 1000 \times 15 / 3600 = \underline{\qquad} \text{ W} = \underline{\qquad} \text{ kW}$$

通过以上两个案例的学习，可以看出，应用伯努利方程可以解决流体的输送问题。但是，在解题过程中，对于伯努利方程中各个条件的理解非常重要。在应用时，首先要在图中确定能量衡算范围，并且所要求的未知量应该在截面上反映出来。其次，基准面的选取也非常重要，为了计算方便，通常取两个截面中位置低的截面为基准面。第三，计算过程中的压力要用统一的表示方法，如果截面的绝对压力为常压，可以用表压表示更为方便，因为此时的表压为零。第四，解题过程中要注意各个量的单位要一致，最好都采用国际单位制。

在任务 1 学习过物料的输送方式有 4 种，除了以上两种之外，还有压缩空气送料和真空抽料两种送料方式。压缩空气送料时，空气的压力必须能够保证完成输送任务，该压力即为伯努利方程式中的 p_1。而真空抽料输送物料时，下游设备的真空度必须满足输送任务的要求，该压力即为伯努利方程式中的 p_2。由此可见，通过伯努利方程式的应用，可以解决流体输送过程中所遇到的很多问题。

◉ 开眼界

在生产过程中，我们见到过好多伯努利方程的应用，如 U 形管压差计、液封等。下面通过案例来了解这方面的问题。

1. U 形管压差计

【案例 9】 如图 1-12 所示，密度为 ρ 的液体在管中流过，用 U 形管压差计测量 1、2 两点的压力差，指示液的密度为 $\rho_示$，压差计的读数为 R，求 1、2 两点的压力差 $p_1 - p_2$ 的值。

(1) 解决案例之计算引导

① 等压面的确定 取 A、B 两点所在的水平面为等压面，则 $p_A = p_B$

② 计算 A、B 两点压力的大小 设管中心距离等压面的高度为 h，则有：

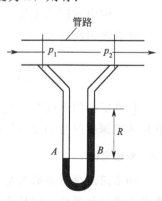

$$p_A = p_1 + \rho g h$$

$$p_B = p_2 + \rho g (h - R) + \rho_示 g R$$

(2) 解决案例的步骤

计算压力差 $p_1 - p_2$ 的值。

根据 $p_A = p_B$

得到：$p_1 + \rho g h = p_2 + \rho g (h - R) + \rho_示 g R$

$$p_1 - p_2 = (\rho_示 - \rho) g R$$

可以看出，指示液与被测流体的密度差越大，读数 R 越小。为了减小读数的误差，应合理选择指示液的密度，使读数保持在一个适宜的测量范围内。

图 1-12 案例 9 附图

2. 液位测量

化工生产中，为了了解某容器中的液体储存量，或者控制其液位的高低，必须进行液位的测量。

【案例10】 直径为2m的圆柱形储槽内存放着密度为860kg/m³的液体，为测量液位的高低，在槽底部有一测压孔与U形管压差计相连，U形管压差计内指示液为汞，密度为13600kg/m³，读数为150mm。储槽液面上方为常压，求储槽内液面高度为多少？槽内液体的质量为多少？

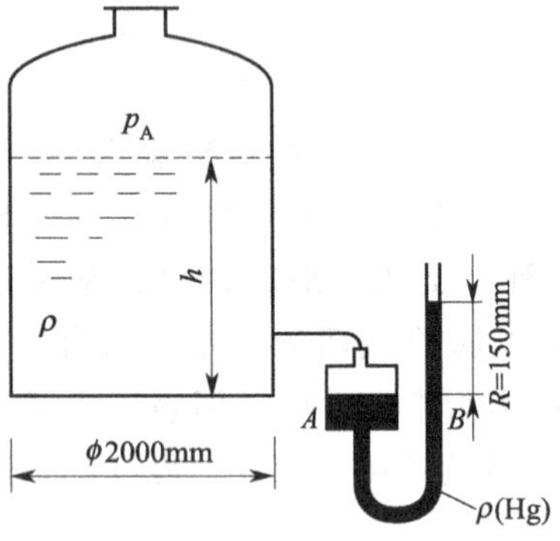

解决案例之计算引导：

① 等压面的确定　取U形管内A-B为等压面，则

$$p_A = p_B$$

$$p_A = p_0 + \rho g h$$
$$p_B = p_0 + \rho_{示} g R$$

② 计算储槽内液位的高度

$$h = \frac{\rho_{示}}{\rho} R = \frac{13600 \times 0.15}{860} = 2.37 \ (m)$$

③ 计算液体的质量

$$m = \rho V = \rho \frac{\pi}{4} d^2 h = 860 \times \frac{3.14}{4} \times 2^2 \times 2.37 = 6400 \ (kg)$$

图1-13　案例10附图

3. 液封高度的测量

化工生产过程中，为了操作安全可靠，在某些场合要采用液封装置。

【案例11】 如图1-14所示，为了控制乙炔发生炉内的操作压力不超过80mmHg（表压），需要在外面安装水封装置，当炉内压力超过规定值时，乙炔气体从水封管中经水槽放入大气，求水封管插入水槽的深度？

（1）解决案例之计算引导

等压面的确定：取水封管出口截面AB为等压面，则：

$$p_B = \rho g h \ （表压）$$

$$p_A = p_表 = 80mmHg = 1.07 \times 10^4 Pa \ （表压）$$

（2）解决案例的步骤

计算液封高度h

$$h = \frac{p}{\rho g} = \frac{1.07 \times 10^4}{10^3 \times 9.81} = 1.09 \ (m)$$

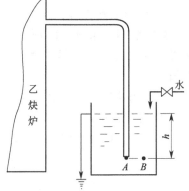

图1-14　液封高度的测量

计算所得的高度是乙炔发生炉内的压力为极限值时所得到的，为了安全起见，实际水封管插入的深度应略小于计算值。

双边交流

如果用液体所封的为有毒气体，为避免该气体的溢出而造成对人体的伤害时，此时实际液封高度与计算值之间的关系如何？请写出结果。

任务7　了解流体阻力

　　实际流体在流动过程中因为有阻力存在而导致能量损失，流体阻力的产生有两方面的原因，一是流体的黏性，二是流体的流动状态。

　　黏性是流体阻力产生的根本原因，因为理想流体没有黏性，所以在流动过程中是没有阻力的。黏度作为衡量实际流体黏性大小的物理量，其值越大，表示在同样的流动情况下，流体在流动过程中的阻力就越大。研究发现，同一种流体在同一个管路中流过时，由于流速不同，也会产生不同的阻力，1883年，雷诺通过实验找到了原因：流体在流动过程中，当流速不同时，流体中质点的运动是不同的，从而导致阻力的不同。

1. 流体的流动形态

　　（1）雷诺实验　雷诺实验装置如图1-15所示，水槽的液位因为溢流而保持恒定，出口管路的流量由阀门来调节。高位槽内为红色液体，有一旋塞用以调节其流量大小，其出口与水平管的中心重合。

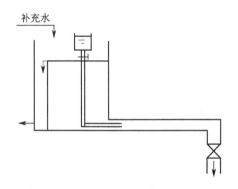

图 1-15　雷诺实验装置

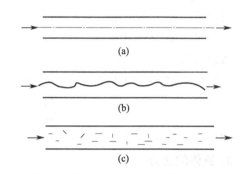

图 1-16　雷诺实验现象

　　打开水槽出口管路上的阀门，保持水的稳定流动，同时打开高位槽出口管的旋塞，让红色液体水平流出。调节阀门大小，可以依次看到红色水流在水平管中的流动有3种不同的情况，如图1-16(a)～(c)所示。

　　当阀门开度较小，即水的流速较小时，红色水流在管中呈一条直线，如图1-16(a)所示，说明流体质点在做与管中心线平行的运动，质点之间互不干扰。这种流动称为层流，也叫滞流。

　　慢慢增大阀门开度，可以观察到，红色的直线随着流速的增大出现波动而呈现波浪形的细线，如图1-16(b)所示，此时，流体质点之间已经有了相互的干扰。继续增大阀门的开度，当流速达到某一值时，红色细线消失，红色水与管中的清水完全混合，如图1-16(c)所示，说明此时流体已经不再分层运动，质点的运动是杂乱无章的，除了具有主体向前的运动外，各个方向的运动都有。这种流动称为湍流，也叫紊流。

　　图1-16(b)的流动是一种不稳定的流动类型，不是一种独立的流动形态。当受到外界干扰时，可以随时转换为层流或湍流。

　　（2）流动形态的判定　上面的实验只能说明流速的变化对流动形态的影响，为了找到其他影响因素，雷诺做了大量的实验，如在其他条件不变的情况下，分别改变管子的直径，流体的密度、黏度等，得到影响流动形态的几个因素，并对实验结果进行归纳总结，得到一个

特征数 Re，称为雷诺数，定义为：

$$Re = \frac{du\rho}{\mu} \qquad (1-11)$$

雷诺数 Re 为一个无量纲数群，式中的物理量（管子的直径 d，流体的流速 u，流体的密度 ρ，流体的黏度 μ）要采用同一个单位制下的物理量（要求最好采用国际单位制）来计算，雷诺数 Re 才没有单位。通常情况下，用雷诺数来判定流体的流动类型时，当 $Re < 2000$ 时，流体总是做层流流动；当 $Re > 4000$ 时，流体总是做湍流流动；而当 $2000 < Re < 4000$ 时，流体是做一种不稳定的流动，可能是层流也可能是湍流，外界的微小变化都会使得流动类型发生变化。

就湍流而言，Re 越大，流体湍动程度越大，流动过程的阻力就越大。必须指出，当流体的主体做层流流动时，流体内部各质点均做层流；但当流体的主体做湍流流动时，因为流体具有黏性，在靠近管壁的地方，总有一层做层流的流体层，称为层流内层，层流内层的厚度随 Re 的增大而减薄。它的存在对流体阻力、传热、传质都有很大的影响。

【案例 12】 你能计算出 20℃的清水在 $\phi57$mm×3.5mm 的管内做湍流时的最小流速吗？

1. 解决案例之理论引导

做湍流时的最小流速即为 $Re = 4000$ 时的流速。

2. 解决案例之计算引导

查附录得：

20℃的清水，$\rho = 998.2$kg/m^3 $\qquad \mu = 1.005 \times 10^{-3}$Pa·s

$$Re = \frac{du\rho}{\mu} = \frac{0.05 \times u \times 998.2}{1.005 \times 10^{-3}} = 4000$$

得到：$u = 0.08$m/s

2. 流体的阻力

流体阻力的产生是因为流体具有黏性（内因）和流体的流动形态（外因）。流体阻力分为两种，即直管阻力和局部阻力。

（1）直管阻力 流体在直径不变的直管内流过时所产生的阻力。用 $E_{f直}$ 表示。

$$E_{f直} = \lambda \frac{l}{d} \times \frac{u^2}{2} \qquad (1-12)$$

式中 λ——摩擦系数，与雷诺数和管子的粗糙度有关，其值的大小可以通过实验测定或查相关图表得到（参见相关书籍），层流时可以用公式 $\lambda = \frac{64}{Re}$ 来计算；

l——直管的长度，m；

d——直管的内径，m；

u——流体在直管内的流速，m/s。

（2）局部阻力 流体流过管件、阀件、变径、出入口等局部元件时，因为流通截面积突然变化而产生的阻力。用 $E_{f局}$ 表示。由于各元件不同，所产生的阻力也不相同。有阻力系数法和当量长度法两种计算其大小的方法。

① 当量长度法 把流体流经元件所产生的阻力看作是流体流经相同管径的一定长度的直管时所产生的阻力。

$$E_{f局} = \lambda \frac{l_e}{d} \times \frac{u^2}{2} \qquad (1-13)$$

式中　l_e——局部元件的当量长度，m。通常由实验测定或相关图表查得（参见相关书籍）。

② 阻力系数法　将流体的阻力看作是流体动能的某一倍数。

$$E_{f局} = \xi \frac{u^2}{2} \tag{1-14}$$

式中　ξ——局部阻力系数，通常由实验测定或相关图表查得（参见相关书籍）。

③ 总阻力　用于输送流体的管路，可能有若干不同直径的管子，也可能有若干个不同的局部元件，在计算总阻力的过程中，可以将直管阻力和局部阻力分开计算，然后相加得到。

即

$$E_{f总} = \sum E_{f直} + \sum E_{f局} \tag{1-15}$$

（3）减少流体阻力的措施　流体在流动过程中，阻力越大，动力消耗越大，操作费用就越大；另外，阻力的增加还会导致系统压力的降低，严重时会影响生产的正常进行。因此，应尽量减少流体的阻力。从以上的讨论可知，要想减少流体阻力，应采取以下几方面的措施：

① 在满足工艺要求的前提下，尽可能减短管路，以减少直管阻力损失；

② 在管路长度基本确定的前提下，尽可能减少管件、阀件，尽量减少管道直径的突变等引起的局部阻力损失；

③ 在可能的情况下，适当的放大管径，减小流速，可以有效地降低流体的总阻力；

④ 在被输送介质中加入某些药物（如丙烯酰胺、聚氧乙烯氧化物等），以减少介质对管壁的腐蚀和杂质沉淀，从而减少流体的总阻力。

🌀 **双边交流**

讨论在流体流动过程中，哪些因素影响流体的阻力，如何能够最大程度地降低阻力，并将讨论的结果写下来。

任务8　认识化工管路

1. 化工管路的构成与标准化

（1）化工管路的构成　化工管路是化工生产中所涉及的各种管路形式的总称，是化工生产中不可缺少的部分。在化工生产中，将化工设备与机器连接在一起，从而保证流体从一个设备输送到另一个设备，或者从一个车间输送到另一个车间。在生产过程中，只有管路畅通、阀门调节得当，才能保证各车间及整个工厂生产的正常运行，因此，了解化工管路的构成与作用非常重要。

图 1-17 为某化工厂一角，从图中可以看出，化工管路主要由管子、管件和阀件构成，也包括一些附属于管路的管架、管卡、管撑等辅件。由于化工生产中所输送的流体的种类及性质各不相同，为适应不同输送任务的要求，化工管路也必须是各不相同的。

（2）化工管路的标准化　为了便于大量生产、安装、维护和检修，使管路制品具有互换性，有利于管路的设计，化工管路实行了标准化。

化工管路的标准化中规定了管子、管件及管路附件的公称直径、连接尺寸、结构尺寸以及压力的标准。其中直径标准和压力标准是其他标准的依据，由此可以确定所选管子和所有管路附件的种类和规格等，为化工管路的设计、安装、维修提供了方便。使用时可以参阅有关资料。

(a) 实景一

(b) 实景二

图 1-17 化工厂实景

① 公称压力 又称通称压力，是为了设计制造和安装维修的方便而规定的一种标准压力。公称压力一般大于或等于实际工作的最大压力，其数值通常是指管内工作介质的温度在 273～293K 范围内的最高允许工作压力，见表 1-1。

表 1-1 管子、管件的公称压力（GB 1048—90）

管子、管件的公称压力　PN/MPa				
0.05	1.00	6.30	28.00	100.00
0.10	1.60	10.00	32.00	125.00
0.25	2.00	15.00	42.00	160.00
0.40	2.50	16.00	50.00	200.00
0.60	4.00	20.00	63.00	250.00
0.80	5.00	25.00	80.00	335.00

② 公称直径 通常所说的公称直径既不是管子内径，也不是管子外径，而是与管子内径相接近的整数值。例如 DN300 表示该管子的公称直径是 300mm。我国的公称直径在 1～4000mm 分为 53 个等级，在 1～100mm 分得较细，而在 1000mm 以上，每 200mm 分一级，见表 1-2。

表 1-2 管子与管路附件公称直径标准系列表（GB 1047—70）

公称直径　DN/mm																	
1	4	8	20	40	80	150	225	350	500	800	1100	1400	1800	2400	3000	3600	
2	5	10	25	50	100	175	250	400	600	900	1200	1500	2000	2600	3200	3800	
3	6	15	32	65	125	200	300	450	700	1000	1300	1600	2200	2800	3400	4000	

公称直径有公制和英制两种表示方法。公制的表示方法如上所述，单位用 mm 表示，英制是以英寸（in）为单位，其换算关系为：1in≈25.4mm。对于螺纹连接的管子，习惯上用英制管螺纹尺寸表示，见表 1-3。

2. 管子与管件

管子与管件是管路最基本的组成部分，掌握它们的种类及适用范围，对进行化工管路的安装和检修具有非常重要的意义。

表 1-3　公称尺寸相当的管螺纹尺寸

mm	in	mm	in	mm	in	mm	in	mm	in
8	1/4	20	3/4	40	3/2	80	3	150	6
10	3/8	25	1	50	2	100	4	200	8
15	1/2	30	5/4	65	5/2	125	5	250	10

（1）管子　管子是管路的主体，使用过程中，通常是根据物料的性质（腐蚀性、易燃性、易爆性等）以及操作条件（温度、压力等）来选用不同的管材。管子的规格通常用"Φ外径×壁厚"来表示，如 Φ25mm×2.5mm 表示此管子的外径是 25mm，壁厚是 2.5mm。但是，并非所有的管子都用这种形式表示其规格，有些管子是用其内径来表示它们的规格，使用时要加以注意。管子的长度主要有 3m、4m 和 6m，有些可达 9m、12m，但以 6m 最为普遍。

生产中所使用的管子按管材不同可分为金属管、非金属管和复合管（详见开眼界：认识不同材质的管子）。金属管主要有铸铁管、钢管和有色金属管；非金属管主要有陶瓷管、水泥管、玻璃管、塑料管、橡胶管等；复合管是由金属和非金属两种材料复合而得到的管子，最常见的是衬里管。

（2）管件　管件是管路的连接件。它是用来连接管子、改变管路方向和直径、接出支路和封闭管路等的管路附件的总称。通常，一个管件可以起到上述作用中的一个或多个，例如，弯头既可以连接管路，又可以改变管路的方向。管件一般是采用锻造、铸造或模压的方法制造，化工生产中管件的种类很多，大多数已经标准化，有些管件可在安装修理现场加工而成，各种管件如图 1-18 所示。

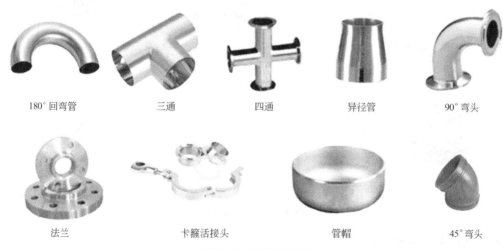

| 180°回弯管 | 三通 | 四通 | 异径管 | 90°弯头 |

| 法兰 | 卡箍活接头 | 管帽 | 45°弯头 |

图 1-18　各种管件图

（3）阀门　阀门是用来开启、关闭和调节流量及控制安全的机械装置，也称阀件、截门或节门；阀门质量的好坏、它的严密性与渗漏等均关系到安全运行。化工生产中，通过阀门可以调节流量、系统压力、流动方向，从而确保工艺调节的实现与安全生产。

阀门的种类很多，按启动力的来源分他动启闭阀和自动作用阀。在选用时，应根据被输送介质的性质、操作条件及管路实际进行合理选择。常见的各种阀门如图 1-19 所示。

① 他动启闭阀　有手动、气动和电动等类型，若按结构分则有旋塞、闸阀、截止阀、

(a) 旋塞阀　　　　　　　　(b) 闸阀　　　　　　　　(c) 截止阀

(d) 节流阀　　　　　　　　(e) 蝶形阀　　　　　　　(f) 隔膜阀

(g) 安全阀　　　　　　　　　　　　　　(h) 减压阀

(i) 止回阀　　　　　　　　　　　　　　(i) 疏水阀

图 1-19　各种阀门

节流阀、气动调节阀和电动调节阀等。

　　② 自动作用阀　当系统中某些参数发生变化时，自动作用阀能够自动启闭。主要有安全阀、减压阀、止回阀和疏水阀等。

　　3. 管路的连接

　　化工管路的连接是指管子与管子、管子与管件、管子与阀件、管子与设备之间的连接，连接方式主要有 4 种，即螺纹连接、法兰连接、承插式连接和焊接。

　　（1）螺纹连接　螺纹连接是依靠螺纹把管子与管路附件连接在一起，螺纹连接的管子，两端都加工有螺纹，通过带内螺纹的管件或阀门，将管子连接成管路。在圆柱管螺纹连接时，为了保证连接处的密封，必须在外螺纹上加填料，常用的填料有油麻丝加铅油、石棉绳加铅油和聚四氟乙烯生料带。填料在螺纹上的缠绕方向应与螺纹的方向一致，绳头应压紧，以免与内螺纹连接时被推掉。为了便于管路的拆卸，在管路的适当部位应当采用活管节连接，活管节的两个主节分别与两节管子的端头用螺纹连接起来，在两主节间放入软垫片，然后用套合节将两主节连接起来，并将两垫片挤压紧，形成密封。

螺纹连接泄漏的主要原因有：管螺纹加工质量差；配件或设备上的管螺纹不符合要求；填料选用不当或填料密封不紧等。

（2）法兰连接　法兰连接是一种最常用的连接方法，主要特点是已经标准化，拆卸方便，密封可靠，强度高，应用范围广，但费用较高。连接时，为了确保其密封性，需要在两法兰间加垫片，然后用螺丝拧紧。

（3）承插式连接　承插式连接是将管子的一端插入另一根管子的钟形插套内，并在形成的空隙内装填料（如丝麻、油绳、水泥、胶黏剂、熔铅等）加以密封的一种连接方法。主要用于铸铁管和非金属管（耐酸陶瓷管、塑料管、玻璃管等）的管路上，对密封要求不太高的情况下的连接。其缺点是拆卸困难、不能耐高压。

（4）焊接　焊接连接是一种方便、价廉且不漏但却难以拆卸的连接方法，广泛应用于钢管、有色金属管等的连接。其优点是连接强度高，气密性好，维修工作量少。但当管路需要经常拆卸时，或在不允许动火的车间，不易采用焊接法连接管路。

（5）化工管路的安装

① 管路的热补偿　管路一般都是在常温下安装的，在工作中由于受到介质的影响，会产生热胀冷缩现象，当温度变化较大时，管路因管材的热胀冷缩而承受较大的热应力，严重时将造成管子弯曲、断裂或接头松脱，因此必须采取热补偿来消除这种应力。热补偿的主要方法有两种，即利用弯管进行的自然补偿和利用补偿器进行的热补偿。

② 管路的试压与吹扫　化工管路在安装完毕后，必须保证其强度与严密性符合设计要求，因此必须进行压力试验。试压时主要采用液压试验，不能用水做介质的，可用气压试验代替。水压试验合格后，以空气或惰性气体为介质进行气密性试验，气密性试验压力为设计压力。用涂测肥皂水的方法，重点检查管道的连接处有无渗漏现象，若无渗漏，稳压30min，压力保持不降为试验合格。

管道系统强度试验合格后，或气密性试验前，应分段进行吹扫与清洗。吹洗前应将仪表、孔板、滤网、阀门拆除，对不宜吹洗的系统进行隔离和保护，待吹洗后再复位。工作介质为液体的管道，一般用水吹洗。不宜用水冲洗的管道可用空气进行吹扫。蒸汽管线应用蒸汽吹扫。忌油管道（如氧气管道）在吹扫合格后，应用有机溶剂进行脱脂。

③ 管路的绝热与涂色　工业生产中，由于工艺条件的需要，很多管道和设备都要加以保温、加热保护和保冷，其目的在于减少管内介质与外界的热传导，从而达到节能、防冻以及满足生产工艺要求等。我国相关部门规定：凡是表面温度在50℃以上的设备或管道以及制冷系统的设备或管道，都必须进行保温或保冷，具体方法是在设备或管道的表面覆以热导率小的材料，达到降低传热速率的目的。

化工生产中，为了区别不同介质的管路，往往在保温层或管子的表面涂以不同的颜色。涂色方法有两种：一种是整个管路涂上单一的颜色，另一种则是在底色上加以色环（每隔2m涂上一个宽度为50～100mm的色环），涂色的材料多为调和漆。常用的化工管路的涂色见表1-4。

表 1-4　常用化工管路的涂色

管路内介质及注字	涂色	注字颜色	管路内介质及注字	涂色	注字颜色	管路内介质及注字	涂色	注字颜色
过热蒸汽	暗红	白	氨气	黄	黑	生活水	绿	白
真空	白	纯蓝	氮气	黄	黑	过滤水	绿	白
压缩空气	深蓝	白	硫酸	红	白	冷凝水	暗红	绿
燃料气	紫	白	纯碱	粉红	白	软化水	绿	白
氧气	天蓝	黑	油类	银白	黑			
氢气	深绿	红	井水	绿	白			

◉ 开眼界　认识不同材质的管子

1. 金属管

（1）铸铁管　铸铁管分为普通铸铁管和硅铁管两种。由于铸铁管在每一种公称直径下只有一个内径，故其规格常用"ϕ 内径"来表示，如 $\phi1000$mm 表示该管子的内径是 1000mm。铸铁管除了 $\phi75$mm 和 $\phi100$mm 的长度是 3m 外，其余都是 4m 长，各种铸铁管如图 1-20 所示。

铸铁管

柔性铸铁管

铸铁管

图 1-20　各种铸铁管

（2）钢管　分为有缝钢管和无缝钢管两类。

① 有缝钢管　用低碳钢焊接而成的钢管，包括水、煤气钢管和电焊钢管两种，各种有缝钢管如图 1-21 所示。一般用于输送水、煤气、压缩空气等介质，也常用采暖系统的管路。水、煤气钢管的规格和质量见表 1-5 所列。

② 无缝钢管　用棒料钢材经穿孔热轧（热轧管）和冷拔（冷拔管）制成，因为没有接缝，故称无缝钢管。无缝钢管的规格用 ϕ 外径×壁厚表示，各种无缝钢管如图 1-22 所示。

图 1-21　各种有缝钢管

表 1-5 水、煤气钢管的规格和质量（GB 3091—93）

公称直径		外径/mm	钢管种类			
			普通管		加厚管	
mm	in		壁厚/mm	理论质量/(kg/m)	壁厚/mm	理论质量/(kg/m)
6	1/8	10	2	0.39	2.5	0.46
8	1/4	13.5	2.25	0.62	2.75	0.73
10	3/8	17	2.25	0.82	2.75	0.97
15	1/2	21.3	2.75	1.26	3.25	1.45
20	3/4	26.8	2.75	1.63	3.5	2.01
25	1	33.5	3.25	2.42	4	2.91
32	5/4	42.3	3.25	3.13	4	3.78
40	3/2	48	3.50	3.84	4.25	4.58
50	2	60	3.50	4.88	4.5	6.16
65	5/2	75.5	3.75	6.64	4.5	7.88
80	3	88.5	4	8.34	4.75	9.81
100	4	114	4	10.85	5	13.44
125	5	140	4.5	15.04	5.5	18.24
150	6	165	4.5	17.81	5.5	21.63

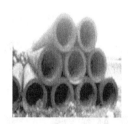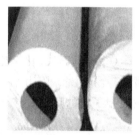

图 1-22 各种无缝钢管

（3）有色金属管 化工生产中常用的有色金属管有铜管、铝管和铅管 3 种。主要用于一些特殊用途的场合，各种有色金属管如图 1-23 所示。

| 紫铜管 | 黄铜管 | 铝管 | 铅管 |

图 1-23 各种有色金属管

2. 非金属管

非金属管是用非金属材料制作的各种管子的总称。随着科学技术的发展，非金属管的强度在不断提高，同时由于非金属管具有质轻、价廉、耐蚀的特点，故在化工生产中的使用范围越来越广。常用的非金属管如下。

（1）塑料管 塑料管是以树脂为原料加工而制成的管子，能承受稀酸、碱液等介质腐蚀，机械加工性能好，质量轻，所以在化工生产中应用极为广泛。但是都具有强度低、不耐压和耐热性差等缺点。由于塑料管种类较多，有的专项性能优于金属管，因此用途越来越广泛，在很多原来使用金属管的场合均被塑料管所代替，各种塑料管如图1-24所示。

 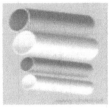  

图 1-24　各种塑料管

(2) 尼龙1010管　尼龙1010管对大多数化学物质具有良好的稳定性，但不宜与强酸类、强碱类、酚类等介质直接接触，各种尼龙管如图1-25所示。

图 1-25　各种尼龙管

(3) 玻璃管　化工生产中所使用的玻璃管主要由硼玻璃和石英玻璃制成。具有透明、耐腐蚀、易清洗、阻力小、价格低等优点和性脆、热稳定性差和不耐压力的缺点。玻璃管的性脆限制了它的用途，广泛使用于化工实验室中，各种玻璃管如图1-26所示。

 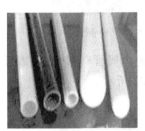  

图 1-26　各种玻璃管

(4) 陶瓷管　陶瓷管具有很好的耐腐蚀性。可作为输送具有腐蚀性介质的管路。但性脆、机械强度低、不耐高压和温度的剧变。各种陶瓷管如图1-27所示。

图 1-27　各种陶瓷管

(5) 水泥管　水泥管主要用于下水道的排污水管。水泥管的内径范围在100～1500mm，其规格用φ内径×壁厚表示，各种水泥管如图1-28所示。

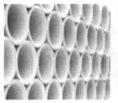

图 1-28　各种水泥管

3. 复合管

复合管是由金属和非金属两种材料复合而得到的管子，最常见的是衬里管。在一些管子的内层衬以适当的材料，如金属、橡胶、塑料、搪瓷等。可以分为衬铅管、衬铝管、衬不锈钢管、衬塑料管、衬橡胶管等。它一方面是为了强度和防腐的需要，同时又能节约成本，具有强度高、耐腐蚀性好的优点，各种复合管如图 1-29 所示。

图 1-29　各种复合管

任务 9　认识流体输送机械

想一想　化工生产中，常常需要将一定量的流体从一个设备输送到另一个设备，从一个车间输送到另一个车间，从低压处输送到高压处，这就经常需要使用流体输送机械。这些流体输送机械是怎样输送流体的呢？

输送液体的机械常称为泵，输送气体的机械常称为风机或压缩机。根据其工作原理不同，也可以分为离心式、往复式、旋转式和流体作用式。

1. 认识离心泵

离心泵是化工生产中应用最为广泛的液体输送机械。它以结构简单、操作方便、适用范围广、体积小、流量均匀、故障少等优点被广泛应用于生产过程中，据统计，化工生产中使用的泵 80% 左右为离心泵。

（1）离心泵的结构与工作原理

① 离心泵的结构　离心泵装置和构造如图 1-30 所示，在蜗牛形泵壳内，装有一个叶轮，叶轮与泵轴连在一起，可以与轴一起旋转，泵壳上有两个接口，一个在轴向，接吸入管；一个在切向，接排出管。通常，在吸入管入口装有一个单向底阀，在排出管路上装有一调节阀，用来调节流量。离心泵的主要构件有叶轮、泵壳和泵轴等。

叶轮是离心泵的核心部件，由 4-8 片的叶片组成，构成了数目相同的液体通道。按有无盖板分为开式、闭式和半开式，如图 1-31 所示。泵壳是泵体的外壳，它包围叶轮，在叶轮四周开成一个截面积逐渐扩大的蜗牛壳形通道。此外，泵壳还设有与叶轮所在平面垂直的入

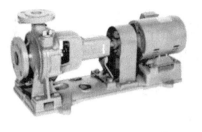

(a) 离心泵外型图

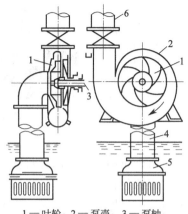

1—叶轮；2—泵壳；3—泵轴；
4—吸入管；5—底阀；6—压出管

(b) 装置简图

图 1-30　离心泵

口和切线出口。泵轴是位于叶轮中心且与叶轮所在平面垂直的一根轴。它由电动机带动旋转，以带动叶轮旋转。

②　离心泵的工作原理　离心泵是依靠高速旋转的叶轮产生的离心力来进行输送液体。离心泵在工作前，应先灌满被输送液体，当离心泵启动后，泵轴带动叶轮高速旋转，泵内的液体与叶轮一起旋转，在离心力的作用下，液体从叶轮中心向边沿运动，动

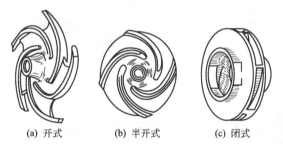

(a) 开式　　(b) 半开式　　(c) 闭式

图 1-31　叶轮的形式

能与静压能增加，当进入逐渐变宽的泵壳后，部分动能又转化为静压能，液体以较高的压力经排出管路被输送出去。此时，叶轮中心处因液体排出而呈现负压状态，在吸入液面与泵吸入口之间就形成一个压力差，当这一压力差足够大时，液体就会被吸入泵内，完成离心泵的吸液过程。

(2) 离心泵工作时两种不正常的现象

①　气缚现象　如果离心泵在启动前没有灌满被输送液体，由于气体密度比液体密度小得多，叶轮旋转过程中产生的离心力就很小，从而不能在泵的吸入口产生需要的真空度，在吸入液面与泵吸入口之间不能形成足够大的压力差，于是就不能将液体吸入泵内，此时，泵内液体被排出后由于不能吸入液体，叶轮只能空转，这种现象称为气缚现象。所以，离心泵在启动前为了保证能正常运转，必须先灌满被输送液体。

②　汽蚀现象　离心泵的安装高度即吸入水槽液面至泵入口中心的垂直距离。在一定流量下，泵的安装高度越高，泵吸入口的压力就越低。当泵的安装高度达到一定高度，使得泵吸入口的压力低到等于或小于泵送液体的饱和蒸气压时，液体会汽化产生气泡，含气泡的液体进入泵内，被泵内的高压液体压破形成局部真空，周围的液体以极大的冲击力冲向原气泡所占据的空间，不可避免可能会冲击到叶轮表面、泵壳表面，造成撞击和振动，并发出很大的噪声，严重时会使叶轮表面形成蜂窝状，时间长了表面的金属粒子会成块脱落，泵不能正

常运转，这种现象称为离心泵的汽蚀现象。

所以，为了避免汽蚀现象的发生，必须限制泵的安装高度，泵安装高度的计算参阅相关资料。

双边交流

讨论如何判断离心泵发生的是气缚现象还是汽蚀现象，如何解决？请将结论写下来。

（3）离心泵的主要性能　离心泵的主要性能包括泵的送液能力、泵的扬程、功率和效率等，这些性能参数在泵出厂时会标在泵的铭牌上或写在产品说明书上，供使用者参考。

① 送液能力（流量）指离心泵在单位时间内所排出的液体量，用 Q 表示，单位 m³/s。离心泵的流量与泵的结构、叶轮的尺寸和转速均有关系，在操作过程中可以调节。

② 扬程（压头）　指离心泵对 1N 液体所做的功，用 H 表示，单位 m。离心泵的扬程与泵的结构、叶轮的尺寸和转速均有关系，与离心泵的流量也有关系，流量增大，其扬程减小。离心泵的扬程由实验测定（详见任务 9 实践环节）。

③ 功率和效率　离心泵的功率包括有效功率和实际功率（轴功率），有效功率是指液体经过离心泵后所获得的功率，用 $N_有$ 表示，单位 W；轴功率是指离心泵从原动机上所获得的功率，用 N 表示，单位 W。

离心泵的有效功率与轴功率之比，称为效率，用 η 表示。

$$N_有 = HgQ\rho \tag{1-16}$$

$$N = \frac{N_有}{\eta} \tag{1-17}$$

④ 离心泵的特性曲线　离心泵的特性曲线是指离心泵的主要性能之间的关系，是由实验测定得到的。曲线有 3 条，即泵 H-Q（扬程-流量）曲线、N-Q（轴功率-流量）曲线和 η-Q（效率-流量）曲线。

H-Q 曲线表明离心泵的扬程随流量的增大而减小；N-Q 曲线表明离心泵的轴功率随流量的增大而增大，流量为零时轴功率最小（但不是零）；η-Q 曲线表示离心泵的流量为零时，效率为零，之后随流量增大，效率逐渐增大到最大效率点，流量再增大时，效率开始下降。说明离心泵在工作时有个最高效率点，该点称为泵的设计点。离心泵在设计点下所对应的流量、扬程、功率称为该泵的最佳工况参数，该参数被标在泵的铭牌上，供使用者参考。选择离心泵时，总是希望它在最高效率点下工作，在此条件下操作最为经济合理，但实际上往往不可能正好在该条件下运转，因此，一般规定一个工作范围，即泵的高效区。一般要求高效区为最高效率的 90% 的范围内。

图 1-32 是型号为 IS100-80-125 的离心泵在转速为 2900r/min 时的特性曲线图。各种不同型号的离心泵都有自己的特性曲线，即便是同一台泵，在不同的转速下，其特性曲线也不尽相同，但它们都具有共同的特点。

需要指出的是，离心泵的特性曲线是由生产厂家用 20℃ 的清水在一定转速下进行测定的，在使用时如果条件有变，需要

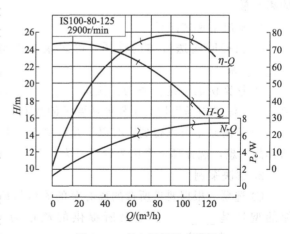

图 1-32　离心泵特性曲线图

进行必要的校核。

⊙ **双边交流**

1. 由 H-Q 曲线讨论

使用一台离心泵时，要想达到较高的扬程流量能开到很大吗？分组交流，看看你的结论与别人有什么不同。

2. N-Q 曲线讨论

启动离心泵时，为了保护电动机，启动离心泵前先关闭泵的出口阀然后再启动离心泵，为什么？请你讲一讲。（提示：在流量为零时启动离心泵，轴功率最小，启动电流最小，保护电动机）

（4）离心泵的类型　离心泵的种类很多，相应的分类方法也多种多样。按照所输送流体的性质，可分为清水泵、耐腐蚀泵、油泵、杂质泵等；按照叶轮的数目，可分为单级泵（只有一个叶轮）和多级泵（有两个或两个以上叶轮）；按照吸液方式不同，可分为单吸泵（只有一个吸入口）和双吸泵（有两个吸入口）；按照安装形式可分为卧式泵和立式泵等。这些泵已经按照其结构特点的不同，自成系列并标准化，使用时可在相关手册中进行查取。

⊙ **双边交流**

在泵的规格表中，查出代号为 80Y-100×2A、IS100-65-200、80FS24，这样三个规格的泵每个数字和符号代表什么，请每个人查一查，将结果互相对照。

（5）离心泵的选用　离心泵的型号很多，必须根据生产任务合理选择，可按照以下步骤进行。

① 根据所输送流体的性质和操作条件确定泵的类型。

② 确定生产任务所要求的流量。如果生产要求的流量是变化的，以最大流量为选择基准。

③ 确定生产任务所要求的压头。生产任务所要求的压头由伯努利方程计算得到。

④ 根据生产任务所要求的流量和扬程来确定泵的型号。选择时要使泵的流量和扬程稍大于生产任务所要求的值。通常扬程以大 10～20m 为宜，但同时要注意应使离心泵在高效区工作。

⑤ 校核轴功率。如果所输送流体的性质与水的性质相差较大时，应校核轴功率。

⑥ 列出离心泵在设计点时的主要性能。

【案例 13】　现有一生产任务，要求送水量为 15m³/h，扬程为 46m，请你选择一台合适的离心泵。

1. 解决案例之向导

① 根据所输送流体的性质，确定泵的类型。该案例所输送的流体为水，所以选择_____泵。

② 该案例的输送任务为：流量_____，扬程_____。选择离心泵时，要求所选的离心泵的流量与扬程均大于任务所要求的数值。

③ 从附录中可以得到，有以下几种离心清水泵均可满足要求，其型号分别为_____。请你想一想，选择哪一个更为合适，为什么？

2. 解决案例

① 选泵　根据要求所选的离心泵的流量与扬程均大于任务所要求的数值，所选的离心泵的型号是_____。该泵所提供的流量为_____，扬程为_____，电机功率为_____，转速为_____。

② 校核　看一看泵的轴功率是否满足条件。

🌀 **双边交流**

对于一定的输送任务，是不是只有一种型号的泵能够满足条件，你在选择过程中是如何考虑的，请将结果写下来。

（6）离心泵的工作点与调节　当泵安装在指定管路时，流量与压头之间的关系既要满足泵的特性，也要满足管路的特性。如果这两种关系均用方程来表示，则流量与压头要同时满足这两个方程，在性能曲线图上，应为泵的特性曲线和管路特性曲线的交点。这个交点称为离心泵在指定管路上的工作点，显然，交点只有一个，也就是说，泵只能在工作点下工作。

当工作点的流量及压头与输送任务的要求不一致时，或生产任务改变时，必须进行适当的调节，调节的实质就是改变离心泵的工作点。主要方法有以下几点。

① 改变阀门开度　主要是改变泵出口阀门的开度。因为即使吸入管路上有阀门，也不能进行调节，在工作中，吸入管路上的阀门应保持全开，否则易引起气蚀现象。由于用阀门调节简单方便，因此工业生产中主要采用此方法。

② 改变叶轮的转速　当叶轮的转速改变时，离心泵的性能也会跟着改变，工作点也随之改变。由于改变转速需要变速装置，使设备投入增加，故生产中很少采用。

③ 改变叶轮的直径　通过车削的办法改变叶轮的直径，来改变泵的性能，从而达到改变工作点的目的。由于车削叶轮不方便，需要车床，而且一旦车削便不能复原，因此工业上很少采用。

（7）离心泵的操作　离心泵的操作主要有以下几个步骤。

① 灌泵　为避免发生气缚现象，离心泵启动前，必须先灌满被输送液体。

② 预热　当输送温度较高的液体时，为避免由于热胀冷缩而引起的泵内各部件发生变形，必须先进行预热，通常，一边预热一边盘车。

③ 关闭出口阀门，启动离心泵　为使离心泵启动电流最小，应在关闭出口阀门的状态下启动离心泵，当泵启动起来后，打开出口阀门，调节至指定的流量。

④ 正常运转　离心泵正常运转过程中，要定期检查泵的润滑情况，发现问题应及时处理。

⑤ 停车　离心泵停车时，要先关闭出口阀门，再关电动机，主要是防止出口管路上的高压液体倒流入泵内打坏叶轮。

离心泵长时间不用时，要将泵内和管路内的液体排净。

🌀 **双边交流**

1. 离心泵的调节方式有_____、_____和_____三种，工业生产中最常用的是_____，原因是_____。

2. 离心泵在开车前要_____，目的是为了防止发生_____。操作过程中，无论是开车还是停车，出口阀门都要_____，但其原因不同，开车时是为了_____，停车时是为了_____。

2. 认识其他类型泵

（1）往复泵　往复泵也是化工生产中较常用的泵，主要由泵缸、活塞、活塞杆、吸入阀和排出阀构成，如图1-33所示，它是依靠活塞的往复运动来吸入和排出液体的。活塞自左向右移动时，泵缸内形成负压，则储槽内液体经吸入阀进入泵缸内。当活塞自右向左移动时，缸内液体受挤压，压力增大，由排出阀排出。

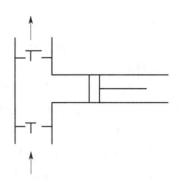

图 1-33　往复泵结构图

图 1-33 为单动往复泵，当活塞往复运动一次时，吸液和排液各一次，说明单动往复泵的排液是不连续的。为改变单动泵流量的不均匀性，可以采用双动泵或多联泵。双动泵活塞往复运动一次，吸液和排液各两次，尽管排液连续了，但还是有波动，多联泵为多台单动往复泵并联构成，其流量较单动泵均匀得多。

往复泵的流量与泵缸的尺寸、活塞的冲程及往复次数有关，与压头无关，单动往复泵的理论流量可以表示为：

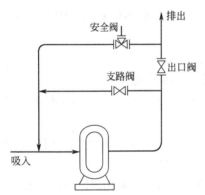

图 1-34　旁路调节

$$q_v = \frac{\pi}{4} d^2 s f \qquad (1-18)$$

式中　q_v——往复泵的理论流量，m^3/s；

　　　d——泵缸的直径，m；

　　　s——冲程（指活塞从泵缸最左端到最右端的距离），m；

　　　f——单位时间内活塞往复的次数，次/s。

与离心泵不同的是，因往复泵有自吸能力，所以启动时不需灌满液体；往复泵启动前必须将排出管路上的阀门打开。往复泵的流量不能用排出管路上的阀门来调节，而应采用旁路调节（也称支路调节，如图 1-34 所示）或改变活塞的往复次数、改变活塞的冲程来实现。但往复泵的安装高度与离心泵一样，也有一定限制。

往复泵适用于输送高压头、小流量、高黏度的液体，但不宜于输送腐蚀性流体。

🌀 **双边交流**

请互相交流，讨论离心泵与往复泵在工作原理及操作上有哪些异同，然后完成下表。

项　目	离心泵	往复泵
工作原理		
开车前是否需要灌泵		
流量调节的方式		
安装高度是否受限制		
适用场合		

（2）旋转泵　旋转泵是依靠泵体内转子的旋转作用而吸入和排出液体的，也称转子泵。化工生产中常见的旋转泵有齿轮泵和螺杆泵。

① 齿轮泵　如图1-35所示，主要是由椭圆形泵壳和两个齿轮组成。其中一个齿轮为主动齿轮，由传动机构带动；另一个为从动齿轮，与主动齿轮相啮合而随之作反方向旋转。当齿轮转动时，因两齿轮的齿相互分开，而形成低压将液体吸入，并沿壳壁推送至排出腔。在排出腔内，两齿轮的齿互相合拢而形成高压将液体排出。如此连续进行以完成液体输送任务。齿轮泵流量较小，压头很高，适于输送黏度大的液体，如甘油等。

图1-35　齿轮泵

② 螺杆泵　主要由泵壳与一个或一个以上的螺杆所构成。图1-36（a）所示为一单螺杆泵。此泵的工作原理是靠螺杆在具有内螺旋的泵壳中转动，将液体沿轴向推进，最后挤压至排出口而排出。图1-36（b）为一双螺杆泵，它与齿轮泵十分相像，它利用两根相互啮合的螺杆来排送液体。当所需的压力很高时，可采用多螺杆泵。螺杆泵的效率较齿轮泵高。运转时无噪声、无振动、流量均匀。可在高压下输送黏稠液体。

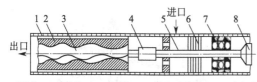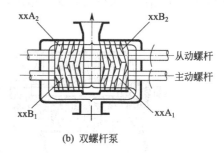

1—泵壳；2—衬套；3—螺杆；4—偏心联轴节；5—中间传动轴；
6—密封装置；7—并向止推轴承；8—普通连轴节

（a）单螺杆泵　　　　　　　　　　　（b）双螺杆泵

图1-36　螺杆泵

开眼界　认识气体压缩和输送机械

气体压缩和输送机械广泛应用于化工生产中，由于气体具有明显的可压缩性，使其在设备结构上有着自身的特点。通常，按照终压或压缩比（出口压力与进口压力之比）的不同，气体压缩和输送机械的分类见表1-6。

表1-6　气体压缩和输送机械的分类

类　型	终压（表压）/kPa	压缩比	用　途
通风机	<15	1～1.15	通风换气
鼓风机	15～300	1.15～4	送气
压缩机	>300	>4	产生高压
真空泵	当地大气压	很大	造成真空

1. 离心式气体压送机械

离心式的气体压送机械有离心式的通风机、离心式的鼓风机和离心式的压缩机，它们都是依靠叶轮的高速旋转来完成气体的压缩和输送过程。

（1）离心式通风机　离心式通风机结构如图1-37所示，由机壳、叶轮、气体吸入口和排出口构成，按出口压力可分为以下几类。

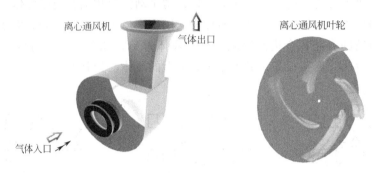

图 1-37　离心式通风机

低压通风机：出口表压1kPa以下。

中压通风机：出口表压1～3kPa。

高压通风机：出口表压3～15kPa。

离心式通风机的主要性能有风量（体积流量）、风压（单位体积气体所获得的能量）、轴功率和效率。

（2）离心式鼓风机　离心式鼓风机又称涡轮鼓风机或透平鼓风机，常采用多级叶轮，各级叶轮大小相同。送风量较大，但出口压力不高。图1-38为多级离心式鼓风机结构。

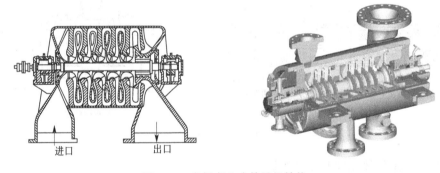

图 1-38　多级离心式鼓风机结构

（3）离心式压缩机　离心式压缩机又称透平压缩机，它的主要结构与工作原理与离心式鼓风机相似。离心式压缩机的特点是叶轮级数较多，通常在10级以上，叶轮转速高，一般在5000r/min以上，这样可以产生很高的气体压力。由于压缩比高，可以将压缩机分为几段，每段若干级。较大的压缩比可以导致气体体积缩小，因而叶轮的直径和宽度逐级减小；同时出口气体温度较高，故可在级间设置冷却器。

2. 往复式气体压缩机

往复式压缩机与往复泵的结构相似，由汽缸、活塞、活门构成，是通过活塞的往复运动来吸入和排出气体的。但是由于气体的可压缩性，往复压缩机的工作过程分为4个阶段，即膨胀过程、吸气过程、压缩过程和排气过程（图1-39），现分别介绍如下。

（1）膨胀过程　当活塞向右运动时，工作室的容积增大，残留在工作室内的高压气体膨胀，但入口阀门此时还处于关闭状态，气体膨胀到工作室内的压力等于或略小于吸入管路的压力时，入口阀门将会打开。

（2）吸气过程　入口阀门打开后，活塞继续向右运行，气体缓慢吸入工作室，直至活塞运行到最右端。

（3）压缩过程　活塞反向向左运行，工作室的容积减小，气体被压缩，但出口阀门此时还处于关闭状态，气体压缩到工作室内的压力等于或略大于排出管路的压力时，出口阀门将会打开。

（4）排气过程　出口阀门打开后，活塞继续向左运行，气体缓慢从工作室排出，直至活塞运行到最左端。

从以上介绍可以知道，活塞往复运动一次，完成一次吸气和排气过程，但由于存在膨胀和压缩这两个过程，使得汽缸的利用率下降。另外，为了确保活塞的运动，必须使用润滑油以保持良好的润滑，同时，为了除去气体压缩过程中产生的热量，汽缸外必须设置冷却装置。此外，阀门要灵活、紧凑、严密。

当要求终压较高时（压缩比大于 8 时），气体出口温度会很高，而过高的温度有可能使润滑油变稀或着火，使功耗增加，所以此时应采用多级压缩。所谓多级压缩，就是将两个或两个以上汽缸串联起来的装置，气体每压缩一次称为一级，级间设置冷却装置及油水分离器。当每级的压缩比相同时，多级压缩的功耗最小。

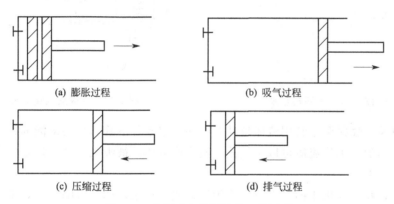

(a) 膨胀过程　　　　　　　　　　　(b) 吸气过程

(c) 压缩过程　　　　　　　　　　　(d) 排气过程

图 1-39　往复式气体压缩机工作过程

3. 旋转式风机

旋转式风机的特点是机壳内有一个或两个转子，转子在旋转过程中直接加压于气体，使气体的静压能提高，从而完成气体的输送过程。常见的旋转式风机有罗茨鼓风机。

罗茨鼓风机的结构如图 1-40 所示，机壳内有两个腰形转子，两转子与机壳间的缝隙很小，使转子能自由旋转而无缝隙。其工作原理与齿轮泵类似，当两转子以相反方向旋转时，气体从一侧吸入，另一侧排出，若改变转子旋转方向，则吸入口与排出口互换。

罗茨鼓风机的出口应安装稳压气罐，流量采用支路调节法，且出口阀不能完全关闭。

4. 真空泵

从设备中或系统中抽出气体，使其处于绝对压力低于外界大气压的状态，所用的输送机械称为真空泵。常用的有水环真空泵、喷射泵等。

（1）水环真空泵　水环真空泵的外形呈圆形，如图 1-41 所示，外壳内有一个偏心安装的叶轮，壳内注有一定量的水，在离心力的作用下，将水甩至壳壁形成水环。水环具有密封

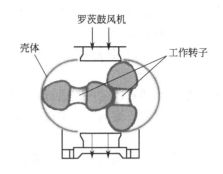

图 1-40　罗茨鼓风机

作用，使叶片间的空隙形成大小不同的密封室，当小室增大时，气体从吸入口吸入，当小室变小时，气体从排出口排出。

水环真空泵结构简单，紧凑，易于制造和维修，但效率较低，一般为 30%～50%。该泵产生的真空度受水温的限制。

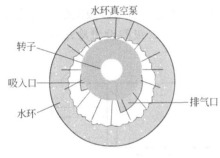

图 1-41　水环真空泵

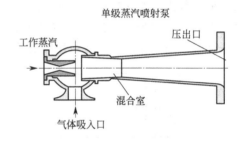

图 1-42　单级蒸汽喷射泵

（2）喷射泵　喷射泵是利用流体流动时，在一定条件下静压能与动能的相互转化原理来吸入和排出流体的，工作流体可以是气体、蒸汽或液体，被吸入流体可以是气体或液体。图 1-42 为单级喷射泵。

在生产中，喷射泵用于抽真空时，称为喷射式真空泵，如蒸汽喷射泵，其工作流体为高压蒸汽，吸入气体与之混合后排出。单级蒸汽喷射泵可产生的绝压较低，当需要得到更高的真空度时，常将单级蒸汽喷射泵串联起来成为多级喷射泵。

喷射泵的结构简单，没有运动部件，能输送高温、腐蚀性及含固体微粒的流体，但效率低，且工作流体消耗量大。

[实践环节]

离心泵特性曲线的测定

1. 教学目标

（1）学会离心泵特性曲线的测量方法。

（2）学会离心泵的操作与调节方法。

2. 促成目标

（1）认识离心泵，熟悉该实验装置的工艺流程及操作方法。

（2）通过现场动手操作，锻炼学生实际动手能力。

（3）通过理论与实际相结合，加深对理论知识的理解。

3. 理论引导

对一定类型的泵来说，泵的特性曲线主要是指在一定转速下，泵的扬程、功率和效率与流量之间的关系。由于离心泵的结构和流体本身的非理想性以及流体在流动过程中的种种阻力损失，所以离心泵的特性曲线都是通过实验进行测定的。由现场所取得的数据计算对应的扬程，然后求出有效功率，进而求出效率。

扬程：
$$H=(Z_2-Z_1)+\frac{u_2^2-u_1^2}{2g}+\frac{p_表+p_真}{\rho g}+H_f \tag{1-19}$$

有效功率：
$$N_有=HgQ\rho$$

效率：
$$N=\frac{N_有}{\eta}$$

4. 实验装置及流程

离心泵特性曲线测定实验装置如图1-43所示，水箱内的水自进水管被泵吸入，由出水管经流量计测量流量后被泵排出。在泵的吸入口装真空表测量泵入口处的真空度，在泵的排出口装压力表测量泵出口的压力。为了避免发生气缚现象，在泵的出口管上装有引水阀，进口管上装有底阀，使得开车前可以将泵内灌满水。出口管上的阀门用来调节水的流量。

图中的功率表用来测量泵的实际功率，温度计用来测量水的温度。

5. 实验步骤

熟悉流程，认识各个仪表及阀门，然后按照下面步骤进行操作，并将数据记录在表格内。

（1）关闭调节阀，打开引水阀，反复开、关放气阀，气体被排尽后，关闭放气阀。

（2）关闭出口阀，启动泵。

（3）将出口阀门开至最大，稳定后，

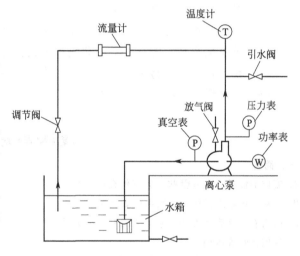

图1-43　离心泵特性曲线测定实验装置

取此时的数据作为第一组实验数据，然后从大到小共采集16组数据，最后一组数据的流量为零。

（4）由于离心泵效率极值点出现在大流量时，所以实验布点服从大流量多布点，小流量少布点规则。

（5）实验结束，关闭出口阀门，停离心泵。

（6）关闭电源，清理现场。

*注意事项

第一，当排气管中无气泡时，说明气体已被排尽。

第二，前五组数据按流量显示仪读数每下降约50布一个实验点，以后实验数据布点约下降100～200。

第三，若发现流量显示仪读数达不到零，可采用将调节阀开至最大，再快速关闭调节阀，流量显示仪读数将为零，可能此读数不久还会上升，上升的数据不采集，以零计。此时其余的仪表读数不随显示仪读数而变。

6. 数据记录及分析

（1）数据记录

操作人员：　　　　　　　　　实验装置号：

水温：　　　　　　　　　　　空气温度：　　　　　　　　　实验时间：

序号	流量表/(L/s)	功率表/kW	真空表/MPa	压力表/MPa	扬程/m	有效功率/kW	效率

（2）根据上表数据绘制离心泵特性曲线图。

7. 讨论

（1）开始操作前为什么要灌泵？

（2）为什么要在关闭出口阀门的状态下打开离心泵？

（3）操作完毕后，为什么要关闭出口阀门后才能停电机？

（4）数据记录时，为什么在大流量时布点较多，而在小流量时布点较少？

（5）如何调节离心泵的流量？

思考与练习

一、简答

1. 流体的输送方式有哪些？各有什么特点？

2. 影响流体黏度的因素有哪些？如何影响？

3. 压力有几种表示方法，它们之间有什么关系？

4. 如何判断等压面？

5. 流体的流动形态有几种，如何判断？

6. 减小流体阻力的措施有哪些？

7. 说明离心泵的结构及工作原理。

8. 请解释气缚现象与汽蚀现象，如何预防？

9. 离心泵操作过程中要注意什么？如何调节流量？

10. 化工管路的连接方式有几种？各有什么特点？

11. 流体无论是静止的还是流动的都具有黏性吗？为什么？

12. 在静止的、连通的流体内，处于同一水平面上各点的压力都相等，这种说法对吗？

13. 转子流量计安装时注意什么？如何读数？

14. 往复泵没有自吸能力，工作之前需要灌泵吗？如何调节往复泵的流量？

15. 流体运动时，能量损失的根本原因是什么？

16. 下列哪一项措施能减少流体的阻力：A. 减短管路；B. 减少管件、阀件；C. 增大管径；D. 增大流速。为什么？

17. 什么是离心泵的工作点？

二、计算

1. 293K 的水在内径为 100mm 的管子内流过,当流速为 2m/s 时,请求出水的流量,分别用体积流量和质量流量表示。

2. 293K 的水在内径为 114mm 的管子内流过,当流速为 1m/s 时,请判断水的流动类型。

3. 流量为 9.6m³/h 的某液体在内径为 32mm 和 50mm 的管子所组成的变径管中流过,试求两管内液体的流速分别是多少?

4. 如附图所示,容器内装有密度为 860kg/m³ 的液体,其上方压力表的读数为 10kPa。U 形管压差计中的指示液为汞,读数为 300mm。请计算容器内液体的高度是多少?已知汞的密度为 1360kg/m³。

5. 如附图所示,高位槽液面距水管出口的垂直距离为 6.2m,管子规格为 Φ114mm×4mm,能量损失为 60J/kg,试求管内水的流量及流速。

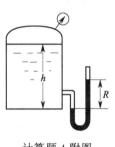

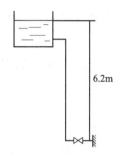

计算题 4 附图 　　　　　　　　　　　　　　计算题 5 附图

6. 如附图所示,用水吸收混合气体中的氨,操作压力是 105kPa(表压),已知管子的规格是 Φ89mm×3.5mm,水的流量是 40m³/h,整个管路系统的阻力损失为 40J/kg,喷头与管子连接处的压力是 120kPa(表压),泵的效率是 65%。求泵所需的实际功率是多少?

7. 如附图所示,某车间用压缩空气输送 293K,98% 浓硫酸,高位槽为常压。要求输送任务是 1.8m³/h,输送管子规格为 Φ38mm×3mm,酸储槽内液面距离输送管出口 15m,输送过程中的能量损失为 10J/kg,求压缩空气的压力是多少?已知 293K,98% 浓硫酸的密度是 1836 kg/m³。

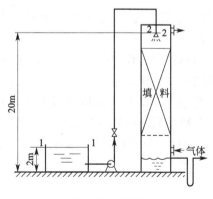

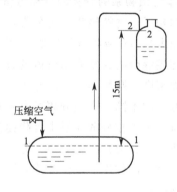

计算题 6 附图 　　　　　　　　　　　　　　计算题 7 附图

项目二　非均相物系的分离与设备

任务1　了解非均相物系分离在化工生产中的应用

想一想　化工生产中，经常会遇到含尘气体、悬浮液的分离问题，那么采取什么操作能完成含尘气体、悬浮液的分离呢？

含尘气体、悬浮液的分离问题属于非均相物系的分离，下面学习有关非均相物系分离的相关知识。

1. 应用

在自然界、工农业生产以及日常生活里人们会接触到很多混合物，如空气、雾、泥水、牛奶等。在化工生产中，很多原料、半成品、排放的废弃物等大多为混合物，为了满足生产要求和环境保护，常常要对混合物进行分离。

混合物可分为均相混合物和非均相混合物。非均相混合物是指由两个或两个以上的相组成的混合物。非均相混合物中，有一相处于分散状态，称为分散相（分散物质），如雾中的小水滴、烟尘中的尘粒；另一相处于连续状态，称为连续相（或分散介质），如雾和烟尘中的气相。化工生产中，非均相混合物的分离过程常用于回收分散物质、净化分散介质、劳动保护和环境卫生等。

2. 非均相物系的分类和分离方法

非均相混合物按聚集状态分类，常见的有气-固相（如烟道气）、气-液相（如雾）、液-固相（如泥水）、液-液相（如牛奶）、固-固相（如金属矿）。

非均相混合物通常采用机械的方法分离，即利用非均相混合物中分散相和连续相的物理性质（如密度、颗粒形状、尺寸等）的差异，使两相之间发生相对运动而使其分离。根据两相运动方式的不同，机械分离可有两种操作方式，过滤和沉降。重力沉降是微粒（分散相）借助本身的重力在分散介质中沉降而获得分离。离心分离是利用微粒（分散相）所受离心力的作用将其从分散介质中分离，亦称离心沉降。过滤是利用两相对多孔介质穿透性的差异，在某种推动力的作用下，使非均相混合物得以分离的操作。

双边交流

1. 查取有关资料，找出非均相物系分离在化工生产中的实际应用，把你将获得的资料与其他同学进行交流，看别人的理解与你有何不同，并展开讨论。

2. 请完成下面的填空

(1) 泥水属于_____混合物，其中连续相是_____。

(2) 化工生产中，非均相混合物的分离过程常用于_____、_____、_____等方面。

(3) 常用的非均相混合物的分离方法有_____、_____、_____。

悬浮液和乳浊液

自然界里的大多数物质是混合物，混合物可分为均相混合物和非均相混合物两大类。相是具有相同组成、相同物理性质和相同化学性质的均匀物质。相与相之间有明确的界面。均相混合物内部各处物质均匀而不存在相界面，如空气、酒精等。非均相混合物内部有隔开两相的界面存在，而界面两侧的物料性质截然不同，如悬浮液、乳浊液、含尘气体等。

固体颗粒分散于液体中，因布朗运动而不能很快下沉，此时固体分散相与液体的混合物称悬浮液。悬浮液中的固体颗粒的粒径为 $10^{-3} \sim 10^{-4}$ cm，大于胶体。血液、泥水、氢氧化铜和水的混合液、碳酸钙和水的混合液等都是悬浮液（图 2-1）。

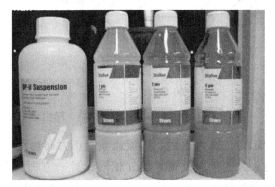

图 2-1　悬浮液

乳浊液是一种液体很细地分散于另一种（或数种）与之互不相溶的液体中所形成的乳状液。如油水混合物、石油原油、橡胶的乳胶、油漆就是乳浊液。常把乳浊液分为两种类型，即油-水型，以 O/W 表示；水-油型，以 W/O 表示（O 表示所有不溶于水的液态物质，W 表示水）。例如，牛奶是脂肪分散到水里，这个分散体系是油内水外，用 O/W 表示；由地下开采出来的石油原油里含有少量分散的水，这个分散体系是水内油外，用 W/O 表示（图 2-2）。

图 2-2　乳浊液

任务2　认识重力沉降及设备

 想一想　重力沉降有什么优缺点？在化工生产中，重力沉降一般用在什么场合？

重力沉降是借助重力的作用，使流体和颗粒之间发生相对运动，把流体和颗粒分离的操作。工业生产中，借助重力沉降分离非均相混合物的设备常见的有降尘室和连续沉降槽。降尘室用于分离含尘气体，而连续沉降槽用于分离悬浮液。

1. 降尘室

降尘室一般呈扁平状，通常只能作为预除尘设备，用于分离粒径较大的尘粒。

最简单的水平流动型降尘室如图 2-3 所示。含尘气体水平进入降尘室后，因流道截面积扩大而速度减慢，只要颗粒能够在气体通过的时间内降至室底，便可从气流中分离出来。

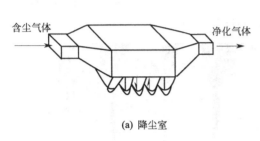

(a) 降尘室

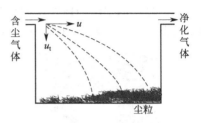

(b) 尘粒在降尘室的运动情况

图 2-3 降尘室示意

如图所示，气体入室后，因流通截面扩大而速度减慢，气流中的尘粒一方面随气流沿水平方向运动，其速度与气流速度 u 相同；另一方面，在重力作用下，以沉降速度 u_t 垂直向下运动。只要气体在降尘室内所经历时间大于尘粒从室顶沉降到室底所用时间，尘粒便可分离出来。

位于降尘室最高点的颗粒降至室底所需要的时间为：

$$\theta_t = \frac{H}{u_t} \tag{2-1}$$

气体通过沉降室的时间为：

$$\theta = \frac{l}{u} \tag{2-2}$$

气体在室内的停留时间应大于或等于颗粒的沉降时间，即：

$$\theta \geqslant \theta_t \tag{2-3}$$

或：

$$\frac{l}{u} \geqslant \frac{H}{u_t} \tag{2-4}$$

气体在降尘室内的水平通过速度为：

$$u = \frac{V_s}{Hb} \tag{2-5}$$

将式(2-8)代入式(2-4)并整理得：

$$V_s \leqslant blu_t \tag{2-6}$$

式中　l——降尘室的长度，m；

　　　b——降尘室的宽度，m；

　　　H——降尘室的高度，m；

　　　u——气体在降尘室的水平通过速度，m/s；

　　　V_s——含尘气体通过降尘室的体积流量，即降尘室的生产能力，m^3/s；

　　　u_t——尘粒的沉降速度，m/s。

可见，理论上降尘室的生产能力只与沉降面积 bl 及颗粒的沉降速度 u_t 有关，而与降尘室高度无关。故降尘室应设计成扁平形，或在室内均匀设置多层水平隔板，构成多层降尘室，如图 2-4 所示。

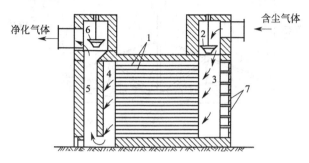

图 2-4　多层降尘室
1—隔板；2,6—调节闸阀；3—气体分配道；4—气体集聚道；5—气道；7—清灰口

降尘室结构简单，流体阻力小，但体积庞大，分离效率低，通常只适用于分离粒度大于 $50\mu m$ 的粗颗粒，一般作为预除尘使用。多层降尘室虽能分离较细的颗粒且节省地面，但清灰比较麻烦。

需要指出气体在降尘室内的速度不应过高，一般应使气流速度小于 $1.5m/s$，以免干扰颗粒的沉降或把已沉降下来的颗粒重新扬起。

2. 连续沉降槽

利用重力沉降分离悬浮液的设备称为沉降槽（图 2-5）。沉降槽通常只能用于分离出不很细的颗粒，得到的是清液与含 50% 左右固体颗粒的增稠液，所以这种设备也称为增稠器。广泛应用在矿山、冶炼、化工、污水处理等固液分离、澄清和轻相回收的领域。

图 2-5　沉降槽

沉降槽有间歇式和连续式两类。间歇沉降槽通常为带有锥底的圆槽，需要处理的悬浮料浆在槽内静止足够时间以后，增浓的沉渣由槽底排出，清液则由上部排出管排出。

图 2-6 所示为一连续式沉降槽。它是一个大直径的浅槽，料浆由位于中央且伸入液面下的圆筒进料口送至液面以下 $0.3\sim1.0m$ 处，在尽可能减小扰动的条件下，迅速分散到整个横截面上，使速度减缓。随着颗粒的沉降，液体缓慢向上流动，经溢流堰流出得到清液。颗

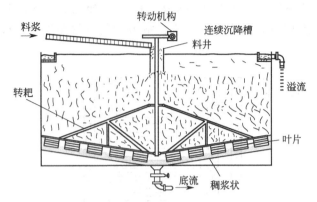

图 2-6　连续式沉降槽

粒则向下沉至底部形成沉淀层，由缓慢转动的耙将沉渣聚拢到底中央的排渣口连续排出。

沉降槽以加料口为界，其上为澄清区，其下为增浓区，自上而下颗粒浓度逐渐增加。为了获得澄清液体，沉降槽应有足够的横截面积，保证澄清液向上及增浓液向下的通过能力。为了把沉渣增浓到指定程度，沉降槽加料口以下应有足够的高度，以保证压紧沉渣所需要的时间。耙机进行刮料并将两相物料分离，有两桨式和四桨式，耙机叶片有一定角度，方便刮料，并能减轻阻力，降低功耗。

连续沉降槽的直径，小者几米，大者可达数百米，高度为 2.5～4m，它适用于处理量大而固相含量不高、颗粒不太细微的悬浮料浆。工业上大多数污水处理都采用连续沉降槽。

3. 提高重力沉降速度的方法

下面以降尘室为例，介绍提高重力沉降速度的方法。以如前所述，降尘室的生产能力只与沉降面积 bl 及颗粒的沉降速度 u_t 有关。在实际生产中，现有的降尘室，沉降面积一定，升降分离的关键在于颗粒的沉降速度。提高重力沉降速度，无疑可以获得更好的沉降效果。影响沉降速度的因素很多。可以想一想，有哪些提高重力沉降速度的方法呢？

沉降速度 u_t 由颗粒特性和介质特性等综合因素决定。

（1）颗粒密度、直径和形状　其他条件相同时，密度大的颗粒先沉降。其他条件相同时，颗粒直径越大，沉降速度越大。对于同种颗粒，球形颗粒的沉降速度大于非球形颗粒的沉降速度。

（2）流体的性质　其他条件相同时，流体密度越小，沉降速度越大。如颗粒在空气较水中易沉降。流体的黏度越大，沉降速度越小。如高温含尘气体的沉降，通常先散热降温。

（3）流体流动的影响　流体的流动对颗粒的沉降产生干扰，为了减少干扰，流体要保持稳定的低速。因此，工业上的重力沉降设备，一般都很大，可以降低流速，消除流动干扰。

（4）壁效应和端效应　当器壁尺寸远远大于颗粒尺寸时（例如在 100 倍以上），器壁效应可忽略，否则应加以考虑。器壁的影响是双重的，一方面通过摩擦干扰，使颗粒的沉降速度下降；另一方面通过吸附干扰，使颗粒的沉降距离缩短。

（5）干扰沉降　当颗粒浓度较高时，颗粒沉降时彼此影响发生干扰沉降，从而使沉降速度减少。颗粒含量越大，这种影响越大。

双边交流

1. 查取有关资料，找出高效沉降槽在化工生产中的实际应用，把你获得的资料与其他人进行交流，看别人的理解与你有何不同，并展开讨论。

2. 请完成下面的填空

(1) 降尘室的生产能力只与降尘室的_____有关，与降尘室的_____无关。

(2) 沉降槽用于分离_____混合物。

(3) 流体的黏度越大，颗粒的沉降速度_____。

任务3　认识离心沉降及设备

 想一想　离心沉降与重力沉降有何不同？在化工生产中，离心沉降一般用在什么场合？

依靠惯性离心力的作用，使流体中的颗粒产生沉降运动，称为离心沉降。利用离心力比利用重力要有效得多，因为颗粒的离心力由旋转而产生，转速越大，则离心力越大；而颗粒所受的重力却是固定的。因此，利用离心力作用的分离设备不仅可以分离出比较小的颗粒，而且设备的体积也可缩小很多。离心沉降设备分为两类：一类是设备静止不动，非均相物系做旋转运动的离心设备，如旋风分离器和旋液分离器；另一类是设备本身旋转的离心设备，称为离心机。离心沉降可大大提高沉降速度，适宜处理两相密度差较小，颗粒粒度较细的非均相物系。

气、固非均相物系的离心沉降通常是在旋风分离器中进行；液、固悬浮物系一般在旋液分离器或沉降离心机中进行。

1. 旋风分离器

旋风分离器是利用离心力作用净制气体的设备，分离效率高，适用于净化大于 $1\sim3\mu m$ 的非黏性、非纤维的干燥粉尘。它是一种结构简单、操作方便、耐高温、设备费用和阻力较高（$80\sim160mmH_2O$，$1mmH_2O=9.81Pa$）的净化设备。旋风分离器在净化设备中应用得最为广泛，改进型的旋风分离器在部分装置中可以取代尾气过滤设备（图2-7）。

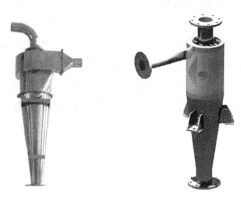

图 2-7　旋风分离器实物图片

标准型旋风分离器的结构如图2-8所示，上部为圆筒形，下部为圆锥形。含尘气体从圆筒上侧的矩形进气管以切线方向进入。进口的气速约为 $15\sim20m/s$。气体在器内按螺旋形线路向器底旋转，到达底部后折返向上，成为内层的上旋气流，称为气芯，然后从顶部中央的排气管排出。气体中所夹带的尘粒在随气流旋转的过程中，由于密度较大，受离心作用逐渐沉降到器壁内侧，碰到器壁后落下，滑向出灰口（图2-9）。

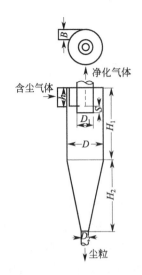
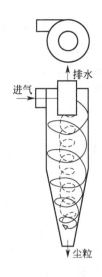

图 2-8　标准型旋风分离器的结构　　　图 2-9　气体在旋风分离器中的运动情况

　　旋风分离器各部分的尺寸有一定的比例，只要规定出其中一个主要尺寸，如圆筒直径 D 或进气口宽度 B，则其他部分尺寸亦可确定。除了标准型旋风分离器，工业上广泛使用的旋风分离器的形式还有 CLT、CLT/A、CLP/A、CLP/B 以及扩散式旋风分离器。

　　生产中常用若干个小型旋风分离器并列组成分离器组来代替大型分离器，不仅可以提高分离效率，而且可以提高生产能力。为了减少能耗，生产中常将降尘室、旋风分离器及袋滤器组成除尘系统。含尘气体先在降尘室中除去较大的尘粒，然后在旋风分离器中除去大部分的尘粒，最后在袋滤器中除去较小的尘粒。也可根据尘粒的粒度分布及除尘目的省去其中的某个除尘设备。

2. 其他离心沉降设备

　　(1) 旋液分离器　旋液分离器又称水力旋流器，用以分离以液体为主的悬浮液或乳浊液的设备。工作原理与旋风分离器大致相同。设备主体也是由圆柱、圆锥两部分组成，如图 2-10 所示。料液由圆筒部分以切线方向进入，做旋转运动而产生离心力，下行至圆锥部分更加剧烈。料液中的固体粒子或密度较大的液体受离心力的作用被抛向器壁，并沿器壁按螺旋线下流至出口（底流）。澄清的液体或液体中携带的较细粒子则上升，由中心的出口溢流而出。

　　旋液分离器的结构特点是直径小而圆锥部分长。因为固液间的密度差比固气间的密度差小，在一定的切线进口速度下，小直径的圆筒有利于增大惯性离心力，以提高沉降速度；同

图 2-10　旋液分离器实物图片

时，锥形部分加长可增大液流的行程，从而延长了悬浮液在器内的停留时间（图 2-11）。

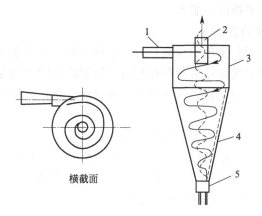

图 2-11　旋液分离器中液流运动情况
1—进料管；2—溢流管；3—圆管；4—锥管；5—底流管

从分离角度考虑，在给定处理量时，选用若干个小直径旋液分离器并联运行，其效果要比使用一个大直径的旋液分离器好得多。在旋液分离器中，颗粒沿器壁快速运动时产生严重磨损，为了延长使用期限，应采用耐磨材料制造或采用耐磨材料作内衬。

旋液分离器优点是：构造简单，无活动部分；体积小，占地面积也小；生产能力大；分离的颗粒范围较广。但分离效率较低。常采用几级串联的方式或与其他分离设备配合应用，以提高其分离效率。

旋液分离器不仅可用于悬浮液的增浓，在分级方面更有显著特点，而且还可用于不互溶液体的分离，气液分离以及传热、传质和雾化等操作中，因而广泛应用于多种工业领域中。

（2）沉降离心机　沉降离心机是利用离心沉降原理分离悬浮液或乳浊液的设备。沉降离心机的型号很多，结构各有不同。下面以卧式螺旋卸料离心机为例，介绍沉降离心机的原理和结构（图 2-12）。

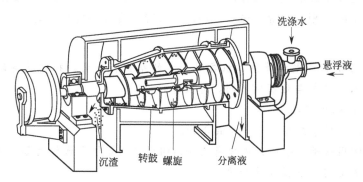

图 2-12　卧式螺旋卸料沉降离心机示意

卧式螺旋卸料沉降离心机主要由高转速的转鼓、与转鼓转向相同且转速比转鼓略高或略低的螺旋和差速器等部件组成。当要分离的悬浮液经进料管进入转鼓后，高速旋转的转鼓产生强大的离心力，把比液相密度大的固相颗粒沉降到转鼓内壁，由于螺旋和转鼓的转速不同，两者存在有相对运动（即转速差），利用螺旋和转鼓的相对运动把沉积在转鼓内壁的固相推向转鼓小端出口处排出，分离后的清液从离心机的另一端排出。

卧式螺旋卸料沉降离心机主要用于植物油澄清、纸浆回收、淀粉、碳酸钙、谷氨酸、高岭土、石墨、金属盐、纤维素、鱼粉、动植物蛋白、各类果汁、豆奶、塑料颗粒、污水处理、石油老化油处理等物料澄清、脱水。

3. 提高离心沉降速度的方法

离心沉降是利用连续相与分散相在离心力场中所受离心力的差异使重相颗粒迅速沉降实现分离的操作。离心沉降速度是指重相颗粒相对于周围流体的运动速度。设法提高离心沉降速度，无疑可使分离效果提高，设备尺寸减小。可以想一想，有哪些提高离心沉降速度的方法呢？

颗粒的离心沉降速度与以下三方面因素有关。

(1) 颗粒本身的性质　离心沉降速度与颗粒直径和密度成正比。密度相同时，大颗粒比小颗粒沉降快；大小相同时，密度大的颗粒比密度小的沉降快。

(2) 介质的性质　离心沉降速度与介质的黏度、密度成反比。介质黏度、密度大，则颗粒沉降慢。

(3) 离心条件　颗粒的离心沉降速度与离心时转速和旋转半径成正比。如果其他的条件不变，离心沉降速度随着半径的增大而增大；同样其他的条件不变，离心沉降速度随着转速的增大而增大。

离心分离设备常用离心分离因数来表示离心分离效果。离心分离因数为离心加速度和重力加速度的比值，用 K_c 表示：

$$K_c = \frac{u_T^2}{rg}$$

离心分离因数是评价离心分离设备的重要指标。要提高 K_c，可通过增大半径和转速来实现，但出于对设备强度、制造、操作等方面的考虑，通常采用提高转速并适当缩小半径的方法来获得较大的 K_c。

离心沉降具有沉降速度大、分离效果高的优点，但离心分离设备比重力沉降设备复杂，投资费用大，且需要消耗能量，操作严格而费用高。因此，分离要求不高或处理量较大的场合适宜采用重力沉降。根据情况，也可先用重力沉降，再进行离心分离。

🌀 **双边交流**

1. 查取有关资料，了解沉降离心机各种形式的结构和应用，把你获得的资料与其他人进行交流，看别人的理解与你有何不同，并展开讨论。

2. 请完成下面的填空：

(1) 旋风分离器用于分离_____混合物。

(2) 生产中常用若干个小型旋风分离器并列组成分离器组来代替大型分离器，不仅可以提高_____，而且可以提高生产能力。

(3) 如果其他的条件不变，离心沉降速度随着半径的增大而_____。

👁 **开眼界**　龙卷风

当流体围绕某一中心轴作圆周运动时，便形成惯性离心力场。龙卷风就是自然界中流体旋转形成离心力场的实例（图 2-13）。

龙卷风是从强流积雨云中伸向地面的一种小范围强烈旋风。龙卷风出现时，往往有一个或数个如同"象鼻子"样的漏斗状云柱从云底向下伸展，同时伴随狂风暴雨、雷电或冰雹。龙卷风经过水面，能吸水上升，形成水柱，同云相接，俗称"龙取水"。经过陆地，常会卷倒房屋，吹折电杆，甚至把人、畜和杂物吸卷到空中，带往他处。

1. 龙卷风的特点

龙卷风常发生于夏季的雷雨天气时，尤以下午至傍晚最为多见。袭击范围小，龙卷风的直径一般在十几米到数百米之间。龙卷风的生存时间一般只有几分钟，最长也不超过数小时。风力特别大，在中心附近的风速可达 100～200m/s。破坏力极强，龙卷风经过的地方，常会发生拔起大树、掀翻车辆、摧毁建筑物等现象，有时把人吸走，危害十分严重。

图 2-13　龙卷风照片

2. 龙卷风的防范措施

（1）在家时，务必远离门、窗和房屋的外围墙壁，躲到与龙卷风方向相反的墙壁或小房间内抱头蹲下。躲避龙卷风最安全的地方是地下室或半地下室。

（2）在电杆倒、房屋塌的紧急情况下，应及时切断电源，以防止电击人体或引起火灾。

（3）在野外遇龙卷风时，应就近寻找低洼地伏于地面，但要远离大树、电杆，以免被砸、被压和触电。

（4）汽车外出遇到龙卷风时，千万不能开车躲避，也不要在汽车中躲避，因为汽车对龙卷风几乎没有防御能力，应立即离开汽车，到低洼地躲避。

任务4　认识过滤操作及设备

 想一想　与沉降相比，过滤操作有什么优点？在化工生产中，过滤一般用在什么场合？

1. 过滤的基础知识

过滤是利用分散相和连续相对多孔介质穿透性的差异，在外力的作用下，使非均相物系得以分离的操作。过滤具有操作时间短、分离比较完全等特点，适用于含液量较少的悬浮液以及颗粒微小且浓度极低的含尘气体。

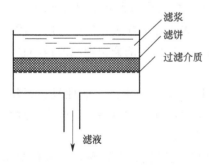

图 2-14　过滤操作示意

（1）过滤原理　以悬浮液的过滤来介绍过滤原理。悬浮液的过滤是在外力作用下，使悬浮液中的液体通过多孔介质的孔道，而悬浮液中的固体颗粒被截留在介质上，从而实现固、液分离。其中多孔介质称为过滤介质；所处理的悬浮液称为滤浆；滤浆中被过滤介质截留的固体颗粒称为滤饼或滤渣；通过过滤介质后的液体称为滤液（图 2-14）。

驱使液体通过过滤介质的推动力可以有重力、压力差和离心力，但在化工中应用最多的还是以压力差为推动力的过滤。过滤是分离悬浮液最普遍和最有效的单元操作之一。在某些场合下，过滤是沉降的后继操作。

（2）过滤方式

① 滤饼过滤　悬浮液中颗粒的大小往往很不一致，在过滤操作的开始阶段，会有部分

比过滤介质孔道小的颗粒进入介质孔道内，穿过孔道而不被截留，使滤液仍然是混浊的。随着的过滤进行，颗粒在介质上逐步堆积，形成了一个颗粒层，称为滤饼。由于滤饼中的孔道通常要比过滤介质的孔道要小，在滤饼形成之后，比过滤介质孔道小的颗粒也能被截留。滤饼成为对其后的颗粒起主要截留作用的介质，穿过滤饼的液体则变为澄清的液体。滤饼过滤要求能够迅速形成滤饼，常用于处理固体颗粒含量较高（固体体积分数＞1％）的悬浮液。

② 深层过滤　当悬浮液中颗粒尺寸比过滤介质孔道的尺寸小得多，颗粒就进入弯曲细长的介质孔道，被截留或吸附在介质孔道中，形成深层过滤。深层过滤时并不在介质上形成滤饼，固体颗粒沉积于过滤介质的内部。随着过滤的进行，过滤介质的孔道会因截留颗粒的增多逐渐变窄和减少，所以过滤介质必须定期更换或清洗再生。深层过滤常用于处理固体颗粒含量极少（固体体积分数＜0.1％）且颗粒直径较小（＜5μm）的悬浮液。如纯净水生产中用活性炭过滤水（图 2-15、图 2-16）。

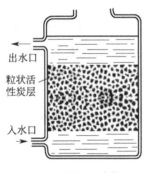

图 2-15　深层过滤装置

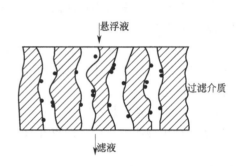

图 2-16　深层过滤示意

（3）过滤介质　过滤介质是多孔性介质，起着支撑滤饼的作用，并能让滤液通过，它应具有足够的机械强度和尽可能小的流动阻力，同时，还应具有相应的耐腐蚀性和耐热性。它是过滤机上关键组成部分，它决定了过滤操作的分离精度和效率，也直接影响过滤机的生产强度及动力消耗。工业上常见的过滤介质如下所述。

① 织物介质　又称滤布，是用棉、毛、丝、麻等天然纤维及合成纤维织成的织物，以及由玻璃丝或金属丝织成的网。织物介质容易被污物堵塞，失去过滤能力，所以它的纳污容量一般较低，需经常进行清洗或更换。这类介质用于滤饼过滤操作，能截留颗粒的最小直径为 5～65μm。织物介质在工业上的应用最为广泛。

② 粒状介质　又称堆积介质，由各种细小坚硬的固体颗粒（如细砂、活性炭、石粒、硅藻土等）堆积成一定厚度的床层，多用于深层过滤。这类过滤介质的纳污容量较大，过滤效果比织物过滤介质好，寿命也较长，但清洗效果就相对差些。

③ 多孔固体介质　具有很多微细孔道的固体材料，如多孔陶瓷、多孔塑料、多孔金属制成的管或板，能拦截 1～3μm 的微细颗粒。此类介质耐腐蚀、孔隙小、过滤效率比较高，常用于处理含少量微粒的腐蚀性悬浮液。

（4）滤饼的性质和助滤剂

① 滤饼的可压缩性　滤饼根据可压缩性分为可压缩滤饼和不可压缩滤饼。当滤饼由较易变形的物质构成，过滤压力越大，滤饼空隙率越小，过滤阻力越大，称为可压缩滤饼。当滤饼由不易变形的物质构成，过滤压力增大，滤饼空隙率和过滤阻力基本不变，称为不可压缩滤饼。

② 助滤剂　可压缩滤饼受压后空隙率明显减小，使过滤阻力明显增大，过滤压力越大，这种情况会越严重，甚至堵塞滤饼的孔道。为解决问题，工业过滤时常采用助滤剂。助滤剂一般是质地坚硬的细小颗粒，如硅藻土、石棉、炭粉等。将其混入悬浮液或预涂于过滤介质上，可以改善饼层的性能，使滤液得以畅流。一般只有在以获得清净滤液为目的时，才使用助滤剂。

2. 过滤设备

（1）板框压滤机　板框压滤机是一种广泛使用的过滤设备，板框压滤机的操作是间歇的，每个操作循环由装合、过滤、洗涤、卸渣、整理五个阶段组成。

板框压滤机由多块滤板和滤框交替排列于机架而构成（图2-17、图2-18）。滤板和滤框的数量可在机座范围内根据需要自行调节。板和框一般制成方形，4个角端均开有圆孔，这样板、框装合，压紧后即构成4个供滤浆、滤液或洗涤液流动的通道。框的两侧覆以滤布，空框与滤布围成了容纳滤浆和滤饼的空间。滤框右上角圆孔中有暗孔与框中间相通，滤浆由此进入框内。滤板分非洗涤板和洗涤板，洗涤板左上角圆孔中有侧孔与洗涤板两侧相通，洗涤液由此进入滤板；非洗涤板则无此暗孔，洗涤液只能从圆孔通过而不能进入滤板。滤板两面均有纵横交错的凹槽，是滤液或洗液的通道。为了在组装时便于区分滤框、非洗涤板和洗涤板，常在非洗涤板外侧铸上一个小钮，称作单钮板；滤框外侧铸上两个小钮，称作双钮框；洗涤板外侧铸上3个小钮，称作三钮板。如果将非洗涤板编号为1、框为2、洗涤板为3，则板框的组合方式服从1-2-3-2-1的规律。一般两端均为非洗涤板，通常称作机头。

 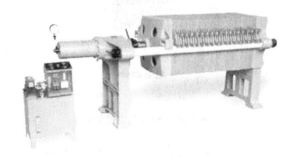

图2-17　滤板和滤框实物图片　　　　　　　　图2-18　板框压滤机

过滤和洗涤原理如图2-19所示。悬浮液从框右上角的通道（位于框内）进入滤框，固体颗粒被截留在框内形成滤饼，滤液穿过滤饼和滤布到达两侧的板，经板面从板的左下角旋塞排出。待框内充满滤饼，即停止过滤。如果滤饼需要洗涤，采用置换洗涤法时洗涤液的行程和洗涤面积与滤液完全相同。采用横穿洗涤法时，先关闭洗涤板下方的旋塞，洗液从洗板左上角的通道2（位于框内）进入，依次穿过滤布、滤饼、滤布，到达非洗涤板，从其下角的旋塞排出。

板框压滤机构造简单，过滤面积大而占地省，过滤压力高，便于用耐腐蚀材料制造，操作灵活，过滤面积可根据生产任务调节。主要缺点是间歇操作，劳动强度大，生产效率低。

（2）转筒真空过滤机　转筒真空过滤机是连续操作的过滤设备。设备的主体是一个转动的水平圆筒，表面有一层金属网作为支撑，网上覆盖滤布，筒的下部浸入滤浆中。圆筒沿径向被分割成若干个互不相通的扇形格，每格都有管与位于筒中心的分配头相连。凭借分配头的作用，在圆筒旋转一周的过程中，每个扇形表面可按顺序进行过滤、洗涤、吸干、吹松、卸渣等操作（图 2-20、图 2-21）。

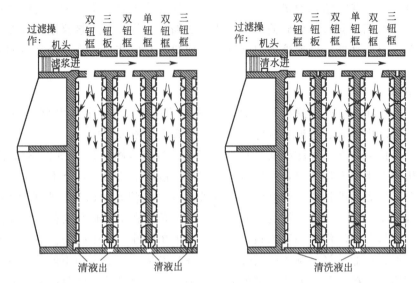

图 2-19　过滤和洗涤（置换洗涤法）原理

图 2-20　转筒真空过滤机

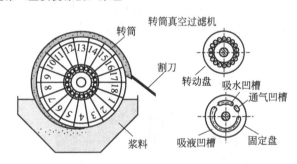

图 2-21　转筒真空过滤机操作示意

分配头是关键部件，由紧密贴合的转动盘与固定盘构成，转动盘上的每一孔通过前述的连通管各与转筒的某一扇形格相通。固定盘上有 3 个凹槽，分别与真空系统和压缩空气相连。

① 过滤　当转筒中的某一扇形格转入滤浆中时，与之相通的转动盘上的小孔与固定盘上的吸液凹槽相对，与滤液真空管相连，滤液便被吸入真空系统；同时滤饼沉积于滤布的外侧。

② 洗涤、吸干　当转到与吸水凹槽相对时，相应的扇形格与洗水真空管相连，转筒上方喷洒的洗水被从转筒外侧吸至洗涤液罐。

③ 吹松　当转到与通气凹槽相对时，相应的扇形格与压缩空气相连，压缩空气从内向外吹向滤饼。

④ 卸渣　随着转筒的转动，对应转筒外侧的滤饼又与刮刀相遇，被刮下。

继续旋转，又进入下一个操作循环。随着转筒的转动，转动盘上的小孔与固定盘两凹槽之间的空白位置相遇时，便从一个操作区转向另一操作区，不致使两区相互串通。

转筒真空过滤机操作连续、自动、生产能力大，对处理量大而容易过滤的料浆特别适宜。但转筒真空过滤机的转筒体积庞大而过滤面积不大；用真空吸液，过滤推动力也不大；

不适宜处理高温悬浮液。

（3）袋滤器　袋滤器的形式有多种，液体袋滤器用于悬浮液的分离；袋式滤尘器用于含尘气体的分离，它使含尘气体通过悬挂在袋室上部的织物过滤袋而被除去（图2-22）。

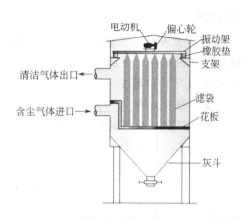

图 2-22　脉冲式袋式滤尘器　　　　　图 2-23　袋式滤尘器示意

图2-23为某种形式袋式滤尘器示意。含尘气体从下部进入袋滤器，气体由外向内穿过滤袋，尘粒被截留在滤袋外侧，清洁气体从上部出口管排出。清尘时，通过振动使尘粒落入灰斗。

袋式滤尘器对直径$1\mu m$颗粒的去除率多接近100％，这种方法效率高，操作方便，适应于含尘浓度低的气体；其缺点是维修费高，不耐高温高湿气流。

3. 提高过滤速度的方法

过滤速度指单位时间内通过单位过滤面积的滤液体积。提高过滤速度，无疑可以增大过滤设备的生产能力，减小过滤设备的体积。同其他过程类似，过滤速度与推动力成正比，与过滤阻力成反比。压差过滤的推动力是压力差，阻力则与滤液、过滤介质、滤饼的性质等因素有关。

过滤操作有恒压操作和恒速操作两种典型方式。随着过滤过程的进行，滤饼逐渐加厚。如果过滤压力不变，即恒压过滤时，过滤速度将逐渐减小。过滤过程中，若要维持过滤速度不变，即维持恒速过滤，则必须逐渐增加过滤压力或压差。

有时，为了避免过滤初期因压差过高而引起滤液浑浊或滤布堵塞，可采用先恒速后恒压的复合操作方式，过滤开始时以较低的恒定速度操作，当表压升至给定数值后，再转入恒压操作。由于恒速阶段很短，工业上大都可视为恒压操作。

影响过滤速度的因素如下。

（1）颗粒的物理性质　如颗粒坚硬程度。可压缩性滤饼受压时会缩小原来颗粒之间的空隙，以致阻碍滤液的通过，因而过滤速度减小甚至停止过滤。为了减小可压缩性滤饼的过滤阻力，可采用助滤剂改变滤饼结构，提高滤饼的刚性和颗粒之间的空隙率。

（2）悬浮液的性质　如黏度。黏度越小，过滤速度越快。为了减小悬浮液的黏度，可先将滤液适当预热，也可将滤浆稀释后再进行过滤。

（3）过滤推动力　推动力可以有重力、压力差和离心力。重力过滤设备简单，但推动力小，过滤速度慢，一般只用于处理固体含量少且容易过滤的悬浮液。加压过滤推动力大，过滤速度快，但压力越大，对设备的密封性和强度要求越高，因此，加压过滤的压力不能太高，一般不超过 500kPa。真空过滤也可以获得较大的过滤速度，但操作的真空度受到液体沸点等因素的限制，不能过高，一般在 85 kPa 以下。离心过滤的过滤速度快，但设备复杂，投资费用和动力消耗都较大，一般用于颗粒粒度相对较大、液体含量较少的悬浮液的分离。

双边交流

1. 查取有关资料，了解净水器的结构和应用，把你获得的资料与其他人交流，看别人的理解与你有何不同，并展开讨论。

2. 请完成下面的填空

（1）过滤推动力有_____、_____、_____几种。

（2）板框压滤机板框的组合方式服从_____的规律。

（3）过滤前，先将滤液预热的原因是_____。

思考与练习

1. 何谓非均相物系？非均相物系的分离方法有哪些？

2. 简述降尘室的工作原理。

3. 为什么降尘室的生产能力仅与降尘室的宽度和长度有关，而与降尘室的高度无关？

4. 提高重力沉降速度的方法有哪些？

5. 何谓离心沉降？离心沉降与重力沉降有何异同？

6. 旋风分离器是如何工作的？

7. 怎样提高离心沉降速度？

8. 过滤操作的原理是什么？常用的过滤介质有哪些？

9. 过滤操作的方式有哪几种？分别用于什么情况？

10. 简述板框压滤机的工作原理，板框压滤机有什么优缺点？

11. 提高过滤速度的方法有哪些？

12. 为什么说滤饼过滤操作中，实际上起到主要介质作用的是滤饼层而不是过滤介质本身？

项目三　传　　热

任务1　了解传热在化工生产中的应用

　　想一想　生活中，我们会观察到很多保温或散热现象。为了保暖，人们在冬天穿上一层又一层的单衣、棉衣，盖上内部蓬松的棉被；为了隔热，在房子的顶层砌一层中空的隔热层；为了避免炊具把人烫伤，人们在制造锅、汤勺、炒菜铲的时候，往往在手柄上安装上一块木质材料；为了凉爽，夏天人们往往是轻摇小扇给自己扇风；医生往往把湿毛巾覆盖在高烧的病人的头上，对病人实施物理降温；为了避免冻结，在化工厂的管路外面，往往包上厚厚的保温材料。人们为什么能通过上面的方法实现降温和保温呢？

　　要解释这个问题，下面来认识传热的规律。

1. 传热过程的分类

　　传热发生的根本原因是同一物体的内部或不同物体之间有温度差。传热的方式随热交换的物质材料及接触状况不同而不同，归结起来有 3 种，即热传导、热对流、热辐射。

　　（1）热传导　热传导是依靠相邻分子的碰撞或电子的迁移，使热量从物体内高温处向低温处的传递。热传导是静止物体内的一种传热方式，即一切物体，不论其内部有无质点的相对位移，只要存在温度差，就必发生热传导。气体、液体和固体的热传导方式机理各不相同，发生在固体中的为典型的热传导。热传导不能在真空中进行。

　　（2）热对流　热对流是指物体中质点发生相对位移而引起的热量传递。由于引起流体质点相对位移形成的原因不同，对流可分为强制对流和自然对流。如果流体的宏观运动是由于各处温度不同而引起密度差异，使轻者上浮、重者下降，称为自然对流；如果流体的宏观运动是因泵、风机或搅拌等外力所致，则称为强制对流。在流体中发生强制对流传热的同时，往往伴随着自然对流传热。习惯上将流体与固体壁面间的传热，统称为对流传热。它是热对流的同时，也伴随着热传导，其中流体的流动快慢决定了传热效果。

　　（3）热辐射　热辐射是指因热的原因发出辐射能的过程。凡是热力学温度在零度以上，所有的物体（包括固体、液体和气体）都能将热能以电磁波形式发射出去，而不需要任何介质，即可在真空中传播。任何物体在发出辐射能的同时，也不断吸收周围物体发来的辐射能。物体之间相互辐射和吸收能量的总结果称为辐射传热。净热量是从高温物体传向低温物体。辐射传热的特点是不仅有能量的传递，而且还有能量形式的转移。只有在物体温度较高时，热辐射才能成为主要的传递方式。

2. 工业传热方式

　　传热过程往往不是以某种传热方式单独出现的，而是两种或三种传热方式的组合，例如化工厂普遍使用的间壁式换热器中的冷、热流体间的换热主要是以热传导和热对流相结合的方式进行传热。

🌀 **双边交流**

1. 查取有关资料，找出三种热传导的应用，把你获得的资料与其他人交流一下，看别人的理解与你有何不同，并展开讨论。

2. 传热应用的类型填空：太阳出来暖洋洋_____；吹风降温_____；守着火炉取暖_____；电热毯取暖_____；我国北方寒冷地区的暖炕取暖_____；用塑料大棚保暖种植反季节蔬菜_____。

👁 **开眼界** 认识保温材料

保温材料是用各种导热系数小的材料为原料经过机械加工或以各种原料经机械成型的材料，下面是常用的几种保温材料，如图 3-1 所示。

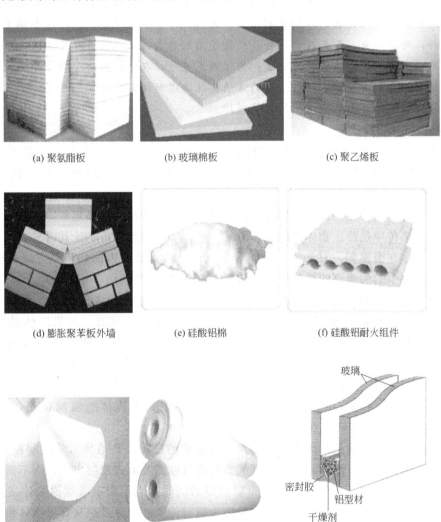

(a) 聚氨酯板　　　　　　(b) 玻璃棉板　　　　　　(c) 聚乙烯板

(d) 膨胀聚苯板外墙　　　(e) 硅酸铝棉　　　　　　(f) 硅酸铝耐火组件

(g) 泡沫管　　　　　　　(h) 玻璃纤维格子布　　　(i) 中空玻璃

图 3-1　常用的几种保温材料

任务 2 认识传热设备

想一想 工厂里面用到过好多换热的情况，例如：加热可以使物质汽化或升温，也可以提高化学反应速度，放热可以使物质冷凝或冷却。换热器的用途很广泛，那么冷、热流体是怎样换热的呢？

换热器是许多工业部门中通用的设备，可用作加热器、冷却器、冷凝器、蒸发器、再沸器等。常用下列几种。

1. 直接接触式换热器

此类换热器是冷、热流体直接混合，在混合过程中进行传热。如图3-2所示，为气体冷却器，水自上而下流动，与自下而上的气体在塔内直接接触传热。这种接触传热方式传热速率快。

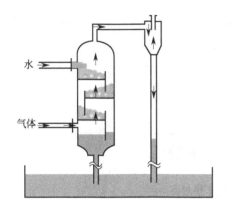

图3-2 直接混合式气体冷却器示意

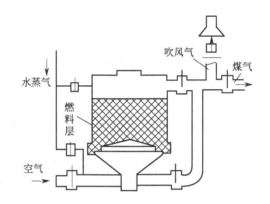

图3-3 间歇式制取半水煤气的煤气发生炉

2. 蓄热式换热器的类型

此类换热器是在一个被称为蓄热器的设备内进行的，器内装有耐火砖之类的固体耐热材料。操作时，冷、热两股流体交替流过填充物。当热流体流过填充物时，热流体将填充物加热，储存热量，再改通冷流体，填充物将冷流体加热。如图3-3所示，为间歇式制取半水煤气的煤气发生炉。先燃烧煤产生热量，将热量储存在炉内，然后再利用热量制取半水煤气。

3. 间壁式换热器

用换热器的壁面将冷、热两流体隔开，热量只能通过壁面进行交换。此种换热器种类繁多，外形结构也不尽相同，如3-4图所示。

4. 热管式换热器

热管是20世纪60年代中期发展起来的一种新型传热元件。它是在一根抽除不凝性气体的密闭金属管内充以一定量的某种工作液体构成，其结构如图3-5所示。工作液体因在热端吸收热量而沸腾汽化，产生的蒸汽流至冷端放出潜热。冷凝液回至热端，再次沸腾汽化。如此反复循环，热量不断从热端传至冷端。冷凝液的回流可以通过不同的方法（如毛细管作用、重力等）来实现。目前常用的方法是将具有毛细管结构的吸液芯装在管的内壁上，利用毛细管的作用使冷凝液由冷端回流至热端。热管工作液体可以是氨、水、丙酮、汞等。采用不同液体介质有不同的工作温度范围。

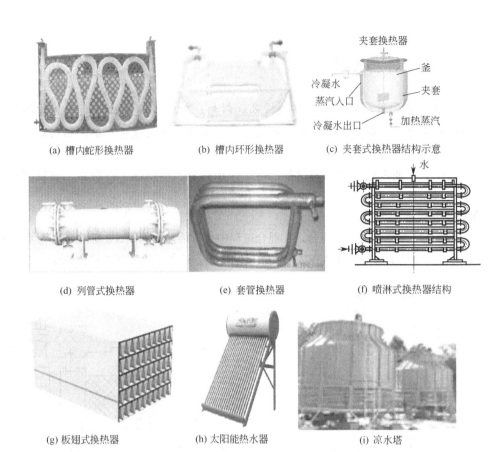

(a) 槽内蛇形换热器　　(b) 槽内环形换热器　　(c) 夹套式换热器结构示意

(d) 列管式换热器　　　(e) 套管换热器　　　(f) 喷淋式换热器结构

(g) 板翅式换热器　　　(h) 太阳能热水器　　　(i) 凉水塔

图 3-4　常用的几种间壁式换热器

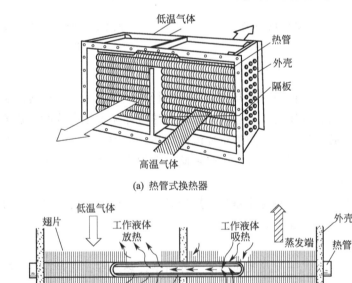

(a) 热管式换热器

(b) 热管工作原理

图 3-5　热管式换热器的结构示意

任务 3　学习换热器传热量的计算

想一想　工厂的生产过程，温度有高有低，温度高低与热量传递的多少有关系，那么热量的大小如何计算呢？

对换热器来说，生产中要求它在单位时间内提供的冷、热流体所交换的热量，是根据换热任务的需要提出来的，也称为换热器的热负荷，Q 表示。

Q 的计算用下列几种情况。

1. 潜热法

传热的结果引起冷、热流体的状态发生变化，即液体汽化或气体冷凝：

$$Q = Gr \tag{3-1}$$

式中　Q——冷、热流体在状态变化过程中吸收或放出的热量，kJ/h；

　　　G——流体的质量流量，kg/h；

　　　r——流体的汽化潜热或冷凝潜热，kJ/kg。

2. 显热法

传热的结果引起冷、热流体的温度上升或下降：

$$Q_{放} = GC_{p热}(T_1 - T_2) \text{或} Q_{吸} = GC_{p冷}(t_2 - t_1) \tag{3-2}$$

式中　$Q_{放}$，$Q_{吸}$——冷、热流体在状态变化过程中吸收或放出的热量 kJ/h；

　　　　　G——流体的质量流量，kg/h；

　$C_{p冷}$，$C_{p热}$——冷、热流体进出口平均温度下的比热容，kJ/(kg·℃)；

　　　T_1，T_2——分别是热流体进、出口温度，℃；

　　　　t_1，t_2——分别是冷流体进出、口温度，℃。

3. 焓差法

在温变或相变时，用流体的起始、终了状态的焓差来计算流体放出或吸收的热量：

$$Q_{放} = G(H_1 - H_2), Q_{放} = G_{冷}(h_2 - h_1) \tag{3-3}$$

式中　G——流体的质量流量，kg/h；

H_1，H_2——分别是热流体进、出口温度下的焓，kJ/kg；

　h_1，h_2——分别是冷流体进、出口温度下的焓 kJ/kg。

【案例 1】　在列管换热器中，用 120kPa 的饱和水蒸气来加热常温水。水的流量是 6m³/h，从 20℃ 被加热到 80℃，水走管内，蒸汽走管外，不计热损失，试求该换热器每小时的传热量（kJ/h）及每小时加热蒸汽的用量（kg/h）。

1. 解决案例的理论引导

本案例水蒸气作为加热剂是放热物质，它放出的热量属于潜热；水吸热后温度升高，它吸收的热量属于显热。

2. 解决案例的步骤

（1）计算分析　蒸汽放出热量 $Q_{放} = G_{蒸} r$，水吸收热量 $Q_{吸} = G_{水} C_{p水}(t_2 - t_1)$

（2）计算条件分析　计算水吸收热量 $Q_{吸} = G_{水} C_{p水}(t_2 - t_1)$ 时，用到的物理量有：

$G_{水}$（已知）$= 6m³/h = $ _____ kg/h（用水进、出口平均温度 50℃ 下的密度为

988.1kg/m³ 将 6m³/h 换算成 kg/h，答案是 5928.6kg/h）；

$C_{p水}$（待查）＝_____ ［水进、出口平均温度50℃下比热容为 4.174kJ/(kg·℃)］；

t_2（已知）＝80℃；t_1（已知）＝20℃；

将上述几个物理量代入计算得：

水吸收热量 $Q_{吸}＝G_水 C_{p水}(t_2-t_1)＝5928.6×4.174×(80-20)$

$＝1.5×10^6 kJ/h$

（3）计算蒸汽放出热量　计算 $Q_{放}＝G_蒸 r$ 时，用到的物理量有：

$G_蒸$（待求）；

r（待查）＝_____　（查 120kPa 下水的汽化潜热为 2246.8kJ/kg）

（4）计算蒸汽用量　建立热量守恒关系，求取蒸汽用量 $G＝Q_{放}/r＝Q_{吸}/r＝1.5×10^6/2246.8＝667.6(kg/h)$

另外，水蒸气的用量也可以用焓差法计算，即：查取 120kPa 下水蒸气的焓为 2684.3kJ/kg；饱和水的焓为 437.51kJ/kg，则有：

$G_{水蒸气}＝Q_{吸}/(H_1-H_2)＝1.5×10^6/(2684.3-437.51)＝667.6kg/h$（你想到了吗？）

🌀 **双边交流**

1. 流体在传热过程中只发生温度变化时，热量的计算式为_____；若只有相变化，则热量的计算式为_____。

2. 100℃的水蒸气比 100℃的热水烫伤人的程度要厉害，你知道为什么吗？（提示水蒸气比同温的水多放出一种冷凝潜热，对人皮肤伤害很大。）

3. 下雪天不冷，化雪天冷，你知道这是为什么吗？（提示：雪的形成是水蒸气凝固放出热量，化雪是固体雪融化成液体水，吸收汽化潜热。你想到了吗？）

任务4　学习换热器固体壁面内导热量的计算方法

1. 单层平壁导热量的计算

📖 **想一想**　壁面的厚度不同，保温效果也不同；相同的厚度，材料不同，保温效果也不同，这是为什么？

为了解决上面的问题，来学习固体壁面的传热。固体壁面两侧温度不同的时候，热量就会从高温部位以热传导的形式传向低温部位。通过平壁的导热速率，可由傅里叶定律求取，即：

$$Q＝-\lambda A \frac{dt}{d\delta}$$

式中　Q——热传导速率，$W/(m^2·℃)$；

A——热流通过的传热面积，m^2；

dt，$d\delta$——分别为热流穿过的平面厚度和厚度内温度的变化值；

$\frac{dt}{d\delta}$——温度梯度，指沿传热方向上单位厚度内的温度变化量；

λ——材料的热导率，它在数值上等于单位温度梯度下、通过单位面积的热传导量。热导率越大，热传导愈快，$W/(m·℃)$ 或 $W/(m·K)$。

若材料的热导率取平均值，则积分上式可得：

$$Q = \lambda A \frac{t_1 - t_2}{\delta} = \frac{\Delta t_1}{R_1} \tag{3-4}$$

可见，在平壁导热过程中，厚度 δ 不同，则导热能力也不同；厚度相同，若材料不同，则热导率 λ 不同，导热能力也不相同。下面通过案例，来学习平壁导热速率的计算。

【案例2】 某平壁厚度为 $0.35\mathrm{m}$，一侧壁面温度为 $1100℃$，另外一侧壁面温度为 $400℃$，墙壁材料的热导率为 $1.383\mathrm{W/(m \cdot ℃)}$，试求通过单位平壁面积的导热速率。

解：1. 解决案例的理论引导：

平壁属于固体材料，因为两侧温度有差异而形成热传导。由傅里叶定律 $Q = \lambda A \dfrac{t_1 - t_2}{\delta}$，可求其导热速率。

2. 解决案例的步骤：

步骤一：计算分析

λ（已知）$=1.383\mathrm{W/(m \cdot ℃)}$，$\delta$（已知）$=0.35\mathrm{m}$，$t_1$（已知）$=1100℃$，$t_2$（已知）$=400℃$

步骤二：计算未知量：

$Q = \lambda A \dfrac{t_1 - t_2}{\delta}$，代入数据得：

通过单位平壁面积的导热速率：

$$\frac{Q}{A} = \lambda \frac{t_1 - t_2}{\delta} = 1.383 \times \frac{1100 - 400}{0.35} = 2766(\mathrm{W/m^2})$$

2. 多层平壁导热量的计算

想一想 工厂的保温设备（例如：管道保温或设备保温），外包多层保温材料，层数越多，保温效果越好。说明每层材料对热量的传递都有阻力，从而达到保温的目的。那么，如何计算多层材料的传热速率呢？

下面学习多层平壁导热量的计算。以三层平壁导热量为例，如图 3-6 所示。

对于稳态的某单层平壁，若热导率为常数，则单位传热面积上的导热速率为：

$Q/A = \dfrac{\Delta t_i}{R_i}$ 由于每一层的导热速率都相等，于是对多层平面的炉壁来说，其传热速率的计算式为：

$$Q/A = \frac{\Delta t_1 + \Delta t_2 + \Delta t_3 + \cdots + \Delta t_n}{R_1 + R_2 + R_3 + \cdots + R_n} = \frac{\Delta t_总}{R_总} \tag{3-5}$$

式中，$\Delta t_总$ 为间壁内外的温度差，在数值上等于各层内温度差值之和：

$\Delta t_总 = \Delta t_1 + \Delta t_2 + \cdots + \Delta t_{n+1} = (t_1 - t_2) + (t_2 - t_3) + \cdots + (t_n - t_{n+1}) = t_1 - t_{n+1}$；$R_总$ 为各层传热热阻之和：$R_总 = \sum R = \delta_1/\lambda_1 + \delta_2/\lambda_2 + \delta_3/\lambda_3 + \cdots + \delta_n/\lambda_n$。

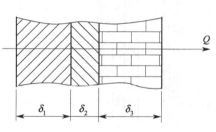

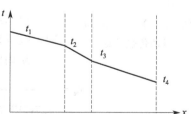

图 3-6 通过三层平壁的传热示意

【案例3】 平面炉壁有下列 3 种材料组成。耐火砖：热导率 $\lambda_1=1.4\text{W/(m·℃)}$，厚度 $\delta_1=225\text{mm}$；保温砖：热导率 $\lambda_2=0.15\text{W/(m·℃)}$，厚度 $\delta_2=115\text{mm}$；建筑砖：热导率 $\lambda_3=0.8\text{W/(m·℃)}$，厚度 $\delta_3=225\text{mm}$；今测得其内壁温度为 1000℃，外壁温度为 60℃，求：炉壁每单位面积上的传热量。

1. 解决案例的理论引导

本案例属于三层平壁的导热。传热过程中，界面温度稳定，各层导热量相同，按 $Q/A=\dfrac{\Delta t_总}{R_总}$ 计算。

2. 解决案例之步骤

（1）计算条件分析　计算单层平壁热传导 $Q/A=\dfrac{\Delta t_总}{R_总}$ 用到的物理量有：

炉壁内、外温度 t_1（已知）$=1000℃$，t_4（已知）$=60℃$；δ_1（已知）$=225\text{mm}$，δ_2（已知）$=115\text{mm}$，δ_3（已知）$=225\text{mm}$；λ_1（已知）$=1.4\text{W/(m·℃)}$，λ_2（已知）$=0.15\text{W/(m·℃)}$，λ_3（已知）$=0.8\text{W/(m·℃)}$

（2）计算未知量

步骤一：求取传热总推动力：
$$\Delta t_总=t_1-t_{n+1}=t_1-t_4=940℃$$

步骤二：从内到外炉壁的总热阻为：
$$\sum R=\delta_1/\lambda_1+\delta_2/\lambda_2+\delta_3/\lambda_3=\underline{\qquad}+\underline{\qquad}+\underline{\qquad}=1.2087\text{m}^2\cdot℃/\text{W}$$

步骤三：热导量计算：
$$Q/A=\frac{\Delta t_总}{R_总}=\underline{\qquad}\times\underline{\qquad}=778\text{W/m}^2$$

3. 圆筒壁的稳态热传导热导率的计算

如图 3-7 所示，为三层圆筒的导热示意，从内向外传递热量。

第一层的导热速率为：

$$Q=2\pi l\lambda\frac{t_1-t_2}{\ln\dfrac{r_2}{r_1}}=\frac{\Delta t_1}{R_1}\qquad(3\text{-}6)$$

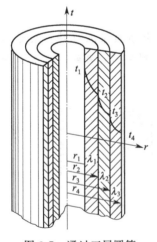

图 3-7　通过三层圆筒壁的传热示意

式中　l——圆筒长度，m；

λ——材料的热导率，W/(m·℃)；

Δt_1——第一层内的温度差，常称传热推动力，$\Delta t_1=t_1-t_2$，℃ 或 K；

R_1——第一层内的传热阻力，常称导热热阻，$R_1=\ln\dfrac{r_2}{r_1}/(2\pi l\lambda)$，m²·℃/W 或 m²·K/W；

第二层、第三层的导热速率依此类推。由于每层导热速率相同，按等比定律，得以下规律。

从内向外总的导热速率为：
$$Q=\frac{t_1-t_4}{\dfrac{1}{2\pi l\lambda_1}\ln\dfrac{r_2}{r_1}+\dfrac{1}{2\pi l\lambda_2}\ln\dfrac{r_3}{r_2}+\dfrac{1}{2\pi l\lambda_3}\ln\dfrac{r_4}{r_3}}=\frac{\Delta t_总}{R_总}\qquad(3\text{-}7)$$

【案例4】 用 $\phi42\text{mm}\times2.5\text{mm}$ 的钢管作为蒸汽管。为了减少热损失，在管外包两层保温材料。第一层是厚度为 50mm 的氧化镁，热导率为 0.07W/(m·℃)；第二层是厚度为

10mm 的氧化镁石棉，热导率为 0.15W/(m·℃)。若管内壁温度为 180℃，石棉外壁温度为 30℃，试求：该蒸汽管每米长的热损失。

1. 解决案例之理论引导

本案例属于三层圆筒壁的导热。传热过程中，界面温度稳定，各层导热量相同，按式 (3-7) 计算。

2. 解决案例之步骤

(1) 计算条件分析　计算三层圆筒壁导热速率 Q 用到的物理量有：

炉壁内、外温度 t_1 （已知）= 180℃，t_4 （已知）= 30℃，r_1 （可求）= (42−2×2.5)/2 = 18.5mm；

r_2 （已知）= 21mm；r_3 （可求）= 71mm；r_4 （可求）= 81mm。λ_1 （查出）= 45W/(m·℃)，热导率 λ_2 （已知）= 0.07W/(m·℃)，λ_3 （已知）= 0.15W/(m·℃)

(2) 计算未知量

步骤一：求取传热总推动力：

$\Delta t_总 = t_1 - t_4 = $ ＿＿＿＿ － ＿＿＿＿ ＝ ＿＿＿＿ （答案为 150℃，你算对了吗？）

步骤二：每米蒸汽管从内到外炉壁的总热阻为：

$$R_总 = \frac{1}{2\pi\lambda_1 l}\ln\frac{r_2}{r_1} + \frac{1}{2\pi\lambda_2 l}\ln\frac{r_3}{r_2} + \frac{1}{2\pi\lambda_3 l}\ln\frac{r_4}{r_3}$$

= ＿＿＿＿ ＋ ＿＿＿＿ ＋ ＿＿＿＿ ＝ ＿＿＿＿ （答案为 2.907m²·℃/W，你算对了吗？）

步骤三：热导量计算：

$$Q = \frac{\Delta t_总}{R_总} = $$ ＿＿＿＿ × ＿＿＿＿ ＝ ＿＿＿＿ （答案为 51.6W/m²，你算对了吗？）

双边交流

1. 俗谚说：一层棉衣比十层单衣还暖和，这是为什么？

2. 在稳定传热中，通过平壁的每层导热量都相等。若厚度相同，材料的热导率越小，则在该层的温度下降越＿＿＿＿ （答案是：大，你答对了吗？）

3. 圆筒导热过程中，若圆筒的外直径尺寸为 25mm，外壁温度为 100℃，管外包两层不同的保温材料，其热导率分别为 0.28W/(m·℃) 和 0.07W/(m·℃)，每层厚度 δ 均为 25mm，若管外空气的温度为 20℃，则每米管长的热损失为＿＿＿＿ [答案为 44.77W/(m²·℃)，你算对了吗？]；若将两种保温材料位置互换，则热损失与原状况的热损失之比为＿＿＿＿ （答案为 1.56 倍，你算对了吗？），所以，由此得出的结论是将热导率小的材料放在＿＿＿＿ （内、外）层好（答案为：内，你算对了吗？）。

开眼界

1. 物质热导率的大致范围（表 3-1）

表 3-1　物质的热导率大致范围

物质种类	热导率/[W/(m·K)]	物质种类	热导率/[W/(m·K)]
纯金属	100～1400	非金属液体	0.5～5
金属合金	50～500	绝热材料	0.05～1
液态金属	30～300	气体	0.005～0.5
非金属固体	0.05～50		

2. 复合材料的热导率

为了减少热量（或冷量）的损失、改善操作条件和进行劳动保护，必须对化工生产中的有关设备和管道加以保温，先将常用保温材料的性能等列于表3-2，以便学习应用。

表 3-2 常用保温材料的性能

材料名称	主要成分	密度 /(kg/m³)	热导率 λ /[W/(m·℃)]	规格 /mm	特性
碳酸镁石棉泥	85%石棉纤维	180	50℃时 0.09～0.12		保温用涂抹材料耐温
碳酸镁砖制品		280～360	50℃时 0.07～0.12	25×152×305 38×152×305 50×152×305	泡花碱黏结剂耐温300℃
碳酸镁管制品		280～360	50℃时 0.07～0.12	内径12～250，厚 25,38,50 长920	泡花碱黏结剂耐温300℃
硅藻土混合材料	SiO 及 Al₂O₃，Fe₂O₃	280～450	<0.23		耐温800℃
泡沫混凝土		300～570	<0.23		耐温250～300℃用于大规模保温工程
矿渣棉	高温渣制成棉	200～300	<0.08		耐温700℃大面积保温填料
膨胀蛭石	镁铝铁含水硅酸盐	60～250	<0.07		耐温<1000℃
蛭石水泥管		430～500	0.09～0.14	内径12～250，厚40～120	耐温<300℃
沥青蛭石管、砖		430～400	0.08～0.11	同蛭石水泥管	保冷材料
超细玻璃棉		18～30	0.00023～0.033	350～650	
软木	常绿树木栓层制成	120～200	0.035～0.058		保冷材料

任务5 学习对流传热速率的计算

想一想 热对流是指物体中质点发生相对位移而引起的热量传递。对流传热的效果，与流体流动的速度有关系。那么对流传热与哪些因素有关呢，怎样计算对流传热速率呢？

1. 对流传热速率的计算

流动流体与固体壁面之间的对流传热，有两种方式，即当流体温度高时向壁面放热，或者是壁面温度高时向流体放热。传热过程的推动力 Δt 是流体与壁面间的温度差。

传热速率方程式可用牛顿冷却定律表示：

流体被加热 $\qquad\qquad\qquad Q=\alpha A(t_w-t)$ $\qquad\qquad\qquad$ (3-8)

流体被冷却 $\qquad\qquad\qquad Q=\alpha A(T-T_w)$ $\qquad\qquad\qquad$ (3-9)

式中 α——对流传热系数（对流传热膜系数），W/(m²·℃)；

$\quad\ A$——对流传热面积，即流体与壁面接触的面积，m²；

$T，t$——热流体、冷流体的温度，℃；

$T_w，t_w$——壁面两侧的温度，℃。

2. 对流传热系数的影响因素

通过理论分析和实验表明，影响对流传热系数 α 的主要因素有以下方面。

（1）流体的状态　液体的状态不同，如液体、气体、蒸汽，它们的对流传热系数也各不相同。流体有无相变，对流传热系数也不相同，一般情况下，有相变时的对流传热系数要大于无相变时的对流传热系数。

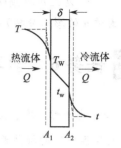

图 3-8　流体通过间壁的传热过程示意

（2）流体的物理性质　对 α 影响较大的流体的物理性质有热导率、比热容、黏度、密度、体积膨胀系数、汽化潜热等。对同一种流体，这些物性是温度的函数，而其中有些物性还与压力有关。一般比热容愈大，表示流体温度变化 1℃ 时与壁面交换的热量愈多，α 愈大。此外密度愈大、黏度愈小，则对流传热系数愈大。

（3）流体的流动状态　当流体呈湍流时，随 Re 的增加，层流内层变薄，因此对流传热系数增加；当流体呈层流时，流体在热流方向上没有混合，故层流时对流传热系数较湍流时的小（图 3-8）。

（4）流体流动的原因　因为流体流动原因不同，对流传热可分为强制对流传热和自然对流传热，两者的对流传热规律不相同。前者主要是由外力作用而引起，后者主要受温度差的影响，因此一般强制对流的对流传热系数较自然对流的 α 为大。

（5）传热面积的形状、位置及大小　由于传热面积的形状、位置及大小都影响流体的流动状况，因此也影响对流传热系数。化工上常用的管或板，可组成不同的传热面。以传热管为例，管子可横放、竖放或斜放；流体可走管内或管外等；管径及管长的大小，都影响对流传热系数。

关于对流传热系数 α 的计算，请参考有关资料自学。

【案例 5】　在一列管式换热器中，水在内直径为 20mm、长度为 3m 的管束内流过。管内壁的平均温度为 60℃，水的平均温度为 20℃，若管壁对水的对流传热系数为 4000W/(m²·℃)，试求水与管壁的对流传热速率。

解：1. 解决案例的理论引导

水在管束内流动的过程中，由于管壁的温度高于水的温度，所以管壁就会以对流传热的方式向水传热。对流传热的速率可用式(3-8)，即 $Q=\alpha A(t_w-t)$ 计算。

2. 计算条件分析

计算对流传热速率 Q 所用到的物理量有：

$$\alpha（已知）=4000 W/(m^2 \cdot ℃)$$

A（可求，管的内侧面积）$=\pi dl=$ ＿＿＿＿ × ＿＿＿＿ × ＿＿＿＿ = ＿＿＿＿ m²（答案为 0.1884m²，你算对了吗）；

t_w（已知）$=60℃$，t（已知）$=20℃$

3. 计算未知量

水被管内壁加热 $Q=\alpha A(t_w-t)=$ ＿＿＿＿ × ＿＿＿＿ × ＿＿＿＿ $=30.144 kJ/s$

🌀 双边交流

1. 学完本节课程后，查取相关资料，了解对流传热系数 α 的有关计算方法，根据相关的计算关系，分析影响对流传热的主要因素。请分组讨论，看看自己的答案与别人的有什么不同，然后互相补充。（流体对流传热系数 α 的影响因素：有流速 u、传热壁面的特征尺寸 l、流体的黏度 μ、密度 ρ、热导率 λ、表面张力 σ、体积膨胀系数 β、重力加速度 g 等，你的答案是不是这样的？）

2. 夏天用风扇吹风的时候，风扇叶轮速度高，就感觉凉爽，为什么？（提示：从流体流速对 α 的影响分析）

任务6　学习冷、热流体经过间壁换热器传热速率的计算

想一想　冷、热流体通过间壁式换热器进行换热，要达到一定的换热任务，换热器必须具备一定的换热面积。那么换热器的传热面积与传热任务之间有什么样的关系呢？

冷热流体经过间壁换热器的传热速率，是指在单位传热面积上、单位时间的传热量，可以用式(3-10)来计算：

$$Q = KA\Delta t_m \tag{3-10}$$

若忽略热损失，则换热器的传热速率在数值上等于热流体放出来的热量或等于冷流体吸收的热量（热负荷），其中 A 是换热器的面积，Δt_m 是冷、热流体在换热器传热面上各处的温度差的平均值（图3-9），即：

$$\Delta t_m = \frac{(\Delta t_1 - \Delta t_2)}{\ln \dfrac{\Delta t_1}{\Delta t_2}} \tag{3-11}$$

并流时，$\Delta t_1 = T_1 - t_1$，$\Delta t_2 = T_2 - t_2$

逆流时，$\Delta t_1 = T_1 - t_1$，$\Delta t_2 = T_2 - t_1$

错流或折流的平均温度差，按逆流的平均温度差乘以小于1的校正系数，具体可参考有关资料。

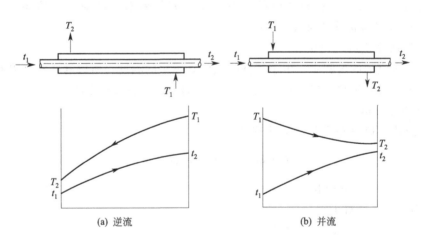

图3-9　冷、热流体间壁传热流动方向及温度变化示意

【案例6】　现有一台列管式换热器，如图3-10所示，冷却水在管内流过，水进、出口温度分别是15℃和32℃；热油在管外与水逆流流动，其进、出口温度分别是120℃和40℃，热油的流量为 2.1kg/h，其平均比热容为 1.9kJ/(kg·℃)。若换热器的总传热系数 K 为 450W/(m²·℃)，忽略热损失，试求：换热器的传热面积。

1. 解决案例的理论引导

本案例是冷、热流体通过列管换热器的管壁进行传热，温度较高的油通过换热器的管壁将热量向温度较低的水传递，传热速率的大小可以通过式(3-10)即 $Q = KA\Delta t_m$，其中传热

速率 Q 在数值上等于冷、热流体所交换的热量（换热器的热负荷）来计算。

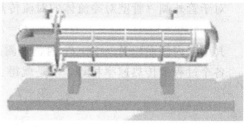

图 3-10 列管换热器

2. 解决案例的步骤

（1）计算热负荷 Q Q 在数值上等于冷、热流体需要吸收或放出的热量，

即：$Q=G_热 C_{p热}（T_1-T_2）$

计算所用到的物理量有：

$G_热$（已知）$=2.1kg/h$，$C_{p热}=1.9kJ/(kg·K)$，T_1（已知）$=120℃$，T_2（已知）$=40℃$

$Q_热=G_热 C_{p热}（T_1-T_2）=$ _____ × _____ × _____ ＝ _____ （答案为 319.2kW，你答对了吗?）

（2）计算平均传热温度差 冷流体的进口温度为 t_1（已知）$=15℃$，出口温度温度为 t_2（已知）$=32℃$，

温度差 Δt_1（可求）$=T_1-t_2$ _____ － _____ ＝ _____ （答案为 88℃，你算对了吗?）；

温度差 Δt_2（可求）$=T_2-t_1$ _____ － _____ ＝ _____ （答案为 25℃，你算对了吗?）；

换热器平均温度差：$\Delta t_m=（\Delta t_1-\Delta t_2）/\ln（\Delta t_1/\Delta t_2）=$ _____ / _____ ＝ _____ （答案为 50℃，你算对了吗?）

（3）计算传热面积 计算传热面积所用到的物理量有：$K=450W/(m^2·℃)$；$Q=Q_热$

$A=Q/（K\Delta t_m）=$ _____ /（ _____ × _____ ）＝ _____ （答案为 14.2m²，你算对了吗?）

👁 **开眼界** 总传热系数 K 的计算

冷、热流体经过固体壁面的传热过程是由 3 个步骤组成的，即：①热流体以对流传热方式将热量传给与它接触的壁面；②热量自间壁一侧（热壁面）以热传导的方式传递至另一侧（冷壁面）；③热量以对流传热方式从冷壁面向冷流体传递。传热系数表示了这 3 个步骤中影响因素的综合，它和参与传热的流体的物性、传热过程的操作条件及换热器的结构等因素有关，其大小决定于两侧对流传热系数和换热器的热导率等。

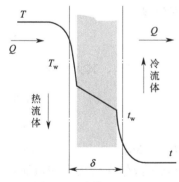

图 3-11 流体通过间壁换热器的传热

如图 3-11 所示，以冷热两流体通过圆管的间壁进行换热为例，热流体走管内，温度为 T，冷流体走管外温度为 t，管壁两侧温度分别为 T_w 和 t_w，壁厚为 δ，其热导率为 λ，内外两侧流体与固体壁面间的表面传热系数分别为 α_i 和 α_o。根据牛顿冷却定律及傅里叶定律分别列出对流传热及导热的速率方程：

对于管内侧（热流体对管壁对流传热）：

$$Q=\alpha_i A_i（T-T_w）$$

对于管壁导热（固体壁面内从高温壁面到低温壁面的热传导）：

$$Q=\frac{\lambda}{\delta}A_m（T_w-t_w）$$

对于管外侧（管壁对冷流体的对流传热）：

$$Q=\alpha_o A_o(t_w-t)$$

其中：内侧面积 $A_i=2\pi r_i l$，内、外侧面积的平均值 $A_m=2\pi r_m l$，外侧面积 $A_o=2\pi r_o l$

各个过程的传热速率相等，于是就得：

$$Q=\frac{T-T_w}{\dfrac{1}{\alpha_i A_i}}=\frac{T_w-t_w}{\dfrac{1}{\lambda A_m}}=\frac{t_w-t}{\dfrac{1}{\alpha_o A_o}}$$

即：

$$Q=\frac{T-t}{\dfrac{1}{\alpha_i}+\dfrac{\delta}{\lambda_{Am}}+\dfrac{1}{\alpha_o A_o}}$$

故有：

$$\frac{1}{KA}=\frac{1}{\alpha_i A_i}+\frac{\delta}{\lambda A_m}+\frac{1}{\alpha_o A_o}$$

由于：

$$Q=KA(T-t)$$

该式称为总传热速率方程。

A 为传热面积，可以是内外或平均面积，K 与 A 是相对应的。对整个换热器冷、热流体的温度差 $T-t$，是换热器各个部位的温度差的平均值，称为平均温度差，即前面介绍的 Δt_m。

对于平壁，则：

$$\frac{1}{K}=\frac{1}{\alpha_i}+\frac{\delta}{\lambda}+\frac{1}{\alpha_o} \tag{3-12}$$

对于圆管，以不同的传热面积为基准，则总传热系数计算结果不一样：

以圆管内侧面积 A_i 为基准，总传热系数表示为 $K_内$，其大小为：

$$\frac{1}{K_i}=\frac{1}{\alpha_i}+\frac{\delta A_i}{\lambda A_m}+\frac{A_i}{\alpha A_o} \tag{3-13}$$

以圆管外侧面积 A_o 为基准，总传热系数表示为 $K_外$，其大小为：

$$\frac{1}{K_o}=\frac{A_o}{\alpha_i A_i}+\frac{\delta A_o}{\lambda A_m}+\frac{1}{\alpha_o} \tag{3-14}$$

以圆管内、外侧面积的平均面积 A_m 为基准，总传热系数表示为 K_m，其大小为：

$$\frac{1}{K_m}=\frac{A_m}{\alpha_i A_i}+\frac{\delta}{\lambda}+\frac{A_m}{\alpha_o A_o} \tag{3-15}$$

则因此，总传速率方程式可表示为：

$$Q=KA(T-t)=K_i A_i \Delta t_m=K_m A_m \Delta t_m=K_o A_o \Delta t_m \tag{3-16}$$

【案例7】 在一单程管壳式换热器内，流量为 2.8kg/s 的某种液体在管内呈湍流流动，其换热过程的平均比热容为 4.18kJ/(kg·℃)，由 15℃ 加热到 100℃，管内对流传热系数为 600W/(m²·℃)。温度为 110℃ 的饱和水蒸气在管外冷凝为同温度的水，其对流传热系数为 12000W/(m²·℃)。列管换热器由 $\phi25mm\times2mm$ 的 160 根不锈钢管组成，不锈钢的热导率为 17W/(m·℃)。若忽略污垢热阻和热损失，试求：列管长度。

解：1. 解决案例的理论引导

换热器总传热速率可由式(3-16)计算，即 $Q=K_o A_o \Delta t_m$

则外侧面积 $A_o=n\times2\pi r_o l=\dfrac{Q}{K_o \Delta t_m}$

所以，换热器的管子长度 $l = \dfrac{Q}{n \times 2\pi r_o K_o \Delta t_m}$

2. 解决案例

（1）计算条件分析

步骤一：换热器的传热速率 Q 等于冷流体吸热的热负荷

计算热负荷 $Q = G_冷 C_{p冷}(t_2 - t_1)$，所用到的物理量有：

$G_冷$（已知）$= 2.8 \text{kg/s}$；$C_{p冷}$（已知）$= 4.18 \text{kJ/(kg} \cdot \text{℃)}$；$t_1$（已知）$= 15℃$

t_2（已知）$= 100℃$

步骤二：计算平均温度差 $\Delta t_m = \dfrac{\Delta t_1 - \Delta t_2}{\ln \dfrac{\Delta t_1}{\Delta t_2}}$ 时，所用热流体温度为 T_1（已知）$=$

$T_2 = 110℃$

（2）计算热负荷

$$Q = G_冷 C_{p冷}(t_2 - t_1) = 2.8 \text{kg/s} \times 4.18 \text{kJ/(kg} \cdot \text{℃)} \times (100℃ - 15℃)$$
$$= 994.8 \text{kW}$$

（3）计算传热系数 K

$$\frac{1}{K_o} = \frac{A_o}{\alpha_i A_o} + \frac{\delta A_o}{\lambda A_m} + \frac{1}{\alpha_o}$$
$$= 25 / (21 \times 600) + 0.002 \times 25 / (23 \times 17) + 1/12000$$

（提示：$\dfrac{A_o}{A_i} = \dfrac{d_o}{d_i}$，$\dfrac{A_o}{A_m} = \dfrac{d_o}{d_m}$）

$K_o = 455.5 \text{W/(m}^2 \cdot \text{℃)}$

（4）计算平均温差

$$\Delta t_1 = T_1 - t_2 = 110℃ - 15℃ = 95℃, \Delta t_2 = T_2 - t_1 = 110℃ - 100℃ = 10℃$$

$$\Delta t_m = \frac{\Delta t_1 - \Delta t_2}{\ln \dfrac{\Delta t_1}{\Delta t_2}} = \frac{95 - 10}{\ln \dfrac{95}{10}} = 37.8（℃）$$

（5）管长的计算

$$l = \frac{Q}{n \pi d_o K_o \Delta t_m} = 994.8 \times 10^3 / (160 \times 3.14 \times 0.025 \times 455.5 \times 37.8) = 4.6（\text{m}）$$

任务7　学习间壁换热器壁温的计算

想一想　工业上使用的换热器一般由金属制成，而金属材料容易热胀冷缩。温度太高或太低，都会破坏金属的晶格，影响金属的安全性能。所以，知道壁温后，想办法采取措施，就可以防患于未然。那么壁温如何计算呢？

在计算自然对流、强制对流、冷凝和沸腾表面传热系数时，以及在选用换热器类型和管材时，常常需要知道壁温，由管内外、两侧的对流传热方程和管壁内导热方程，得出以下的计算式：

$$T_w = T - \frac{Q}{\alpha_i A_i} \quad （温度为 T 热流体在管内向温度为 T_w 管壁对流加热时） \tag{3-17}$$

$$t_w = T_w - \frac{\delta Q}{\lambda A_m}$$ （在管壁两侧温度分别为 T_w 和 t_w 的管壁内进行导热时） (3-18)

$$t_w = t + \frac{Q}{\alpha_o A_o}$$ （管壁温度为 t_w 在管外向温度为 t 冷流体对流加热时） (3-19)

【案例8】　一废热锅炉，由 $\Phi25mm \times 2.5mm$ 锅炉钢管组成，管长 $L = 6m$。管外为水沸腾，绝对压力为 2.55MPa。管内通高温的合成转化气，其平均温度为500℃。已知转化气一侧对流传热系数 $\alpha_i = 300W/(m^2 \cdot ℃)$，沸腾水一侧 $\alpha_o = 10000W/(m^2 \cdot ℃)$，若忽略管壁结垢所产生的热阻，试求：

(1) 换热器传热速率；

(2) 锅炉钢管两侧的壁温。

解：1. 换热器传热速率计算

换热器内的传热速率可由总传热速率方程式(3-16)计算，即：

$$Q = K_o A_o \Delta t_m$$

(1) K_o 计算的理论引导

步骤一：计算 K_o 理论公式分析

$$\frac{1}{K_o} = \frac{A_o}{\alpha_i A_i} + \frac{\delta A_o}{\lambda A_m} + \frac{1}{\alpha_o}$$

步骤二：计算 K_o 条件分析

α_i（已知）$= 300W/(m^2 \cdot ℃)$，α_o（已知）$= 10000W/(m^2 \cdot ℃)$，λ（可查）$= 45W/(m \cdot ℃)$

δ（已知）$= 2.5mm$，d_o（外直径，已知）$= 25mm$，d_i（内直径，可求）$= 20mm$

d_m（平均直径，可求）$= 22.5mm$

步骤三：K_o 计算

$$\frac{1}{K_o} = \frac{A_o}{\alpha_i A_i} + \frac{\delta A_o}{\lambda A_m} + \frac{1}{\alpha_o} = \frac{1}{300} \times \frac{0.025}{0.020} + \frac{0.0025}{45} \times \frac{0.025}{0.0225} + \frac{1}{10000}$$

$$K_o = 230.85W/(m^2 \cdot ℃)$$

(2) 传热平均温度差的计算

$$\Delta t_m = \frac{\Delta t_1 - \Delta t_2}{\ln \frac{\Delta t_1}{\Delta t_2}},$$

查 2.55MPa 下水的饱和温度 $t = 227℃$

$\Delta t_m = T - t$（近似按两侧都是恒温计算）$= 500 - 227 = 273$（℃）

(3) 对流传热的速率

$$Q = K_o A_o \Delta t_m$$

式中传热面积 A 按外表面积为：$A_o = \pi \times 0.025 \times 6$，将已知数代入上式，即得：

$Q = 230.85 \times (\pi \times 0.025 \times 6) \times (500 - 227) = 29683.4$（W）（式中 π 取 3.14）

2. 锅炉钢管两侧的壁温

(1) 壁温计算的理论引导

$T_w = T - \dfrac{Q}{\alpha_i A_i}$ 或 $t_w = T_w - \dfrac{\delta Q}{\lambda A_m}$，也可以由 $t_w = t + \dfrac{Q}{\alpha_o A_o}$ 计算。

(2) 壁温的计算

方法一：由壁温的计算公式（3-17）得 $T_w = T - \dfrac{Q}{\alpha_i A_i}$ 得：

转化气一侧的壁温为：

$$T_w = T - \frac{Q}{\alpha_i A_i} = 500 - \frac{29683.4}{300 \times 3.14 \times 0.02 \times 6} = 237.4(℃)$$

方法二：由式（3-18）得，钢管另一侧的壁温为：

$$t_w = T_w - \delta Q/(\lambda A_m)$$
$$= 237.4 - 0.0025 \times 29683.4/(45 \times 3.14 \times 0.0225 \times 6) = 233.5(℃)$$

方法三：t_w 亦可由式（3-19）求得，$t_w = Q/(\alpha_o A_o) + t = 29683.4/(10000 \times 3.14 \times 0.025 \times 6) + 227 = 233.3$（℃）选用不同的公式计算壁温，结果相近。

可见，由于水侧的热阻很小，温差亦很小，故水侧壁温接近水温，即壁温接近对流传热系数大的一侧流体温度。同时管壁热阻极小，管壁两侧的温度差极小，热阻主要集中在转化气与壁面之间，所以虽然转化气温度较高，但转化气侧的壁温不高，故可采用一般的锅炉钢管。

【案例9】 在［案例8］的锅炉使用一段时间后，沸腾水一侧产生一层污垢，污垢热阻为 $R_{so} = 0.005 \, m^2 \cdot ℃/W$，其他条件不变，忽略导热热阻，求换热器的传热系数和水一侧的壁温。

解：1. 换热器传热系数 K_o 的计算

（1）理论引导 有污垢热阻时，计算传热系数多一项热阻，K_o 的计算式为：

$$\frac{1}{K_o} = \frac{A_o}{\alpha_i A_i} + \frac{\delta A_i}{\lambda A_m} + R_{si} \frac{A_o}{A_i} + \frac{1}{\alpha_o} + R_{so} \tag{3-20}$$

式中 R_{si}，R_{so}——管内壁、外壁的热阻，$(m^2 \cdot ℃)/W$。

（2）传热系数 K_o 的计算 依照 K_o 计算式，将数值代入，得出 $K_o = 107.5 \, W/(m^2 \cdot ℃)$

2. 壁温的计算

（1）理论引导 在壁内的导热热阻忽略不计的情况下，可认为管壁两侧温度基本相等，即 $T_w = t_w$ 壁温的计算公式可近似用下式计算：

$$(T - t_w)/(1/\alpha_o + R_{so}) = (T_w - t)/(1/\alpha_i + R_{si})$$

（2）计算条件分析

T（已知）$= 500℃$，t（已知）$= 227℃$，α_i（已知）$= 300 W/(m^2 \cdot ℃)$，α_o（已知）$= 10000 W/(m^2 \cdot ℃)$，R_{so}（已知）$= 0.005 (m^2 \cdot ℃)/W$，$R_{si} = 0$

（3）壁温 t_w 的计算 将数值代入下式计算：

$$(T - t_w)/(1/\alpha_i + R_{si}) = (t_w - t)/(1/\alpha_o + R_{so})$$
$$(500 - t_w)/(1/300 + 0) = (t_w - 227)/(1/10000 + 0.005)$$
$$(t_w - 227)/(1/10000 + 0.005) = (500 - t_w)/(1/300 + 0)$$

解得：$t_w = 392.2℃$

警示：由本案例可见，管壁上存在污垢使传热系数急剧减小而壁温大为升高。因此锅炉必须定期除去水垢，以免管壁温度过高而导致烧毁甚至引起爆炸事故。

👁 开眼界 列管式换热器的热补偿

冷热流体分别流经管内、管外，由于温度不同，热膨胀程度有所不同，当冷、热流体温差较大（50℃）时，引起很大的内应力，导致设备变形，管子弯曲，甚至使管子从管板上松脱。因此，必须采取消除或减少热应力的措施，称为热补偿。根据热补偿的方式不同，具有热补偿性能的设备有膨胀节式的固定管板式、浮头式、U形管式。

1. 带有膨胀节式的固定管板式换热器

如图 3-12，这种换热器的两端管板与壳体制成一体，结构简单，价格低廉。它是在外壳的适当部位上焊接一个补偿圈，补偿圈发生弹性变形（压缩或拉伸），以适应壳体和管束不同的热膨胀程度。这种热补偿方法简单，适应于冷、热流体温差大于50℃时（应不大于70℃）并且壳程流体的压力不大于 600kPa 的场合。

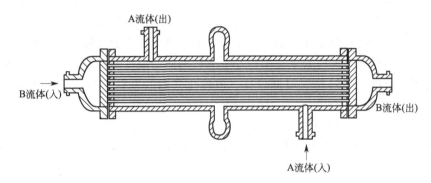

图 3-12　带有膨胀节式的固定管板式换热器

2. U形管式换热器

如图 3-13 所示，这种热补偿方法是将每根管子弯曲成 U 形，管子两端固定在同一管板上，因此受热时每根管子可自由伸缩，与其他管子及壳体无关。适用在高温高压的场合。但清洗困难。

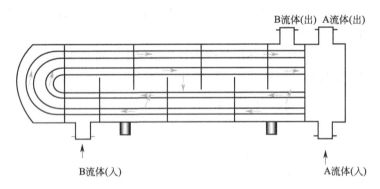

图 3-13　U形管式换热器

3. 浮头式换热器

如图 3-14，其一端管板与外壳固定连接，另一端管板不与管板连接，可以与管束一起自由移动。这种结构不仅可以消除热应力，而且整个管束可以从壳体中抽出，便于管内、外清洗和检修。结构复杂，造价高。但应用十分广泛。

🌀 双边交流

1. 间壁两侧的冷、热流体的对流传热系数 α_i 和 α_o 相差很大时，要提高换热器的传热系数 K_o，关键要提高哪一个对流传热系数，才有显著效果？自己编一个题，通过计算说明。

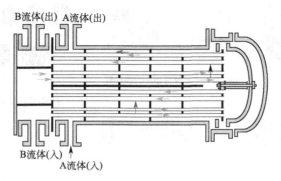

B流体(出) A流体(出)

B流体(入) A流体(入)

图 3-14　浮头式换热器结构示意

（答案为：将 α_i 和 α_o 其中较小的一个提高，才能有显著的传热效果，你答对了吗？）

2. 若冷、热流体间壁传热过程都是变温，t_1、t_2、T_1、T_2 都不相同，请查取相关资料或自己举例说明，并流和逆流的平均温度差哪一个大？错流和折流呢？生产中一般都采用什么形式换热？（答案是：冷、热流体都是变温时，逆流的平均温度差大于并流的平均温度差，错流和折流的平均温度差都小于逆流的；故在热负荷一定的时候，逆流可以节省传热面；对于一个现成的换热器，由于冷、热流体出口温度有可能比并流高一些，即逆流 $t_2 > T_2$，且 $t_2 < T_1$ 而并流不可能使 $t_2 > T_2$，故逆流可以减少冷或热介质的流量，减少操作费用。因此，在没有特殊要求的情况下，工业上尽可能采用逆流换热。你的答案是这样吗？可以将自己的结论与其他同学相比较，看看别人与你的结论有什么不同）

任务8　学习传热过程的强化方法

想一想　家用的暖气设备，外部结构逐步改观，旧式的表面光滑，体积庞大但散热效果不好；改观后的外部有翅片，复杂多样，即便体积小，但散热效果好。这是为什么呢？

1. 理论引导

所谓强化传热过程，就是力求用较少的传热面积或较小体积的传热设备来完成同样的传热任务，以提高经济性。由传热速率方程式 $Q = KA\Delta t_m$ 可以知道，增大传热面积 A、传热平均温度差 Δt_m、传热系数 K，都可以使传热速率提高。

2. 具体措施

（1）增大传热面积 A　增大传热面积不是单靠加大设备尺寸来实现，而是改变设备结构，使单位体积的设备提供较大的传热面积。例如，用螺纹管或翅片管代替光滑管、将板式换热器的板面压制成凸凹不平的波纹，增加表面粗糙度，可显著提高传热效果。图 3-15 是工业上广泛应用的几种表面粗糙的换热管和换热板，这些结构都有利于传热。

（2）增大总传热系数　物料的温度是由工艺条件给定的，不能任意变动；加热剂（或冷却剂）的进口温度往往也是不能改动的；冷却水的初温决定于环境气候，出口温度虽可通过增大水流量而降低，但流动阻力迅速增加，操作费用升高；所以，除了提高温度差以外，还可以另辟蹊径，例如可以提高总传热系数 K。影响 K 的因素包含间壁两侧的对流传热和间隔壁面的导热及污垢等一系列影响因素，由此可见，要提高 K，应尽可能提高每一项传热性能，具体方法有以下几种。

(a) 内、外部带有翅片的换热管

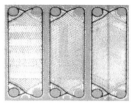

(b) 面带沟槽的传热管　　(c) 面带沟槽的传热管　　(d) 带有波纹的换热板

图 3-15　表面粗糙的换热管和换热板

① 增加流速，以强化流体的湍动程度，可以采用增加管程数、在管内装入麻花铁或螺旋圈或金属丝片等添加物、采用旋流的进口方式等。在列管换热器的管间设置折流挡板，可以增加管间流体流速，增加湍动程度，提高传热效果（图 3-16）。

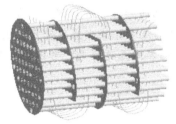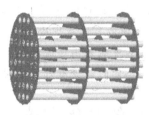

(a) 圆缺型折流板折流　　　　(b) 盘、环形折流板折流　　　　(c) 内部螺旋板旋流

图 3-16　管间设置折流板的流动情况

② 防止结垢和及时除垢。对于金属壁面，导热一般不构成主要热阻，垢层热阻随使用时间的延长而变大，往往成为控制传热速率的主要因素，防止结垢和除垢是保证换热器正常工作的重要措施。

③ 当污垢也不构成影响传热的主要因素时，则间壁两侧的对流传热热阻就构成问题的主要方面，若两个对流传热系数 α 存在数量级的差别时，传热的主要热阻在对流传热系数较小的一方，应设法增加小对流传热的数值，可以显著地提高总传热系数。若两个对流传热系数数值相近，应同时予以提高。

④ 在流体中加入添加剂，用以改变流体物性。例如，可以在气体中加固体颗粒，用以增加湍动程度；在蒸汽或气体中喷入液滴，使气相换热变为液膜换热。

（3）增大传热平均温度差　用饱和蒸汽作加热介质时，可以通过增加蒸汽压力来提高蒸汽温度；在水冷器中降低水温以增大温差；冷热两流体进出口温度固定不变且两种流体的温度都是变化的时候，采用逆流可以得到较大的平均温度差。采用螺旋板式换热器和套管式换热器，可以使管内、外的流体做完全的逆流流动，传热效果很好（图 3-17、图 3-18）。

🌀 **双边交流**

1. 增大传热系数方法很多，请你通过查阅资料，了解增大传热系数的方法。并与其他同学交流，并将各自的结果与别人对照。

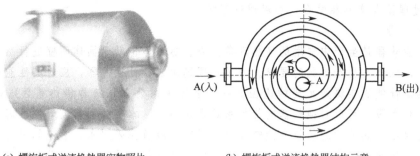

(a) 螺旋板式逆流换热器实物照片　　(b) 螺旋板式逆流换热器结构示意

图 3-17　螺旋板式逆流换热器

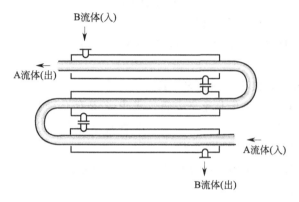

图 3-18　套管式换热器结构示意

2. 请你通过查阅资料，了解增加平均温度差的方法。并与其他同学交流，并将各自的结果与别人对照。

👁 开眼界

流体在换热器内的流通空间：

1. 走便于清洁一侧。例如，对于固定板管式换热器应走管程，而对于 U 型管换热器应走壳程；

2. 需通过提高流速来增大对流传热系数的流体走管程（一般管程流速较高）；

3. 腐蚀性流体走管程，以免对壳体和管束同时腐蚀；

4. 压力高的流体走管程，以免壳体承受过高压力；

5. 饱和蒸汽宜走壳程，便于排出冷凝液；

6. 黏度大或流量较小的流体宜走壳程；

7. 需冷却的流体一般走壳程，便于散热。

[实践环节]

列管式换热器总传热系数的测定

1. 教学目标

学会间壁换热器总传热系数 K 的测量方法，加深理解传热速率方程式

2. 促成目标

① 能够查找所需信息

② 能够了解实际应用情况，锻炼实际动手能力

③ 通过理论与实际相结合，加深理论理解

3. 理论引导

间壁式换热器是生产中常用的换热设备。冷、热流体借助于固体间壁进行热量传递而被加热、冷却，以满足生产工艺的要求。为了合理选用或设计换热器，应对其性能有充分的了解，对换热器性能的实测是重要的途径之一。总传热系数 K（简称传热系数）是度量换热器性能的重要参数。可以对换热器的传热系数现场实测。本实验利用列管换热器或套管换热器实验装置对冷、热流体的热量交换情况进行研究。冷流体采用水，热流体采用空气。

在间壁式换热设备中，冷、热流体通过固体间壁进行热量交换。间壁两侧流体间的总传热速率方程，即在连续稳定传热时有：

$$Q = KA\Delta t_m \qquad (3\text{-}21)$$

式中　Q——单位时间传递的热量，W；

　　　K——总传热系数（简称传热系数），$W/(m^2 \cdot K)$；

　　　A——传热面积，m^2；

　　Δt_m——冷、热流体传热平均温度差，K。

式(3-21)是换热器整体的传热速率方程，式中 A 是固体间壁某一侧的总面积；Q 是通过此总面积的换热量；K 是反映换热器换热性能的综合指标，它既包含了固体间壁的导热情况，也包含了间壁两侧的对流传热情况。

传热系数 K 可通过计算得到，也可由生产实际的经验数据选取，还可以通过实验获得。

由式(3-21)可得：

$$K = \frac{Q}{A\Delta t_m} \qquad (3\text{-}22)$$

式(3-22)中的 Q 可通过对换热器所做的热量衡算得到。在热损失可忽略时，单位时间内流经换热器的热流体所放出的热量 $Q_热$ 等于相应的冷流体所吸收的热量 $Q_冷$，也就是通过固体间壁的传热速率 Q，即：

$$Q = Q_热 = Q_冷$$

若冷、热流体均无相变化，且流体比热容随温度变化不大时，则有：

$$Q_热 = G_热 C_{p热}(T_1 - T_2)$$
$$Q_冷 = G_冷 C_{p冷}(t_2 - t_1)$$

式中　$G_热$，$G_冷$——热、冷流体的质量流量，kg/s；

　　$C_{p热}$，$C_{p冷}$——热、冷流体的定压比热容，$J/(kg \cdot K)$；

　　　T_1，t_1——热、冷流体的进口温度，K；

　　　T_2，t_2——热、冷流体的出口温度，K。

式(3-22)中的 Δt_m 与冷、热流体相互间的流动方式及温度变化情况有关。本实验中列管换热器里是变温差传热，传热流体的流动是既有错流又有折流流动，则：

$$\Delta t_m = \psi \frac{\Delta t_1 - \Delta t_2}{\ln\left(\dfrac{\Delta t_1}{\Delta t_2}\right)}$$

其中　　　　　　　　　　　　　$\Delta t_1 = T_1 - t_2$
　　　　　　　　　　　　　　　$\Delta t_2 = T_2 - t_1$

式中　Δt_1、Δt_2——逆流变温差传热时换热器进出口处热、冷流体的温度差，K；

　　　　ψ——温差校正系数，可查图得到。

4. 实验装置及流程

本实验的实验装置有列管式换热器。图 3-19 为列管式传热实验装置的实物图与示意图。

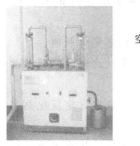

（a）实物图

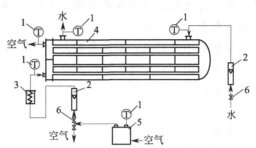

1—温度计；2—转子流量计；3—空气电加热器；

4—列管换热器；5—空气泵；6—阀

（b）示意图

图 3-19 列管式传热实验装置

（1）列管换热器结构 为单壳程双管程，如图 3-19（b）。壳程采用圆缺型折流板。传热管为低肋铜管，管径 $\Phi 10\text{mm} \times 1\text{mm}$，有效管长 290 mm，管数 14 根，管外侧传热总面积为 0.4m^2。

（2）流程 冷流体（水）经转子流量计计量后进入换热器壳程，换热后排入下水道。热流体（空气）经转子流量计计量后进入换热器管程，换热后放空。

5. 实验步骤

（1）手动数据采集与控制实验装置

① 观察了解实验装置及流程。

② 先将气路上的旁路阀开到最大，再开启气泵，根据给出的流量范围（由老师在实验时给出），通过进气阀调节空气流量到预定值。（本实验要对如何提高传热系数进行研究，即考察间壁哪侧对流热阻对传热系数影响大，方法是在某一空气流量下改变水的流量 3 次，然后在某一水流量下改变空气的流量 3 次。）

③ 打开进水阀门，并调节水流量到预定值。

④ 打开加热开关，通过调压器控制电加热器，使空气被加热至 90～100℃ 中的某一温度。

⑤ 随时注意调控水、空气的流量使之保持稳定。待空气入口温度稳定（温度变化量 $\Delta T \leqslant$ 1.5℃）15min 以上时，即可开始读取并记录冷、热流体的进、出口温度和流量以及气泵出口的温度。各温度要连续读取 3 次，每次间隔 1min，取 3 次读数的平均值作为本组的数据。

⑥ 按照给出的流量范围，分别在某一空气流量和某一水流量下改变水的流量和空气的流量，并按上面要求读取和记录数据。

⑦ 实验中抽时间测定并记录大气压，以供数据处理时校正空气流量用。

⑧ 实验内容完成且经老师检查实验数据后，关闭加热开关和进水阀门，保持气泵继续工作，并将空气流量调到适中位置，以将电加热器中的余热带走，避免将电热丝烧坏。待空气入口温度降至 50℃ 以下时关停气泵。

＊实验注意事项

第一，为确保旁路阀处于开启状态，在开启气泵以后应立即检查放空管口处是否有气流排出。

第二，实验中用进气阀调节空气流量到全开后，再通过关小旁路阀来调节空气流量。

第三，实验中注意气泵出口温度不要超过60℃。若温度达到60℃，应立即停泵，并停止加热，以防烧毁气泵。

第四，空气加热时不可过快，以防温度上升失控造成温度计胀破。

第五，空气流量改变时，空气入口温度将会发生变化，这时只要调整加热使其温度保持在90～100℃之间的某一温度即可。

第六，热流体的密度以进入流量计时的温度、压力来求取，定压比热容以进、出换热器的算术平均温度来取值。

第七，进行校正用的实际测量时的温度用气泵出口温度，压力用大气压。

（2）数据记录　自己设计表格，将实验数据填入表格中。表格中应包含的参数有热流体的流量、温度、压力、密度、定压比热容和冷流体的流量、温度及气泵出口温度等。

（3）计算结果　自己设计表格，将实验数据处理的计算结果填入表格。表格中应包含的参数有热流体的体积流量校正值、质量流量、传热速率、温度差校正系数、传热平均温度差、传热系数等。

取第一组实验数据，写出计算以上参数的全过程，作为计算示例。

说明：①传热速率 Q 以单位时间内热流体放出的热量来计算。

②传热面积 A 为换热管的外表面积。

③因为空气转子流量计的刻度是在压力为 $1.013×10^5 Pa$（绝压）、温度为20℃下用空气标定的，所以当实际测量条件与标定条件不同时要进行校正，公式为：

$$q'_V = q_V \frac{pT'}{p'T} \quad （此式只对所测流体为空气时有效）$$

式中　q_V——实际测量时的流量计示值，m^3/h；

　　　q'_V——校正为测量条件下的实际体积流量，m^3/h；

　　p，T——流量计标定时的绝对压力、热力学温度，Pa，K；

　p'，T'——实际测量时的绝对压力、热力学温度，Pa，K。

6. 问题讨论

（1）为什么要等待换热器的冷、热流体进出口温度稳定后，才可以记录数据？

（2）如何用实验方法获得传热系数 K？

（3）强化传热的途径有哪些？如何提高传热系数 K 值？加大流体流速有何利弊？

（4）本实验中管壁哪一侧的对流热阻对传热系数 K 的影响大？

思考与练习

一、简答

1. 传热的基本方式有哪些？各有何特点？

2. 常言说：（1）同样厚度的棉袄，棉花蓬松更暖和；（2）砂锅做饭保热量。

　　试用传热理论解释之。

3. 强化传热过程的途径有哪些？

4. 传热系数 K 的物理意义是什么？

5. 从 K_o 的关联式 $\frac{1}{K_o} = \frac{A_o}{\alpha_i A_i} + \frac{\delta A_o}{\lambda A_m} + R_{si} \frac{A_o}{A_i} + \frac{1}{\alpha_o} + R_{so}$ 分析，为了提高传热效果，应从哪些方面采取措施？

6. 工业上常用的换热器主要有哪些类型？各有何特点？

7. 如何选择流体在换热器里的通入空间？

8. 用饱和蒸汽走管外加热空气，传热系数接近于哪侧流体的对流传热系数？壁温接近于哪个流体的温度？

9. 在列管式换热器中，要想加大管方和壳方的流动速度，可采取什么措施？有何影响？

10. 试分析强化传热的途径。螺旋板换热器是从哪些方面强化传热的？

二、计算

1. 传热的流体流量为 800kg/h，计算下列各个过程流体放出或吸收的热量。

   （1）100℃ 的热水，汽化为 100℃ 的饱和蒸汽；

   （2）绝对压力为 140kPa 的饱和水蒸气，冷凝并冷却成 50℃ 的水；

   （3）比热容为 3.77kJ/(kg·K) 的 NaOH 溶液从 15℃ 被加热到 90℃；

2. 用水将 1000 kg/h 的硝基苯从 80℃ 冷却到 30℃，冷却水的初温为 20℃，终温为 35℃，求：冷却水的用量。

3. 某工厂一锅炉，利用 500kPa 水蒸气冷凝放出的热量来加热自来水，供本厂职工用作生活热水，自来水温度由 20℃ 升至 80℃，试计算该锅炉的传热平均温度差是多少？

4. 某炉墙内壁耐火砖层，厚 $\delta_1 = 0.2m$，热导率 $\lambda_1 = 1.05W/(m·K)$；中间为绝热砖层，厚 $\delta_2 = 0.1m$，热导率 $\lambda_2 = 0.15W/(m·K)$；最外层为普通砖层，厚 $\delta_3 = 0.2m$，热导率 $\lambda_3 = 0.8W/(m·K)$。炉内壁温度为 1000℃，外壁温度为 55℃。

试计算：（1）每平方米壁面的热损失；（2）耐火砖外壁的温度。

5. 蒸汽管的尺寸为 $\phi165mm \times 4.5mm$，热导率 $\lambda = 0.175W/(m·K)$ 为减少散热，在管外包两层绝热材料，第一层厚 $\delta_1 = 0.2m$，热导率 $\lambda_1 = 0.175W/(m·K)$；第二层厚 $\delta_2 = 0.2m$，热导率 $\lambda_2 = 0.0932W/(m·K)$；蒸汽管内表面温度为 300℃，管外壁的温度为 45℃，试求每米长蒸汽管的热损失。

6. 一钢制的平板式换热器，CO_2 与水逆流通过板面间壁换热，CO_2 的流量为 10kg/s，由 47℃ 冷却到 35℃；水的流量为 3.65kg/s，进口温度为 20℃，已知：CO_2 对流传热系数为 $\alpha_1 = 50W/(m^2·℃)$，水侧的对流传热系数为 $\alpha_2 = 5000W/(m^2·℃)$，炉内壁温度为 1000℃，外壁温度为 55℃。已知钢材的热导率为 $\lambda_2 = 0.0932W/(m·℃)$，厚度 $\delta = 0.08m$。

   试求：（1）换热器的传热系数 K；

   （2）传热面积；

   （3）若将 α_1 提高一倍，α_2 不变，求传热系数 K；

   （4）若将 α_2 提高一倍，α_1 不变，求传热系数 K；

7. 一套管换热器的内管为 $\phi25mm \times 2.5mm$ 的钢管，钢的热导率为 45 W/(m·K)，该换热器在使用一段时间以后，在换热管的内外表面上分别生成了 1mm 和 0.5mm 厚的污垢，垢层的热导率分别为 1.0 W/(m·K) 和 0.5W/(m·K)，已知两垢层与流体接触一侧的温度分别为 160℃ 和 120℃，试求此换热器单位管长的传热量。

8. 温度为 99℃ 的热水进入一个逆流式换热器，并将 4℃ 的冷水加热到 32℃。冷水的流量为 1.3kg/s，热水的流量为 2.6kg/s，总传热系数为 830W/(m²·K)，试计算所需的换热器面积。

项目四　蒸　　发

任务1　了解蒸发在化工生产中的应用

1. 应用

蒸发操作广泛应用于化工、轻工、食品、医药等工业领域，其主要目的有以下几个方面：**浓缩稀溶液直接制取产品或将浓溶液再处理（如冷却结晶）制取固体产品**，例如电解烧碱液的浓缩，食糖水溶液的浓缩及各种果汁的浓缩等；**同时浓缩溶液和回收溶剂**，例如有机磷农药苯溶液的浓缩脱苯，中药生产中酒精浸出液的蒸发等；**为了获得纯净的溶剂**，例如海水淡化等。在自然界中人们也可以看到蒸发的现象，盐湖边白色盐的晶体就是由于水分自然蒸发后产生的结晶。

2. 蒸发操作的分类

蒸发操作是用加热的方法，使溶液中的一部分溶剂汽化，从而提高溶液的浓度，或使溶液浓缩到饱和而析出溶质。它是化学工业中分离挥发性溶剂与不挥发性溶质的主要方法之一。进行蒸发操作的设备称为蒸发器。

蒸发操作按操作压力分，可分为常压、加压和减压（真空）蒸发操作，即在常压（大气压）下，高于或低于大气压下操作。很显然，对于热敏性物料，如抗生素溶液、果汁等应在减压下进行。而高黏度物料就应采用加压高温热源加热（如导热油、熔盐等）进行蒸发，增加液体流动性，提高传热效果。

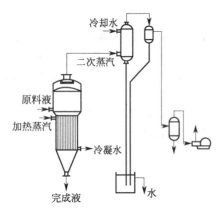

图 4-1　单效蒸发装置示意

工业上大部分蒸发操作是在减压下进行的，因为减压蒸发具有下列优点：在一次蒸汽压力相同的情况下，减压蒸发时溶液沸点低，传热温度差大，可以相应地减小蒸发器的传热面积；可以蒸发不耐高温的溶液；可以利用低压蒸汽或废热蒸汽作加热剂；操作温度低，热量损失少。

按二次蒸汽是否利用分类，可分为单效蒸发与多效蒸发。若蒸发产生的二次蒸汽直接冷凝不再利用，称为单效蒸发。单效蒸发一般用在小批量生产的场合，采用常压下的间歇操作。若将二次蒸汽作为下一效加热蒸汽，并将多个蒸发器串联，此蒸发过程即为多效蒸发。

按蒸发模式分，可分为间歇蒸发与连续蒸发。工业上大规模的生产过程通常采用的是连续蒸发。

3. 蒸发操作的流程

（1）单效蒸发流程　溶液蒸发时所产生的二次蒸汽不再利用的蒸发操作称为单效蒸发。如图 4-1 所示为单效蒸发的流程。图中蒸发器由加热器和蒸发室构成。加热蒸汽在加热器的管外冷凝，放出的热量通过管壁传给沸腾的溶液，加热蒸汽的冷凝水由加热室下部的疏水器排出。原料液由蒸发室的下部加入，经蒸发浓缩后的浓缩液由蒸发器的底部排出。溶剂汽化所产生的二次蒸汽在蒸发室分离出夹带的部分液滴后，经蒸发室顶部的除沫器进一步分离，进入冷凝器内与冷却水直接混合而被冷凝排出。不凝性气体经水分离器和缓冲罐后，再由真空泵抽至大气。

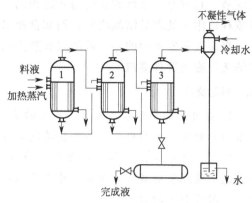

图 4-2　并流加料蒸发流程

（2）多效蒸发流程　在大规模的工业生产中，蒸发大量的水分一定会消耗大量的加热蒸汽。为减少加热蒸汽的消耗量，多采用多效蒸发。

根据原料液加入方式不同，多效蒸发操作的流程可分为 3 种，即并流、逆流和平流。

①并流加料流程　并流加料也称顺流加料，是工业中常用的方法。其流程如图 4-2 所示。原料液与加热蒸汽分别加入第一效的蒸发室和加热室，原料液被加热浓缩，二次蒸汽进入第二效加热室作为加热蒸汽。第二效的二次蒸汽进入第三效的加热室作为加热蒸汽。在第一效被浓缩的原料液，依次进入第二和第三效的蒸发室被浓缩，完成液由第三效底部排出。同时，后一个蒸发器作为前一个蒸发器的冷凝器。

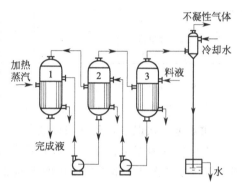

图 4-3　逆流加料蒸发流程

并流加料的优点是：各效的压力依次降低，溶液可以自动地由前一效流入后一效，不需用泵输送。各效溶液的沸点依次降低，前一效的溶液进入后一效时，将发生自蒸发而蒸发出更多的二次蒸汽。同时，由于最后一效沸点最低，完成液温度较低，热损失少。

并流加料的缺点是：随着溶液的逐效蒸发，温度逐效降低，溶液黏度逐效增大，致使传热系数减小。因此，对于黏度随浓度的增加而迅速加大的溶液不适于并流加料。

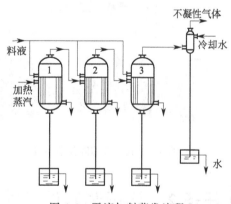

图 4-4　平流加料蒸发流程

②逆流加料流程　逆流加料操作的流程如图 4-3 所示，原料液从末效加入，然后用泵送入前一效，最后从第一效取出完成液。加热蒸汽流向与并流相同，顺序流过一、二、三效。逆流加料的优点在于随着溶液浓度的增大，温度也在升高，最浓的溶液在最高的温度下蒸发，各效溶液的黏度相差不大，传热系数不致太小，有利于提高整个系统的生产能力。

缺点是料液输送必须用泵，另外，进料也没有自蒸发。一般这种流程只有在溶液黏度随温度变化较大的场合才被采用。

③平流加料流程　平流加料操作流程如图 4-4 所示，在每一效中都加入原料液，放出

完成液。其特点是蒸汽的走向与并流相同，但原料液和完成液则分别从各效加入和排出。这种流程适用于处理易结晶物料，例如食盐水溶液等的蒸发。

将多效蒸发器中的某一效的二次蒸汽引出一部分，作为其他换热器的加热剂，这部分引出的蒸汽称为额外蒸汽。

🌀 **双边交流**

1. 在自然界和日常生活中，蒸发的现象比较普遍，你能举出多少蒸发的例子，并讲出它带给你的好处和难处，如何加快蒸发或者阻止蒸发？

2. 表 4-1 中列出了不同效数蒸发的单位蒸汽消耗量。可以看出，随着效数的增加，单位蒸汽的消耗量会减少，即操作费用降低，但是有效温度差也会减少（即温度差损失增大），使设备投资费用增大。

表 4-1　不同效数蒸发的单位蒸汽消耗量

效数	单效	双效	三效	四效	五效
$(D/W)_{min}$ 的理论值	1	0.5	0.33	0.25	0.2
$(D/W)_{min}$ 的实测值	1.1	0.57	0.4	0.3	0.27

D/W 称为单位蒸汽消耗量，即蒸发 1kg 水时的蒸汽消耗量，常用以表示蒸汽的经济程度。请大家思考是否蒸发效数越多越好？

👁 **开眼界**　认识单效蒸发和多效蒸发设备

工厂中常根据工艺条件，以及操作费用和设备投资费用来确定使用多效蒸发或单效蒸发。图 4-5 和图 4-6 是工厂使用的不同效数的蒸发器。

<table>
<tr><td align="center">图 4-5　五效浓缩降膜蒸发器</td><td align="center">图 4-6　单效蒸发器</td></tr>
</table>

任务2　认识蒸发设备的结构及工作原理

蒸发设备与一般传热设备并无本质上的区别，但蒸发时需要不断地除去所产生的二次蒸汽。蒸发器除了需要间壁传热的加热室外，还需要进行气液分离的蒸发室。蒸发器主要由加热室和蒸发室组成。加热室有多种多样的形式，以适应各种生产工艺的不同要求。按照溶液在加热室中运动的情况，可将蒸发器分为循环型和单程型（不循环）两类。

1. 循环型蒸发器

溶液在蒸发器中循环流动，根据促使溶液流动的原因不同，又可分为自然循环和强制循环两类。现介绍几种常用的蒸发器。

（1）中央循环管式蒸发器　中央循环管式蒸发器又称标准式蒸发器，至今工业上仍广泛采用。其结构如图4-7所示。它的特点是在加热室的中央装有一根直径较大的管子，称为中央循环管，它的截面积大约等于加热管束总截面积的40%～100%。加热蒸汽通入管间。由于中央循环管的截面积比较大，单位体积溶液所占有的传热面积相应地较加热管中溶液所占有的面积为小，因此在中央循环管中溶液加热程度比加热管束中溶液加热程度小。加热管中溶液处在沸腾状态，由于密度小而上升；中央循环管中溶液未达到沸腾状态，由于密度较大而下降。同时，由于加热管内蒸汽上升时的抽吸作用，使溶液产生由中央循环管下降，而由加热管上升的不断循环。由于这种自然循环，提高了蒸发器的传热系数和蒸发水量。

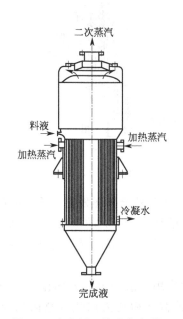

图4-7　中央循环管式蒸发器

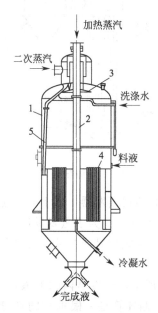

图4-8　悬筐式蒸发器
1—外壳；2—加热蒸汽管；3—除沫器；
4—加热室；5—液沫回流管

标准式蒸发器的优点是：构造简单，制造方便，操作可靠，传热效果好，投资费用少，应用十分广泛。缺点是：清洗和检修较麻烦，溶液循环速度低，一般在0.5m/s以下，传热系数小，因溶液的循环使蒸发器中溶液浓度总是接近于完成液的浓度，黏度较大，影响传热效果。对于黏度在10^{-2}Pa·s以上的溶液，由于循环速度太小，传热速率不大，所以不适用。

（2）悬筐式蒸发器　这种蒸发器如图4-8所示，它的加热室是悬挂在蒸发器壳体的下部。加热蒸汽由壳体上部通入管间，管内为溶液。加热室外壁与蒸发器壳体之间的环隙为溶液循环的通道。环形通道的截面积一般为加热管总面积的100%～150%。溶液循环速度约为1～1.5m/s。循环溶液与蒸发器外壳接触，其温度低于加热蒸汽，热损失较少。由于加热室可以取出，所以悬筐式蒸发器适于处理易结晶的溶液。但结构复杂、金属消耗量大。

（3）外加热式蒸发器　如图4-9所示，将加热室和蒸发室分开装置的蒸发器，称为外加热式蒸发器。加热室的管束较长，可达7m。由于加热管受到高温蒸汽的加热，循环管没有受到蒸汽加热，加热管内溶液的密度比循环管内的密度小，从而加快了溶液的自然循环速度。循环速度可达1.5m/s。因为加热室在蒸发室外，蒸发器的总高度降低，同时便于检修与更换，还可装设两个加热器，轮换使用。这种蒸发器使用范围广。缺点是不够紧凑，热损失大，金属消耗量大。

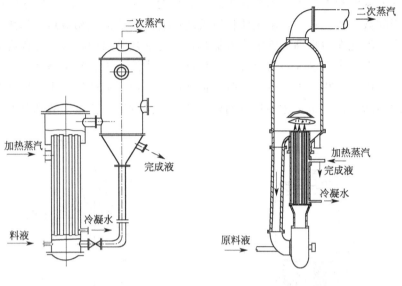

图 4-9　外加热式蒸发器　　　　　图 4-10　强制循环式蒸发器

（4）强制循环式蒸发器　以上几种蒸发器都属于自然循环蒸发器，溶液的循环速度都较低，一般都小于 1m/s。为了蒸发黏度大或易析出结晶、易结垢的溶液，必须加大循环速度，防止在加热面上生成结晶或沉淀，提高传热系数。为得到较高的循环速度，可采用强制循环蒸发器。

如图 4-10 所示，蒸发器内的溶液，依靠泵的作用，沿一定的方向循环，速度一般可达 1.5～3.5m/s。循环管是一根垂直的空管子，它的截面积约为加热管总面积的 150% 左右。管子上端通蒸发室，下端与泵的入口相连。泵的出口连在加热室底部。溶液由泵送入加热室，在室内受热沸腾，沸腾的气液混合物以高速进入蒸发室进行气液分离。蒸汽经捕沫器后排出，溶液沿循环管下降被泵再次送入加热室。这种蒸发器的传热系数比一般自然循环蒸发器大很多，因此对于相同的生产任务，强制循环蒸发器所需的传热面积比自然循环蒸发器小。缺点是动力消耗大，每平方米加热面积需 0.4～0.8kW。

2. 单程型蒸发器

上述蒸发器中溶液在器内停留的时间都比较长，这对热敏性物料的蒸发极为不利，容易使物料分解变质。单程型蒸发器的特点是溶液仅通过加热管一次，不作循环，溶液在加热管壁上呈薄膜状，蒸发速度快，停留时间短（数秒至数十秒），传热效率高，所以又称薄膜式蒸发器。这种蒸发器特别适宜于热敏性物料的蒸发，容易产生泡沫的物料的蒸发。是广泛使用的较为先进的蒸发器。膜式蒸发器的结构形式比较多，常用的有升膜式、降膜式和回转式薄膜蒸发器等。

（1）升膜式蒸发器　升膜式蒸发器如图 4-11 所示，加热室由很长的管束组成。常用加热管的直径为 25～50mm，管长和管径之比为 100～150。液面维持很低，一般只占管长的 1/5～1/4。原料液预热至沸点，由蒸发器的底部进入，加热蒸汽在管外冷凝。溶液受热沸腾后迅速汽化，生成的二次蒸汽在管内高速上升。常压下蒸发器出口处的二次蒸汽速度不小于 10m/s，一般为 20～50m/s。减压下可达 100～160m/s。高速上升的蒸汽带动溶液沿管壁成膜状上升并继续汽化。汽、液进入顶部的分离器后，完成分离，完成液由分离器底部排出，二次蒸汽由分离器的顶部溢出。

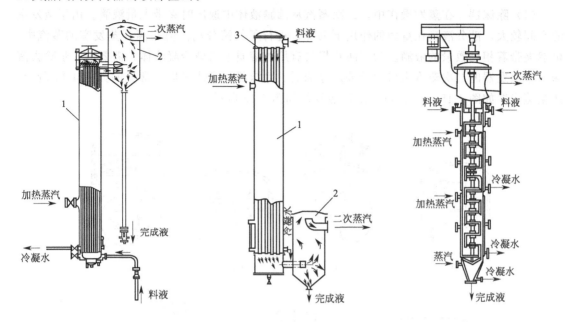

图 4-11　升膜式蒸发器　　　图 4-12　降膜式蒸发器　　　图 4-13　回转刮板式薄膜蒸发器

　1—蒸发器；2—分离室　　　1—蒸发器；2—分离室；3—液体分布器

溶液在蒸发器中只通过管束一次，就可达到所需要的浓度。由于加热管内液面低，溶液的蒸发在液膜上升的过程中进行，所以传热温差损失小，传热系数大，蒸发速率快。溶液应该在沸点下进入蒸发器，避免出现显热段，使器内膜状流动所占比例大。升膜式蒸发器适用与蒸发量较大（较稀的溶液）、热敏性和易生泡沫的溶液，其黏度小于 50Pa·s，不适用于高黏度、有晶体析出或易结垢的溶液。

（2）降膜式蒸发器　降膜式蒸发器如图 4-12 所示，降膜式蒸发器的加热室可以是单根套管，或由管束和外壳组成。原料液由加热室的顶部加入，在重力作用下沿管内壁呈膜状下降，并在下降过程中被蒸发增浓，汽、液混合物流至底部进入分离器，完成液由分离器的底部排出，二次蒸汽由顶部排出。

在每根加热管的顶部必须装置降膜分布器，以保证溶液呈膜状沿管内壁下降，均匀分布于管壁，防止管壁出现干壁现象，影响生产能力。

降膜式蒸发器可蒸发浓度、黏度较大的溶液，但也不适用于蒸发易结晶或易结垢的溶液。

（3）回转刮板式薄膜蒸发器　回转刮板式薄膜蒸发器如图 4-13 所示。其加热管为一根粗圆管，壳体的下部装有加热蒸汽夹套，内部装有可旋转的搅拌刮片，刮片与外壳内壁的缝隙为 0.75～1.5mm 原料液由蒸发器上部沿切线的方向进入器内，被旋转的刮片带动旋转，液膜不停地被搅动，进行再分配。受离心力、重力及刮片的刮带作用，液体在壳体内壁形成旋转下降的薄膜。液膜被蒸发浓缩，完成液由底部排出，二次蒸汽上升至顶部经分离器后进入冷凝器。

这种蒸发器适用于处理易结晶、结垢，以及高黏度或热敏性的溶液。但其结构复杂，动力消耗大。只能适用于传热面较小的场合，一般为 3～4m²，最大也不超过 20m²，故其处理量较少。

3. 蒸发器的辅助装置

（1）除沫器　在蒸发操作中，二次蒸汽从沸腾液体中逸出时夹带大量液滴。由于蒸发室的空间较大，部分液滴在重力的作用下沉降，进行了气液分离。但在离开蒸发室的蒸汽中，仍然夹带着相当数量的液滴。为了防止损失有用的溶质或污染冷凝液体，需要进一步除去液沫。在蒸发器的二次蒸汽出口附近装设除沫器。除沫器的形式多样，常见的如图 4-14 所示。冰箱蒸发器如图 4-15 所示。汽车空调蒸发器如图 4-16 所示。

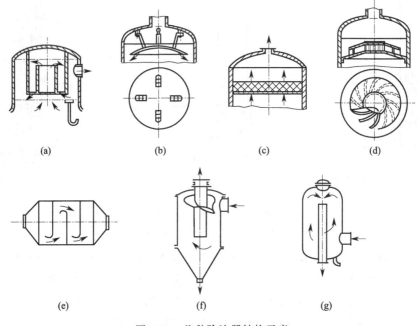

图 4-14　几种除沫器结构示意

图 4-15　冰箱蒸发器

图 4-16　汽车空调蒸发器

（2）冷凝器　在蒸发操作中，当末效蒸发出的二次蒸汽需要回收时，就需用间壁式换热器冷凝。如所产生的二次蒸汽为水蒸气，可直接将冷水与蒸汽混合将其冷凝，称为混合式冷凝。一般蒸发的溶液多为水溶液，所以混合式冷凝器运用较为普遍。常用的混合式冷凝器有淋水孔板式、填料式等。

（3）真空装置　当蒸发器在负压下操作时，无论采用哪一种冷凝器，均需在冷凝器后安装真空装置。需要指出的是，蒸发器中的负压主要是由于二次蒸汽冷凝所致，而真空装置仅是抽吸蒸发系统泄漏的空气、物料及冷却水中溶解的不凝性气体和冷却水饱和温度下的水蒸气等，冷凝器后必须安真空装置才能维持蒸发操作的真空度。常用的真空装置有喷射泵、水环式真空泵、往复式或旋转式真空泵等。

🌀 **双边交流**

1. 蒸发器由_____、_____、辅助装置由_____、_____、_____等几部分组成。（答案为蒸发室、加热室、除沫器、冷凝器、真空装置）

2. 蒸发器各组成部分的作用是什么？

👁 **开眼界**

在我们身边也有不同特点的蒸发器。比如说家里用的冰箱和空调，就是利用冷媒蒸发吸收热量制冷，然后利用压缩机对蒸发成气体的冷媒压缩成液体，循环使用，达到制冷效果。

▌任务3 认识蒸发过程的影响因素

现代社会提倡低碳经济，节约能源。蒸发操作往往耗能较大，如何提高热能利用率，达到节能的目的呢？下面作简要的介绍。

1. 影响生产强度的因素

蒸发器的生产强度简称蒸发强度，是指单位时间单位传热面积上所蒸发的水量。蒸发强度通常可用于评价蒸发器的优劣，对于一定的蒸发任务而言，若蒸发强度越大，则所需的传热面积越小，即设备的投资就越低。提高蒸发强度的主要途径是提高总传热系数和传热温度差。

（1）提高总传热系数　蒸发器的总传热系数主要取决于溶液的性质、沸腾状况、操作条件以及蒸发器结构等。合理设计蒸发器以实现良好的溶液循环流动，及时排除加热室中不凝性气体，定期清洗蒸发器防止生垢和除垢，均是提高和保持蒸发器在高强度下操作的重要措施。

（2）提高传热温度差　真空蒸发可以降低溶液沸点，增大传热推动力，提高蒸发器的生产强度，同时由于沸点较低，可减少或防止热敏性物料的分解。另外，真空蒸发可降低对加热热源的要求，即可利用低温位的水蒸气作热源。但是，应该指出，溶液沸点降低，其黏度会增高，并使总传热系数下降。

提高传热温差的另一个措施是提高加热蒸汽的压力，但这时要对蒸发器的设计和操作提出严格要求。一般加热蒸汽压力不超过 0.6～0.8MPa。对于某些物料如果加压蒸汽仍不能满足要求时，则可选用高温导热油、熔盐或改用电加热，以增大传热推动力。

2. 影响溶液沸点升高的因素

实际操作中，溶液的沸点温度总是比相同压力下水沸点温度高。当加热蒸汽的温度一定时，蒸发溶液时的传热温度差必小于在相同压力下蒸发纯水时的传热温度差，有效温差减小。影响溶液沸点升高的因素有 3 个方面。

（1）溶液浓度的影响　溶液中由于有溶质存在，溶液的蒸气压总是比同温度下纯水的蒸气压低。因此在相同压力下，溶液的沸点高于纯水的沸点。

（2）液柱静压头的影响　通常，蒸发器操作需维持一定液位，这样液面下的压力比液面上的压力（分离室中的压力）高，即液面下的沸点比液面上的高，两者之差称为液柱静压头引起的温度差损失。

（3）管道阻力的影响　在多效蒸发中，二次蒸汽进入下一效蒸发器，因为流体阻力，蒸汽压力下降，蒸汽的饱和温度也相应降低。这项温差损失与蒸汽流速、管径和除沫器的阻力等因素有关。

上述几点所造成的温差损失越大，则溶液沸点越高，所需加热蒸汽的压力也就越大，能耗也越大。所以降低温差损失，可增大有效温差。

3. 降低热能消耗的措施

在大规模工业蒸发中，蒸发大量的水分必然会消耗大量的加热蒸汽。作为工程技术人员，必须设法尽量节省加热蒸汽的消耗量，以降低生蒸汽的消耗量，以提高生蒸汽的利用率，那么采用什么措施才能达到此目的呢？

(1) 利用二次蒸汽的潜热　利用二次蒸汽的潜热的最普通的方法是多效蒸发，将前一效的二次蒸汽引入后一个蒸发器作为加热蒸汽，这样后一效的加热室就成为前一效二次蒸汽的冷凝器。除最后一效外，各效的二次蒸汽都作为下一效蒸发器的加热蒸汽，这就提高了生蒸汽的利用率。

当效数增加时，各效的传热温差损失的总和也将增加。致使有效的传热温差减少，设备的生产强度下降，这一因素使工业蒸发的效数受到限制。同时增加一效的设备费用不能与所节省的加热蒸汽的收益相抵时，就没有必要再增加效数。工业上使用的多效蒸发装置，其效数并不多。一般对于电解质溶液，其沸点升高较大，采用2~3效；非电解质溶液的沸点升高较小，采用4~6效。

(2) 二次蒸汽的再压缩　在单效蒸发中，二次蒸汽在冷凝器中冷凝除去，蒸汽的潜热即完全除去，很不经济。可以将二次蒸汽通过压缩机绝热压缩，使其压力和温度升高，然后再送回原来的蒸发器中作为加热蒸汽，则其潜热可得到反复利用。这样，除了开工外不需要另行供给生蒸汽，而只需补充少量压缩功，即可维持正常运行。二次蒸汽的再压缩不适用沸点上升比较大的情况。此外，压缩机的投资费用较大，需要维修保养，这些缺点也在一定程度上限制了它的使用。同样也可将多效蒸发的二次蒸汽引出加以利用，效数越往后的二次蒸汽利用率越高。

(3) 冷凝水热量的利用　蒸发装置消耗大量蒸汽必然产生大量的冷凝水。此冷凝液排出加热室外可用以预热料液。或将冷凝水减压，减压至下一效加热室的压力，使之用过热产生自蒸发现象。汽化的蒸汽可与二次蒸汽一并进出入后一效的加热室，冷凝水的显热得以部分地回收利用。

🌀 **双边交流**

国内外对于蒸发装置的研究，涉及不同单元操作、不同专业和学科。将过程和设备结合考虑，是强化蒸发操作的新思路。查找与新型高效蒸发器有关的资料，探讨它的优缺点。提供以下思路作为大家的参考。

1. 通过改变加热管表面形状，提高传热效率。又如表面多孔加热管、双面纵槽加热管，它们可使传热系数显著提高。

2. 改善蒸发器内液体的流动状况。提高蒸发器内液体循环速度，或在蒸发器内装入多种形式的湍流原件。两者均可提高传热系数，前者还可减轻壁面结垢现象。

3. 通过改进溶液性质来改善蒸发效果。如入适量表面活性剂，消除或减少泡沫，以提高传热系数；加入适量阻垢剂可以减少结垢，以提高传热效率和生产能力。

4. 在装置中采用先进的计算机测控技术，使装置在优化条件下进行操作。

思考与练习

1. 什么叫蒸发？蒸发操作的目的是什么？
2. 什么是单效蒸发与多效蒸发？多效蒸发有什么特点？
3. 比较各种蒸发流程的优缺点。
4. 比较各种蒸发器的结构特点。
5. 如何提高蒸发操作的经济性？

项目五　气体吸收

任务1　了解气体吸收在化工生产中的应用

 想一想　氮氢混合气中含有少量CO_2，你知道如何将CO_2除去吗？

上面提出的问题，是有关气体吸收的理论。

气体吸收是一种重要的分离操作，广泛应用于石油化工、无机化工、精细化工、环境保护等部门。在化工生产中，吸收操作广泛应用于混合气体的分离，那么，它是根据什么原理来分离的呢？将含有NH_3的空气通入水中，NH_3很容易溶解于水中，形成氨水溶液，而空气几乎不溶于水中。所以用水吸收混合气体中的NH_3能使NH_3和空气得到分离，并回收NH_3。气体吸收实质上就是气体溶解在液体中。所以有利于增大气体溶解度的条件，必然有利于吸收的进行。这种利用气体混合物中各组分在液体中溶解度的差异来分离气体混合物的操作，称为气体吸收，其逆过程为脱吸或解吸。吸收在化工生产中主要用来达到以下目的。

1. 分离混合气体以获得一定的组分

例如用水吸收二氧化氮制备硝酸；用水吸收氯化氢气体制备盐酸；用水吸收甲醛制备甲醛溶液——福尔马林等。

2. 回收混合气体中有价值的组分

如用硫酸处理焦炉气以回收其中的氨；洗油吸收焦炉气中的苯、甲苯蒸气；从烟道气中回收CO_2或SO_2以制取其他产品；用液态烃处理石油裂解气以回收其中的烯烃（乙烯、丙烯等）。

3. 除去有害组分以净化气体

如用水或碱液来脱除合成氨原料气中的二氧化碳；用丙酮脱除石油裂解气中的乙炔等。

4. 工业废气的治理

如磷肥生产中，所放出含氟的气体具有强烈的腐蚀性，但是用水及其他盐类吸收即可制成有用的氟硅酸钠、冰晶石等；硝酸厂尾气中含氮的氧化物，可以用碱来吸收制成硝酸钠等有用物质。

任务2　了解气体的溶解度

 想一想　我们知道不同的气体在同一液体中的溶解能力是不一样的，氧气是微溶气体，氢气是难溶气体，氨气是极易溶气体，为什么不同气体有不同的溶解能力？

要解决这个问题，必须了解气体的溶解度。

在一定的温度和压力下，混合气体和液体接触时，气相中的溶质便会向液相转移，而溶于液相中的溶质又会从液相中返回气相。当单位时间内溶于液相中的溶质量与从液相中返回气相的溶质量相等时，达到了动态平衡。这时液相中溶质的浓度称为溶解度。气体在液体中的溶解度与气、液体的种类、温度、压力均有关系（表5-1）。

表5-1 101.3kPa时几种气体在水中的溶解度   单位：g/1000g 水

温度/K	H_2	N_2	O_2	CO_2	H_2S	SO_2	NH_3
298	0.00145	0.016	0.037	1.37	22.8	115	462

从表5-1可以看出，在相同温度和压力下，不同种类的气体在同一溶剂中的溶解度具有很大的差异。溶解度大的气体称为易溶气体，溶解度小的气体称为难溶气体，其次还有溶解度适中的气体。不同种类气体溶解度的差异是吸收操作能否进行的依据。那么气体在液体中的溶解度随温度、压力是如何变化的呢？大家常喝的碳酸饮料里溶解了一定量的CO_2，当瓶子打开时，看到有大量的气泡逸出，说明压力降低时CO_2的溶解度减小；另外，当该饮料加热饮用时，其中的CO_2含量进一步降低，说明温度升高时CO_2的溶解度减小。由此可以得出：通常，气体的溶解度随温度升高而减小，随压力升高而增大。因此提高压力、降低温度有利于吸收操作。

双边交流   图5-1是利用加压法吸收来生产硝酸的化工生产过程。

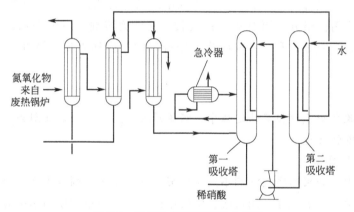

图5-1 加压法制稀硝酸吸收流程

来自废热锅炉的氮氧化物经过换热器冷却后进入吸收塔中，作为吸收剂的水从塔顶喷淋下来，在塔内与混合气逆流接触，混合气中的NO_2溶于水中，吸收液硝酸从塔底排出。该流程采用的是两塔串联逆流吸收，其目的是提高NO_2的吸收率。

讨论：氮氧化物在进入吸收塔之前为什么要经过换热器进行冷却？为什么要采用加压操作？请将讨论的结果写下来。

（提示：从溶解度来考虑）

任务3 认识吸收操作流程

1. 流程

图5-2是吸收-解吸联合操作流程示意，用洗油做吸收剂吸收焦炉煤气中的苯。从图中可以看到，吸收塔和解吸塔是主要的设备，含苯的混合气体从塔底部进入吸收塔，在吸收塔

内完成吸收过程，经过吸收后从塔顶排出。吸收剂从塔顶进入与气体在塔内逆流接触，吸收了焦炉气中的苯后（富油）从塔底排出。进入解吸塔顶的富油要先经过加热器加热，然后从解吸塔顶进入，与自解吸塔底部通入的过热蒸汽接触的过程中，苯从富油中释放出来，被水蒸气带出，经冷凝器冷凝后得到粗苯。解吸以后的洗油（贫油）经冷却器冷却后送回吸收塔循环使用。

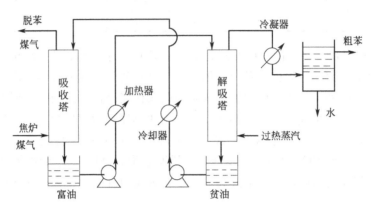

图 5-2　吸收-解吸联合流程

在吸收过程中，混合气体中溶解在吸收剂中的组分称为溶质或吸收质，用 A 表示；不能溶解的组分称为惰性组分，用 B 表示；吸收剂又称为溶剂，用 S 表示；吸收了溶质后的溶液称为吸收液，组成是 S 和 A；吸收操作中排出的气体称为吸收尾气，主要是 B 和少量未被吸收的 A。

🌀 **双边交流**

在用洗油吸收焦炉气中粗苯的过程中，吸收质为＿＿＿＿＿＿，吸收剂为＿＿＿＿＿＿，惰性组分为＿＿＿＿＿＿，吸收液为＿＿＿＿＿＿。

2. 吸收过程的分类

在吸收过程中，如果溶质与溶剂不发生明显的化学反应，则称为物理吸收。如用水来吸收合成氨原料气中的二氧化碳，用水吸收空气中的氨等。如果溶质与溶剂发生明显的化学反应，则称为化学吸收，如用碱液来吸收合成氨原料气中的二氧化碳，用稀酸吸收空气中的氨等。

如果混合气中的溶质只有一个组分，则称为单组分吸收，例如用丙酮脱除石油裂解气中的乙炔。如果混合气中的溶质有两个或两个以上组分，则称为多组分吸收，例如用洗油吸收焦炉气中的苯、甲苯蒸气；用液态烃处理石油裂解气以回收其中的烯烃（乙烯、丙烯等）。

如果当溶质溶解到液相中时，所伴随的热效应使液相温度发生较明显的变化（升高或降低），则称为非等温吸收过程。如果温度变化不明显，对气体溶解度的影响可以忽略，则称为等温吸收过程。

在这里，我们只学习单组分、等温的物理吸收过程，其他的过程可以参阅相关书籍。

👁 **开眼界**　吸收剂的选择

吸收过程中吸收剂选择的是否合适，直接影响着吸收操作效果的优劣，因此，在选择吸收剂时，必须考虑到以下几个方面。

1. 对于混合气体中的溶质，要求吸收剂要有较大的溶解度和较好的选择性，能够选择性地吸收溶质而对于惰性组分尽可能不溶。这样不仅可以增大吸收速率、减小吸收剂的耗用量，同时可以实现混合气的有效分离。

2. 要求吸收剂要有较低的挥发度，尽可能减少因挥发而导致的吸收剂和溶质的损失。

3. 要求吸收剂要有较小的黏度，既可以方便改善吸收塔内流体的流动状态，同时又可以降低在吸收过程中的动力消耗，还能够减小传热阻力。

4. 要求溶质在吸收剂中的溶解度应对温度的变化比较敏感，便于吸收剂的再生回用。

5. 要求吸收剂应有较好的化学稳定性，具有价廉易得、无毒无腐蚀等优点。

🌀 **双边交流**

吸收剂在选择过程中，是否要同时满足以上几个要求？哪些要求是必须满足的？请将结果写下来。

任务4 学习吸收操作过程的有关计算

📖 **想一想** 吸收可以无限制地进行下去吗？为达到一定的吸收目的，吸收过程应该如何操作？吸收设备应该具备什么样的吸收条件？

【**案例1**】 在总压为1200kPa、温度为303K的条件下，含CO_2 5%（体积分数）的气体与含CO_2 1.0g/L的水溶液接触，试判断气体混合物中CO_2是否被吸收。已知303K时CO_2的亨利系数$E=1.88\times10^5$kPa。

解：1. 解决问题的理论引导

判断该气体混合物中CO_2是否被吸收，可以用吸收平衡理论来说明。

（1）吸收相平衡 吸收过程就是气相中的溶质溶解到液相中的过程。在一定的温度和压力下，当混合气体中的溶质与液相吸收剂接触时，最初是以吸收过程为主，随着液相中溶质浓度的逐渐增大，吸收速率会不断下降，而液相中的溶质向气相中解吸的速率不断增大，最终两个速率大小相等，达到一个动态平衡过程。平衡就是吸收达到的最大程度，液体中浓度再也不会增加，有多少组分被吸收到液体中，同时也有同样多的组分返回到气体中（解吸）。

（2）平衡定律——亨利定律 相平衡关系可以表示为：

$$p^*=Ex \tag{5-1}$$

式中 p^*——气相中溶质的平衡分压，Pa；

x——液相中溶质的摩尔分数；

E——亨利系数，Pa。

由式(5-1)可以看出，当p^*一定时，E与x成反比，即对某一气体而言，亨利系数越大，溶解度越小。通过亨利定律可以得出，易溶气体的亨利系数较小，难溶气体的亨利系数较大。亨利系数E随温度升高而增大，随压力增大而减小。判断是吸收过程还是解吸过程，实际上是比较CO_2在气相中的实际分压p与平衡分压p^*的关系。当$p>p^*$时，发生吸收过程；$p<p^*$时，发生解吸过程。

2. 解决案例的步骤

步骤一：列出已知条件

$P=$_____kPa；$T=$_____K，$y=$_____，$C=1.0$g/L，$E=1.88\times10^5$kPa。

步骤二：p和p^*的计算

① CO_2 在气相中的实际分压 $p=Py=1200\times0.05=60$（kPa）

② 由于 CO_2 在水中的浓度很小，故该溶液的摩尔质量和密度可以看作与水相同，查附录得，水在 303K 时，密度为 996kg/m³，故：液相中 CO_2 的摩尔分数：$x=\dfrac{\frac{1}{44}}{\frac{996}{18}}=0.00041$

CO_2 在液相中的平衡分压： $p^*=Ex=1.88\times10^5\times0.00041=77.08$(kPa)

步骤三：得出结论

$p^*>p$，故可得到，二氧化碳由液相向气相进行传质，发生_____过程。

且 p^*-p 的差值越大，传质推动力越大，该过程的速率就越快。

 开眼界

相平衡关系与吸收推动力

1. 相平衡关系式除了用亨利定律表示外，还可以表示为：

$$Y^*=\frac{mX}{1+(1-m)X} \tag{5-2}$$

式中 Y^*——平衡时气相中溶质的摩尔比；

　　　　X——液相中溶质的摩尔比；

对于稀溶液，式(5-2) 可以简化为：

$$Y^*=mX \tag{5-3}$$

式中 m——相平衡常数，且 $m=\dfrac{E}{p}$，p 为总压。

2. 吸收过程的推动力可以表示为 $p-p^*$，$Y-Y^*$，C^*-C，X^*-X，并且推动力的数值越大，吸收进行的速率越大，可以通过增大吸收推动力的方法来增大吸收速率。

任务5　了解影响吸收操作的因素

想一想　吸收过程如果能进行下去，速度有快有慢，什么因素影响吸收速度的大小呢？

1. 温度

吸收是溶质从气相向液相转移的过程，如果向盛有水的烧杯中滴一滴蓝墨水，一会儿水就变成了均匀的蓝色，当水温升高时，水变蓝的速度要更快一些。水之所以能够变蓝，是由于墨水中的有色物质扩散到水中的缘故，不难发现，分子扩散的速度与流体的温度有关，且温度高时，分子扩散速度增大。但是，降低温度可以增大气体在液体中的溶解度，有利于气体吸收，而温度太低时，吸收剂的黏度增大，使得流体在塔内的流动状况变差，增加输送过程的能耗。另外，如果温度过低，有些液体甚至会有固体结晶析出，影响吸收操作的顺利进行。但是对于放热的吸收过程，可以采用冷却的方法。

2. 压力

增大压力可以增大气体在液体中的溶解度，有利于吸收的进行，但是过高地增大系统压力，不仅使动力消耗增大，同时对设备强度的要求增加，使得设备费用和操作费用加大。因此，吸收操作通常在常压下进行，但是对于吸收后需要加压的系统，可以在较高压力下进行吸收。

3. 气流速度

如果在滴入蓝墨水的同时用玻璃棒进行搅拌，发现水变蓝的速度比不搅拌时要快得多。这种通过流体的相对运动来传递物质的现象称为对流扩散，对流扩散的速度比分子扩散的速度要快得多，其扩散速度与流体的流动状态有关，流体的湍动程度越剧烈，对流扩散的速度就越快。所以当吸收塔内气流速度较小时，气体湍动不充分，不利于吸收；反之，气流速度大，气膜变薄，吸收阻力小，有利于吸收，但气流速度过大时，又会造成雾沫夹带甚至液泛，影响吸收的正常进行。因此，应根据实际情况确定适宜的气流速度。

4. 喷淋密度

在填料塔内，当喷淋密度过小时，填料表面不能被完全润湿，使得传质面积减小；反之，当喷淋密度过大时，流体阻力增加，甚至会引起液泛。因此，选择适宜的喷淋密度，以确保填料的充分润湿和良好的气液接触状态。

5. 吸收剂的选择

吸收过程中吸收剂选择的是否合适，直接影响着吸收操作的效果，因此，吸收剂的选择至关重要，详细见任务1。

🌀 **双边交流**

1. 鱼塘里的鱼，每逢温度下降，就会变得活蹦乱跳；每当天气炎热，就会待在水里气喘吁吁，甚至会翻塘（鱼儿纷纷跑到水面上呼吸的现象），为什么会出现这种现象？

2. 大家喜欢喝的碳酸饮料里溶解了一定量的CO_2，当瓶子打开时，看到有大量的气泡逸出，为什么同样的液体对CO_2的溶解能力会发生变化呢？

3. 养鱼的过程中，常常在水中放一个潜水泵，通过泵的工作，使水扬起。这样做能达到什么目的？

针对上面的几个生活中常见的现象，请相互讨论，并将讨论的结果写下来。

任务6　如何确定吸收剂的用量

📖 **想一想**　吸收是用吸收剂来吸收溶质的，吸收剂用量的多少，会影响吸收程度吗？完成一定的吸收效果，吸收剂用量是一定的吗？

下面通过案例来说明吸收剂的用量问题。

【**案例2**】　在一填料塔中，用清水来处理空气-丙酮混合气，混合气的流量为68kmol/h，已知其中丙酮的体积分数为0.06，出塔气体中丙酮的体积分数为0.012，出塔吸收液中丙酮的摩尔分数为0.02，求所用的吸收剂的用量。

1. 解决案例的理论引导

① 如图5-3，对吸收塔进行物料衡算可以得到：

$$VY_1 + LX_2 = VY_2 + LX_1 \tag{5-4}$$

式中　V——单位时间内通过吸收塔的惰性气体量，kmol/h；

　　　L——单位时间内通过吸收塔的吸收剂的量，kmol/h；

Y_1，Y_2——分别为塔内进塔、出塔气体的组成，kmol 吸收质/kmol 惰性气；

X_1，X_2——分别为塔内出塔、进塔液体的组成，kmol 吸收质/kmol 溶剂。

② 计算吸收剂的用量，式(5-4)可以写作：

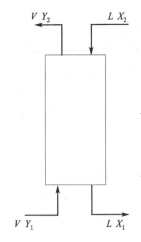

$$L = \frac{V(Y_1 - Y_2)}{(X_1 - X_2)}$$

图 5-3 吸收塔物料衡算图

2. 解决案例的步骤

步骤一：列出已知条件：

$V_混 = \underline{\hspace{2cm}}$ kmol/h，y_1 $\underline{\hspace{2cm}}$，y_2 $\underline{\hspace{2cm}}$，$x_1 = \underline{\hspace{2cm}}$，$x_2 = 0$（清水吸收）

步骤二：将上面列出的已知条件换算为计算过程中要用到的条件

混合气体中空气的流量为：$V = V_混 (1 - y_1) = \underline{\hspace{2cm}} \times (1 - \underline{\hspace{2cm}}) = \underline{\hspace{2cm}}$ kmol/h

混合气体中丙酮的摩尔比：$Y_1 = \dfrac{y_1}{1 - y_1} = \dfrac{(\quad\quad)}{1 - (\quad\quad)} = \underline{\hspace{2cm}}$

出塔气体中丙酮的摩尔比：$Y_2 = \dfrac{y_2}{1 - y_2} = \dfrac{0.012}{1 - (\quad\quad)} = \underline{\hspace{2cm}}$

吸收液中丙酮的摩尔比：$X_1 = \dfrac{x_1}{1 - x_1} = \dfrac{0.02}{1 - (\quad\quad)} = \underline{\hspace{2cm}}$

吸收剂中丙酮的摩尔比：$X_2 = \underline{\hspace{2cm}}$（清水吸收）

步骤三：计算吸收剂的用量：

$$L = \frac{V(Y_1 - Y_2)}{(X_1 - X_2)} = \frac{51.92 \times (0.064 - 0.00121)}{(0.0204 - 0)} = \underline{\hspace{2cm}}$$ （答案：159.81kmol/h）

🌀 **双边交流**

在上面解决实例的过程中，有几个概念大家一定要理解，通过交流，将你的答案写在下面。

混合气体的流量是：$\underline{\hspace{4cm}}$。

惰性气体的流量是：$\underline{\hspace{4cm}}$。

混合气体的流量与惰性气体的流量之间的关系是：$\underline{\hspace{5cm}}$。

摩尔分数是：$\underline{\hspace{4cm}}$。

摩尔比是：$\underline{\hspace{4cm}}$。

摩尔分数与摩尔比的关系式：$\underline{\hspace{4cm}}$。

【案例 3】 在填料吸收塔中用水吸收某混合气中的 SO_2。已知混合气中含 SO_2 为 9%（摩尔分数），进入吸收塔的惰性气体量为 37.8kmol/h，要求 SO_2 的吸收率为 90%，作为吸收剂的水中不含 SO_2，取实际吸收剂用量为最小用量的 1.2 倍。操作条件下，此系统平衡关系为 $Y^* = 30.9X$，试计算吸收剂的消耗量及溶液出口浓度。

1. 解决案例的理论引导

（1）吸收率的概念 吸收率是指气体中被吸收的吸收质的量与进塔气体中吸收质的量的比值，用 φ 来表示，即：

$$\varphi = \frac{Y_1 - Y_2}{Y_1} \tag{5-5}$$

也可以写作：

$$Y_2 = Y_1(1 - \varphi) \tag{5-6}$$

可以看出，只要生产任务中给出吸收率 φ 和入塔气体的浓度，那么出塔气体中吸收质的摩尔比就确定了。

（2）最小吸收剂用量

$$L_小 = \frac{V(Y_1 - Y_2)}{X_1^* - X_2} \tag{5-7}$$

式中　X_1^*——吸收液中溶质的平衡浓度，可用相平衡方程计算得到，即 $X_1^* = \dfrac{Y_1}{m}$。

对于一定的生产任务，溶解在吸收剂中的溶质的量是不变的，如果吸收剂的用量增多，则吸收液中溶质的浓度就减少，反之，当吸收剂用量减少时，吸收液中溶质的浓度会增加，而当吸收液中溶质的浓度达到饱和时，溶解在吸收液中溶质的浓度就不再增加，此时吸收剂的用量即为最小的吸收剂用量。为了保证生产的正常进行，吸收剂的用量不能小于最小的吸收剂用量。

（3）实际吸收剂用量　通常，实际的吸收剂用量是通过经济核算得到的，取 1.1～2.0 倍的最小吸收剂用量，即 $L = (1.1 \sim 2.0)L_小$。

（4）吸收液浓度　由式(5-4) 得：$X_1 = \dfrac{V(Y_1 - Y_2)}{L} + X_2$ \tag{5-8}

2. 解决案例的步骤

步骤一：列出已知条件：

$y_1 = \underline{\qquad}$，$V = \underline{\qquad}$ kmol/h，$\varphi = \underline{\qquad}$，$x_2 = \underline{\qquad}$，$L = 1.2L_小$，$Y^* = 30.9X$

步骤二：将上面列出的已知条件换算为计算过程中要用到的条件

混合气体中惰性气体的流量为：$V = \underline{\qquad}$ kmol/h

混合气体中 SO_2 的摩尔比：$Y_1 = \dfrac{y_1}{1 - y_1} = \dfrac{0.09}{1 - 0.09} = \underline{\qquad}$

出塔气体中 SO_2 的摩尔比：$Y_2 = Y_1(1 - \varphi) = \underline{\qquad} \times (1 - \underline{\qquad}) = \underline{\qquad}$

吸收剂中 SO_2 的摩尔比：$X_2 \underline{\qquad}$（清水吸收）

$$X_1^* = \frac{Y_1}{m} = \frac{(\underline{\quad})}{(\underline{\quad})} = 0.0032$$

步骤三：最小吸收剂用量计算：

$$L_小 = \frac{V(Y_1 - Y_2)}{X_1^* - X_2} = \frac{37.8 \times (0.099 - 0.0099)}{0.0032} = \underline{\qquad} \quad \text{（答案：1052.5kmol/h）}$$

步骤四：实际吸收剂用量的计算：

$L = 1.2 \times \underline{\qquad} = \underline{\qquad}$ （答案：1263kmol/h）

步骤五：吸收液出口浓度的计算：

$$X_1 = \frac{V(Y_1 - Y_2)}{L} + X_2 = \frac{37.8 \times (0.099 - 0.0099)}{1263} + 0 = 0.00267$$

◉ 开眼界

液气比

吸收过程的液气比用 $\dfrac{L}{V}$ 来表示，它是根据生产的分离要求来确定的，根据上面的学习可以得到 $\left(\dfrac{L}{V}\right)_小 = \dfrac{Y_1 - Y_2}{X_1^* - X_2}$ \tag{5-9}

对于液气比的这一限制来自规定的分离要求，并非吸收塔不能在最小液气比下工作，只是在该情况下进行吸收时，将达不到规定的分离要求。所以，为了完成指定的分离任务，液气比不能低于最小液气比。生产过程中，液气比的调节、控制应考虑以下几方面问题。

1. 为确保填料层充分润湿，喷淋密度（指单位时间内、单位塔截面积上所喷淋的液体量）不能太小，当低于最小液气比时，会造成吸收率下降，不能完成生产任务。

2. 当欲分离的混合气的条件发生变化时，为达到预期的吸收目的，应及时调整液气比，使达到所需的分离要求。

在吸收操作中，液气比是一个重要的操作控制参数，调节的前提是确保达到预期的分离要求，适宜液气比的选择是由经济衡算来确定得，即使得操作过程中的设备费用与操作费用之和为最小，通常取 1.1~2.0 倍的最小液气比。通过适宜的液气比的值来求出吸收过程中所消耗的吸收剂的用量。

任务7　填料层高度的确定

想一想　在填料塔内，气液两相的传质过程是在被湿润的填料表面上进行的，那么，填料的多少直接关系到传质面积的大小，生产过程中要完成指定的吸收任务，是否要有一定的填料层高度？有办法计算填料层高度吗？

【案例 4】　在直径为 0.8m 的填料塔内用洗油吸收焦炉气中的芳烃。混合气中芳烃的体积分数为 2%，要求吸收率不低于 95%。进入吸收塔顶的洗油中不含芳烃，已知每小时处理的惰性气体的流量是 35.6kmol/h，实际吸收剂用量为最小用量的 1.4 倍。操作条件下的平衡关系为 $Y^* = 0.75X$，吸收总系数 $K_{Ya} = 0.0088kmol/(m^2 \cdot s)$。求每小时的吸收剂用量及所需的填料层高度。

1. 解决案例之理论引导

① 吸收剂用量的计算同［案例 3］

② 填料层高度的确定有两种方法，传质单元数法和等板高度法，可用传质单元数法来解决这个问题。

$$Z = H_{OG} N_{OG} \tag{5-10}$$

式中　Z——填料层高度，m；

H_{OG}——气相传质单元高度，计算式：$H_{OG} = \dfrac{4V_B}{\pi D^2 K_{Ya}}$； $\tag{5-11}$

N_{OG}——气相传质单元数，计算式：$N_{OG} = \dfrac{Y_1 - Y_2}{\Delta Y_m}$。 $\tag{5-12}$

计算过程中：$\Delta Y_m = \dfrac{\Delta Y_1 - \Delta Y_2}{\ln \dfrac{\Delta Y_1}{\Delta Y_2}}$，$\Delta Y_1 = Y_1 - Y_1^*$，$\Delta Y_2 = Y_2 - Y_2^*$ $\tag{5-13}$

2. 解决案例之步骤

步骤一：计算吸收剂的用量

① 列出已知条件

$y_1 = $ _____ ，$V = $ _____ kmol/h，$\varphi = $ _____ ，$x_2 = $ _____ ，$L = 1.4L_小$，

$Y^* = 0.75X$，$D = $ _____ m，$K_{Ya} = 0.0088kmol/(m^2 \cdot s) = $ _____ kmol/(m$^2 \cdot$ h)

② 将上面列出的已知条件换算为计算过程中要用到的条件

混合气体中惰性气体的流量为：$V = $ _____ kmol/h

混合气体中芳烃的摩尔比：$Y_1 = \dfrac{y_1}{1 - y_1} = \dfrac{0.02}{1 - 0.02} = $ _____

出塔气体中芳烃的摩尔比：$Y_2 = Y_1(1-\varphi) = \underline{\hspace{2cm}} \times (1 - \underline{\hspace{2cm}}) = \underline{\hspace{2cm}}$

吸收剂芳烃的摩尔比：$X_2 = \underline{\hspace{2cm}}$

$$X_1^* = \frac{Y_1}{m} = \frac{(\quad)}{(\quad)} = 0.0272$$

③ 最小吸收剂用量计算：

$$L_{小} = \frac{V(Y_1 - Y_2)}{X_1^* - X_2} = \frac{35.6 \times (0.0204 - 0.001)}{0.00272} = \underline{\hspace{2cm}} \quad （答案：25.39 kmol/h）$$

④ 实际吸收剂用量的计算：

$L = 1.4 \times \underline{\hspace{2cm}} = \underline{\hspace{2cm}}$ （答案：35.55 kmol/h）

步骤二：计算填料层的高度

① 气相传质单元高度的计算：

$$H_{OG} = \frac{4V}{\pi D^2 K_{Ya}} = \frac{4 \times 35.6}{3.14 \times 0.8^2 \times 0.0088 \times 3600} = \underline{\hspace{2cm}} \quad （答案是 2.237 m）$$

② 气相传质单元数的计算：

$$X_1 = \frac{V(Y_1 - Y_2)}{L} + X_2 = \frac{35.6 \times (0.0204 - 0.001)}{35.55} + 0 = 0.0194$$

$$Y_1^* = mX_1 = 0.75 \times 0.0194 = 0.0146$$

$$Y_2^* = mX_2 = 0$$

$$\Delta Y_1 = Y_1 - Y_1^* = 0.0204 - 0.0146 = 0.0058$$

$$\Delta Y_2 = Y_2 - Y_2^* = 0.001$$

$$\Delta Y_m = \frac{\Delta Y_1 - \Delta Y_2}{\ln \dfrac{\Delta Y_1}{\Delta Y_2}} = \frac{0.0058 - 0.001}{\ln \dfrac{0.0058}{0.001}} = \underline{\hspace{2cm}}$$

$$N_{OG} = \frac{Y_1 - Y_2}{\Delta Y_m} = \frac{0.0204 - 0.001}{} = \underline{\hspace{2cm}}$$

③ 填料层高度的计算：

$$Z = H_{OG} N_{OG} = \underline{\hspace{2cm}} \times \underline{\hspace{2cm}} = \underline{\hspace{2cm}} \quad m$$

👁 开眼界

1. 双膜理论

在吸收过程中，气相中的溶质在向液相中进行扩散时，是以分子扩散和对流扩散两种方式进行的。物质以分子运动的方式通过静止流体或层流流体的转移称为分子扩散，而物质通过流体的相对运动来进行转移时称为对流扩散。那么，气相中的溶质是如何转移到液相中去的呢？可用双膜理论来进行解释。

双膜理论的基本要点包括：气液两相接触有一个稳定的相界面，界面两侧各有一个很薄的膜层（气膜层和液膜层），在膜层内，气液两相作层流流动，物质以分子扩散的方式穿过该膜层；在膜层外的气液相主体区域内，由于流体充分湍动，

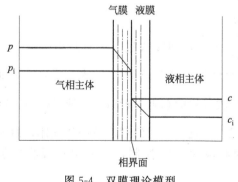

图 5-4 双膜理论模型

物质以对流扩散的方式进行扩散；在相界面上，气液两相达到平衡状态，如图 5-4 所示。

由双膜理论得到，在吸收过程中，溶质在气相主体内以对流扩散的方式扩散到气膜界面，再以分子扩散的方式扩散到相界面上，在界面上溶解后，又以分子扩散的方式穿过液膜到达液膜界面，最后以对流扩散的方式到达液相主体。在溶质扩散过程中，阻力主要集中在两个膜层内，气液相主体内的扩散阻力很小。因此，减小吸收过程的阻力，即减薄两个膜层的厚度，是提高吸收速率的重要途径。而增大流体的流速，又是减薄层流层厚度的有效方式。生产实践证明，增大流体的流速，是强化吸收速率的有效措施之一。

2. 吸收速率

吸收速率是指单位时间内单位面积上所吸收的溶质的量，用 N_A 表示。吸收速率方程式有以下几种形式。

（1）气膜吸收速率方程式：$N_A = k_Y(Y - Y_i)$ (5-14)

式中 $\dfrac{1}{k_Y}$——气膜吸收阻力；

    $Y - Y_i$——气膜吸收推动力。

（2）液膜吸收速率方程式：$N_A = k_X(X_i - X)$ (5-15)

式中 $\dfrac{1}{k_X}$——液膜吸收阻力；

    $X_i - X$——液膜吸收推动力。

（3）总吸收速率方程式：$N_A = K_Y(Y - Y^*)$ 或 $N_A = K_X(X^* - X)$ (5-16)

式中 $\dfrac{1}{K_Y}$ 或 $\dfrac{1}{K_X}$——吸收总阻力；

$Y - Y^*$ 或 $X^* - X$——吸收总推动力。

以上各式中：k_Y——气膜吸收系数；

               k_X——液膜吸收系数；

         K_Y，K_X——吸收总系数。

3. 影响吸收速率的因素

影响吸收速率的主要因素有吸收系数、吸收推动力、气液接触面积。

（1）提高吸收系数   吸收质的溶解性对吸收过程的阻力有很大的影响。吸收过程的阻力主要集中在气膜和液膜中，吸收总阻力与气、液膜阻力的关系为：

$$\frac{1}{K_Y} = \frac{1}{k_Y} + \frac{m}{k_X} \tag{5-17}$$

或

$$\frac{1}{K_X} = \frac{1}{k_X} + \frac{1}{mk_Y} \tag{5-18}$$

对易溶气体，m 值较小，由式(5-17) 可得，$\dfrac{1}{K_Y} \approx \dfrac{1}{k_Y}$，即吸收过程的总阻力近似等于气膜阻力，吸收过程的速率主要受气膜控制，例如用水吸收氨气或 HCl 气体。反之，对难溶气体，m 值较大，则由式(5-18) 得 $\dfrac{1}{K_X} \approx \dfrac{1}{k_X}$，即吸收过程的总阻力近似等于液膜阻力，吸收过程的速率主要受液膜控制，例如用水吸收氯气或二氧化碳。对溶解度适中的气体，由式(5-17) 和式(5-18) 可得，吸收过程的速率受气膜和液膜同时控制，例如用水吸收二氧化硫。

吸收过程中，要提高气膜控制的吸收速率，关键在于增大气体的流速和湍动程度，减薄气膜层的厚度；要提高液膜控制的吸收速率，关键在于增大液体的流速和湍动程度，减薄液膜层的厚度。对于中等溶解度的气体，则要同时增大气液相主体的流速，减薄气液两个膜层的厚度来增大吸收速率。表 5-2 中列举了一些吸收过程的控制因素。

表 5-2　一些吸收过程的控制因素

气膜控制	液膜控制	气液膜同时控制
用氨水或水吸收氨气	用水或弱碱吸收二氧化碳	用水吸收二氧化硫
用稀盐酸或水吸收氯化氢	用水吸收氧气或氢气	用水吸收丙酮
用碱液吸收硫化氢	用水吸收氯气	用浓硫酸吸收二氧化氮

（2）增大吸收推动力　可以通过两种途径来增大吸收过程的推动力 $p-p^*$，即提高吸收质在气相中的分压 p 或降低与液相相平衡的气相分压 p^*。但是提高吸收质在气相中的分压与吸收目的不符，因此，要增大吸收过程的推动力，最好的方法就是降低与液相相平衡的气相分压，采取选择溶解度大的吸收剂、降低吸收温度、提高系统压力等措施。

（3）增大气液接触面积　通过选用比表面积大的填料可以有效地增大气液接触面积。

4. 填料高度与速率及吸收面积的关系：

$$V(Y_1-Y_2)=K_{Ya}\Delta Y_m \times \frac{\pi}{4}D^2 \times Z$$

从而得：$Z=\dfrac{4V}{K_{Ya}\times \pi D^2}\times \dfrac{Y_1-Y_2}{\Delta Y_m}$

◎ 双边交流

用水作为吸收剂来吸收合成氨原料气中的二氧化碳，如欲提高其吸收速率，较为有效的措施是什么？请将结果写下来，并说明原因。

[实践环节]

填料吸收塔实验

1. 教学目标

（1）了解吸收过程的气液接触状态。

（2）学习吸收过程气速与填料层压降的关系。

（3）学习吸收率的测定方法。

（4）学会吸收塔的操作与调节方法。

2. 促成目标

（1）认识吸收设备，了解填料塔的结构、吸收操作工艺流程和操作方法。

（2）通过现场动手操作，锻炼学生实际动手能力。

（3）通过理论与实际相结合，加深对理论知识的理解。

3. 理论引导

（1）填料塔压力降和液泛速度　气液两相在填料塔内进行传质时，要计算填料塔的动力消耗，必须知道压力降的大小；而要确定吸收塔的气液相负荷时，则必须了解液泛。因此，掌握压力降变化规律和液泛规律，是指导吸收塔正常操作的重要依据。

气体通过填料层的阻力损失常用压力降 Δp 表示，称为填料层压降，实际生产中，常用 $\Delta p/z$ 表示单位填料层高度的压力降，其大小可以表明填料层的流体力学性能，操作进行的好坏，同时关系到输送机械的选择。

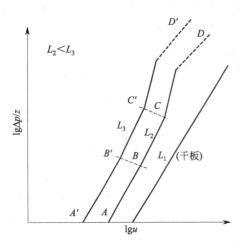

图 5-5 填料层压力降与空塔气速的关系

在逆流接触的填料吸收塔中，将空塔气速与单位填料层高度压力降的实测数据在对数坐标系中标绘出来，并以液体喷淋量 L 作为参数，得到图 5-5。不同填料得到的曲线变化大致相似。

图 5-5 中最右侧直线是液体喷淋量为零（即干填料）时，单位填料层高度与空塔气速的关系，该直线斜率一般在 1.8~2.0。可以看出，气体在填料塔内的压力降随空塔气速的增大而增大。当填料上有液体喷淋时，填料层压力降与空塔气速的关系如图中折线 $ABCD$ 和 $A'B'C'D'$ 所示，图中 $L_2 < L_3$。可以看出，气体通过填料层的压降不仅随空塔气速的增大而增大，而且随液体喷淋量的增大而增大。这是由于当填料上有液体喷淋时，气体通道减小的缘故。

从图中可以明确看到两个转折点，下转折点（B，B'）为载点，上转折点（C，C'）为液泛点。这两个点将压降线划分为 3 段，分别代表 3 个区域。

恒持液量区（AB 段）此时，空塔气速较小，气液两相几乎没有相互干扰，在恒定的喷淋量下，填料表面的喷淋量不随空塔气速而变化，其压降与空塔气速的变化趋势与干填料相同，此段的压降线在干填料压降线的左上方，且相互平行，其斜率也是 1.8~2.0。显然，在该区间里，气液相接触面积不大，对传质不利，吸收操作不宜在此区间进行。

载液区（BC 段）随着气速的增大，气液两相之间的干扰趋于严重，当气速增大到 B 点时，上升气流开始阻碍液体的顺利流下，使填料层的持液量开始随气速的增加而增加，此现象称为拦液现象。通常，将开始拦液的 B 点称为拦液点或载点，对应的气速称为载点气速。同时，将 BC 区间称为载液区，在此区间内，随着填料层持液量的不断增加，气体通过该填料层的压力降也不断增加，且较干填料大，故斜率大于 2。

液泛区（CD 段）当气速增大到 C 点时，气流产生的阻力使得液体不能顺利流下，填料层顶部出现积液。这时，塔内气液两相间发生了由原来气相是连续相、液相是分散相的流动，变为液相是连续相、气相是分散相的流动，气相以泡状通过液体，这种现象称为液泛。开始出现该现象的 C 点称为泛点，对应的空塔气速称为泛点气速。当气速继续增大到超过 C 点时，压降也急剧增大，CD 线的斜率可达到 10 或更大一些，同时气流出现脉动，液体随气流大量带出，操作极不稳定。通常认为液泛点是填料塔稳定操作的极限。

由于从低持液量到载点的转变是渐变的，在很多场合下无法目测，故载点难以明确定出。但液泛现象是可以目测的，且目测出的泛点，与由作图所得出的液泛点大体上相符。由于液泛气速较易确定，通常以液泛气速作为基准来确定操作气速。实际操作的空塔气速不但要保证吸收操作能正常进行，操作有一定的弹性，传质情况良好，而且还要考虑压力降小，操作费用低。生产实践证明，最经济操作气速通常取泛点气速的 50%~80%，按空塔气速计算，其值大约为 0.2~1.5m/s。

（2）吸收率 任务 4 中学习过吸收率，它是指气体中被吸收的吸收质的量与进塔气体中吸收质的量的比值，用 φ 来表示。即：$\varphi = \dfrac{Y_1 - Y_2}{Y_1}$。由此可知，当测出进气中吸收质的浓度和出塔尾气中吸收质的浓度后，就可以得到吸收率。

4. 实验装置及流程

图 5-6 为吸收实验装置流程，主要设备为填料吸收塔。用水做吸收剂来吸收空气中的 CO_2。

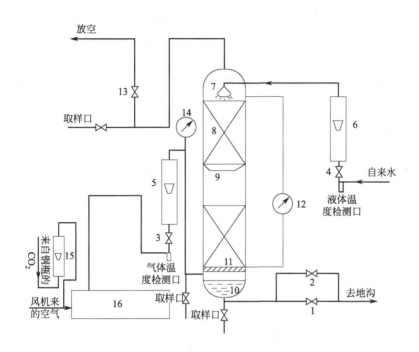

图 5-6　吸收实验装置流程

1,2,13—球阀；3—气体流量调节阀；

4—液体流量调节阀；5—气体转子流量计；6—液体转子流量计；7—喷淋头；

8—填料层；9—液体再分布器；10—塔底；11—支撑板；12—压差计；14—气压表；

15—二氧化碳转子流量计；16—气体混合罐

作为吸收剂的水从填料塔顶部送入，由喷淋头 7 均匀地喷洒到填料表面。由风机送来的空气与来自钢瓶的 CO_2 在气体混合罐中充分混合后，进入吸收塔底部，在填料表面与水接触，发生传质过程。溶解了 CO_2 的水作为吸收液从塔底部排出。气相在上升过程中，CO_2 浓度逐渐减少，最终以尾气的形式从塔顶排出。

5. 实验步骤与数据记录及处理（该过程采用空气-水系统）

(1) 填料塔压力降和液泛速度的测定

① 操作步骤

a. 打开总电源，打开仪表电源。

b. 打开风机，通过气体流量调节阀 3 调节空气流量。在空气转子流量计的读数范围内取 10～12 个点，使入塔气量逐渐增大。每改变一次气量，待稳定后，记录下流量计 5 和压差计 12 的读数。在测定过程中，气速不宜过大，以免将填料冲起。

c. 打开自来水调节阀 4 开启供水系统。先将水量开大，待填料层充分润湿后，再慢慢关小调节阀 4，使转子流量计 6 的读数稳定在某一数值不变，以维持一定的进水量。（取两

个不同的进水量）

d. 在两个不同的水量下，操作同 a.。在测定过程中，当观察到塔顶开始积液或雾沫夹带严重，此时对应的空塔气速即为液泛气速。

e. 测定结束后，先关闭自来水调节阀 4，再关闭空气调节阀 3，关闭风机。

f. 关仪表电源，关总电源。

② 数据记录（表 5-3）

操作人员：　　　　　填料塔编号：　　　　　测定日期：

测定介质：　　　　　填料种类：　　　　　　填料规格：

填料层高度：$z=$　　　　m　　　　　填料塔内径：$D=$　　　　m

大气压力：$p_0=$　　　　Pa　　　　温度：$T=$　　　　K　　　水温：$T'=$　　　K

表 5-3 填料塔压力降数据记录表

序号	水流量/(m³/h)	空气流量			填料层压降 Δp/Pa	塔内现象
		流量计读数 q_{v1}/(m³/h)	空气压力表读数 p_1/Pa	空气温度 T_1/K		
1						
2						
3						
4						
5						
6						
7						
8						
9						
10						
11						
12						

③ 数据处理

a. 实际状态下空气流量

$$q_v = q_{v1} \sqrt{\frac{p_1}{T_1} \times \frac{T}{p}}$$

式中　q_v——实际状态下的空气流量，m³/h；

　　　q_{v1}——流量计上的读数，m³/h；

　　　p_1——流量计的标定压力，1.0133×10^5 Pa；

　　　p——操作压力，Pa；

　　　T——操作温度，K；

　　　T_1——流量计的标定温度，K。

b. 空塔气速 u（m/s）

$$u = \frac{4q_v}{\pi D^2 \times 3600}$$

式中　D——填料塔内径，m。

　　c. 每米填料层压降 $\Delta p/z$ （Pa）

$$\Delta p/z = \frac{\Delta p}{z}$$

式中　Δp——填料层压力降，Pa；

　　　　z——填料层高度，m。

　　d. 将计算结果填在表5-4中。在对数坐标纸上，绘出 $\Delta p/z$-u 的曲线，并根据所绘曲线得出填料层压力降随空塔气速的变化规律。

表5-4　填料层压力降测定结果记录

序　号	1	2	3	4	5	6	7	8	9	10	11	12
实际状态下空气流量 q_{v0}/(m³/h)												
空塔气速/(m/s)												
每米填料层压降 $\Delta p/z$/Pa												

　　e. 根据测定过程观察到的现象，结合所绘曲线上的转折点，确定出泛点。

　　f. 根据泛点气速，确定该填料塔的适宜气速操作范围。

　　（2）吸收率测定

　　① 操作步骤

　　a. 打开总电源，打开仪表开关。

　　b. 打开自来水阀4开启供水系统。先将水量开大，待填料层充分润湿后，再慢慢关小调节阀4，使转子流量计6的读数稳定在某一数值不变，以维持一定的进水量。

　　c. 打开风机，通过气体流量调节阀3调节空气流量。

　　d. 打开 CO_2 钢瓶总阀，打开减压阀及流量计调节阀，调节 CO_2 流量。

　　e. 待操作稳定后，在表5-5中分别记录各流量计、温度计、压差计、压力表、塔顶塔底压力差的读数。通过六通阀在线进样，用气相色谱分析进气浓度和尾气浓度，并在表5-6中记录结果。

　　f. 改变 CO_2 流量，重复步骤 e.。

　　g. 改变水的流量，重复步骤 e.。

　　h. 测定结束后，先关 CO_2 钢瓶总阀，再关闭自来水阀4，关闭空气调节阀3，关闭风机。最后关仪表开关，关总电源。

　　＊注意事项

　　第一：操作过程中，气液流量维持在正常操作范围内。

　　第二：在填料塔操作条件改变后，需要有较长的稳定时间，一定要等到稳定以后方能读取有关数据。

　　第三：操作过程中要注意控制填料塔底部的液封高度。

　　第四：操作过程要注意某些步骤的先后顺序不能错。

　　② 数据记录及分析

表 5-5　数据记录表

项目	单位	数据	项目	单位	数据

表 5-6　吸收率测定数据记录分析表

项目	进气浓度				尾气浓度											
					第一次($L_1=$　)				第二次($L_2=$　)				第三次($L_3=$　)			
	1	2	3	平均	1	2	3	平均	1	2	3	平均	1	2	3	平均
空气/%																
CO_2/%																
Y_1																
Y_2																
φ																

6. 问题讨论

(1) 填料塔内的填料为什么要分段安装？

(2) 混合气经过填料塔后，为什么溶质的浓度会降低？

(3) 填料吸收塔内液体再分布器的作用是什么？

(4) 开始操作时，先开供水系统还是先开空气系统，为什么？

(5) 液封的作用是什么？操作过程中如何控制液封的高度？

(6) 实验结束时，先停水还是先停气，为什么？

思考与练习

一、简答

1. 吸收操作的理论依据是什么，其操作目的是什么？

2. 选择吸收剂时要考虑哪些因素？

3. 亨利系数与温度、压力有什么关系，如何根据它的大小来判断吸收操作的难易程度？

4. 对于溶解度较小的气体，吸收操作时应在较大压力还是较小压力下进行，为什么？

5. 用水吸收混合气体中的氯化氢气体时，用什么方法可以增加水吸收速率？

6. 温度对吸收操作有何影响？生产上如何控制？

7. 什么是吸收推动力，它有哪些表示方法？

8. 填料塔中填料的作用是什么？常见的填料有哪些？各有什么特点？

9. 你能说出填料塔由哪些主要构件组成，其作用分别是什么？

10. 吸收操作中不正常的现象有哪些？产生的原因是什么，你知道如何预防与处理吗？

11. 如何判断过程是吸收还是解吸？

12. 如何提高吸收过程的吸收速率？

13. 对一逆流操作的吸收塔，当出口气体浓度大于规定值时，你能分析其产生的原因并解决该问题吗？

14. 吸收操作只能在填料塔中进行吗？

15. 为什么吸收过程往往在采取降低温度和升高压力下进行？

16. 吸收过程中的吸收剂的用量是如何选择的？吸收剂的用量过大或过小会造成什么样的结果？

二、计算

1. 空气和氨的混合气，总压为101.3kPa，其中氨的分压为9kPa，你能计算出氨在该混合气中的摩尔分数和摩尔比吗？

2. 空气和CO_2的混合气中含CO_2的体积分数是10%，求CO_2的摩尔分数和摩尔比。

3. 总压101.3kPa，含CO_2体积分数为5%的空气-CO_2混合气，在293K下与CO_2浓度为3mol/m³的水溶液接触，请判断其传质方向。若要改变其传质方向，应采取什么措施？已知293K时CO_2的亨利系数$E=1.438\times10^5$kPa。

4. 在总压为101.3kPa，温度为30℃的条件下，含SO_2摩尔分数为0.10的混合空气与SO_2组成为0.002（摩尔分数）的水溶液接触，试判断其传质方向。若要改变其传质方向，可采取哪些措施？已知操作条件下，气液平衡关系为$y^*=47.9x$。

5. 一填料吸收塔，用水来吸收空气和丙酮混合气中的丙酮。已知混合气中丙酮的体积分数是6%，所处理的混合气中空气的流量为58kmol/h，要求丙酮的回收率为98%。若吸收剂用量为154kmol/h，求吸收塔溶液出口浓度是多少？

6. 在填料吸收塔中，用水来吸收某矿石焙烧炉送出来的混合气，已知该混合气体中含SO_2的体积分数为6%，其余可视为惰性气体，要求SO_2的吸收率为90%。若取吸收剂的用量为最小吸收剂用量的1.2倍，混合气的处理量为100kmol/h，气液相平衡关系为$Y^*=30.9X$，试计算每小时吸收剂的耗用量。

7. 在直径为0.8m的填料塔内用清水吸收空气中的氨，操作条件下空气的处理量为86.5kmol/h。混合气中氨气的体积分数为10%，要求吸收率不低于95%。实际吸收剂用量为最小用量的1.1倍。操作条件下的平衡关系为$Y^*=2.6X$，吸收总系数$K_{Ya}=0.1112kmol/(m^2 \cdot s)$。求每小时的吸收剂用量及所需的填料层高度。

项目六　蒸　　馏

任务1　了解蒸馏操作在化工生产中的应用

想一想　我们见过许多互相溶解的液体混合物的分离，比如酒厂把酒的浓度可以分离成低度的、中度的、高度的，这些不同的浓度是怎样分离而成的呢？

下面是工业生产中常见的几种蒸馏方法的应用。

1. 酒的生产

大家都听说过世界上有许多名贵的酒，像法国的人头马、苏格兰威士忌、俄罗斯的伏特加、中国的茅台酒，这些白酒或葡萄酒，是世界人民喜欢的酒精饮料。酒的主要成分是乙醇和水，再经过加热蒸馏，就可以将乙醇和水相对分开，制成不同酒浓度的酒。

2. 石油的分离

在原油中含有一定量的汽油、煤油、柴油、润滑油、渣油等，这些油种类不同，加热后汽化程度也不同，原油被加热后，按汽化能力的强弱，依次将汽油、煤油、柴油、润滑油汽化出来，最后留下渣油。

3. 天然香料的提取

随着人们生活水平的提高，激发了人们的爱美之心，人们喜爱各种各样的化妆品，化妆品在商场琳琅满目，其中天然香料更受人们青睐。化妆品的香料，俗称精油，要从植物中用蒸馏的方法提取出来。也就是将含有香料的植物放入水中加温蒸煮，植物中挥发性较高的精油成分就随着蒸气汽化出来，与植物分离，将蒸气收集冷凝后，再把精油跟水分离即得到较为纯净的精油。

4. 海水淡化技术

水是生命之源。不久以前，人类还沉迷于淡水是自然界取之不尽的无偿赠与的神话中，然而，工业化的蓬勃发展与人口的急剧增加，无情地粉碎了这个神话。淡水危机甚至比粮食危机、石油危机还要来势汹汹，解决淡水资源问题已提到了人类的议事日程。在这种背景下，把海水、苦咸水等含高盐量的水转化为生产、生活用水的海水淡化技术得到空前迅猛的发展。目前，淡化海水的方法已有十种之多，且其中蒸馏法占主导地位。蒸馏法海水淡化技术的原理很简单，就是把海水烧到沸腾，淡水蒸发为蒸汽，盐留在锅底，蒸汽冷凝为蒸馏水，即是淡水。如果使适当加温的海水，进入真空或接近真空的蒸馏室，便会在瞬间急速蒸发为蒸汽。工业上利用这样的技术，可以将大量的海水淡化。

用加热方法来分离液体混合物的应用还有很多，可以查取相关资料，以便了解蒸馏技术。

任务2　蒸馏的分类

想一想　从前面介绍的蒸馏几个方面的应用，会发现，这些案例都是通过加热的方法，将混合物的不同成分加以分离。那么，利用加热将液体混合物分离，具体怎么操作呢？

为解决这个问题，我们学习蒸馏的原理。由于液体混合物中各组分挥发性的不同，它们被加热的过程中，该液体部分变成蒸气。在所生成的蒸气中，易挥发组分含量比原液高；而在剩余的液体中则难挥发组分的含量较高。将蒸气冷凝后，易挥发组分富集在冷凝液中。这样，可将液体混合物中各组分部分或全部分离。混合物中容易汽化的组分，称为轻组分，例如前面应用案例中的乙醇、精油、汽油、淡水，都属于轻组分，在蒸馏中优先挥发出来；汽化能力低的组分，称为重组分，在蒸馏过程中，大部分留在母液中。

利用加热分离液体混合物的方法常用的有3种：简单蒸馏、平衡蒸馏和精馏。下面先了解简单蒸馏和平衡蒸馏。

1. 简单蒸馏

简单蒸馏就是慢慢升温，将液体蒸出，不断使液体瞬间汽化。这种操作是根据混合液中各组分的挥发度的差异而达到分离的目的。简单蒸馏装置如图6-1所示，包括蒸馏釜、冷凝器和馏出液储槽。将每批原料一次性的加入蒸馏釜中，在釜内加热使原料液部分汽化，并将汽化所产生的蒸气不断地从蒸馏釜中移出，并送入冷凝器中冷凝，冷凝所得的液体，按不同的浓度范围，收集在各个储槽中。当釜内液体组成达到规定浓度时，则停止加热，蒸馏结束。该过程是间歇操作，用来分离液体中不同成分汽化能力相差较大而分离程度要求不高的场合。

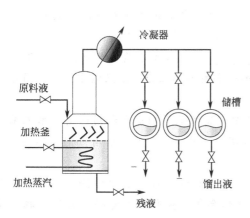

图 6-1　工业简单蒸馏示意

图 6-2　古代酿酒图

👁 开眼界

古代酿酒：古代酿酒时，分离酒的过程就属于简单蒸馏。蒸煮粮食，是中国人酿酒的第一道程序，粮食拌入酒曲，经过蒸煮后，更有利于发酵，经过窖池发酵老熟的酒母，酒精浓度还很低，需要经进一步的蒸馏和冷凝，才能得到较高酒精浓度的白酒，传统工艺采用俗称天锅的蒸馏器来完成（图6-2）。

2. 平衡蒸馏

平衡蒸馏又称闪蒸，顾名思义就是闪电式的蒸发，即快速蒸发。其基本流程如图6-3所示，原料液经泵加压后，连续地进入加热器。在加热到汽化温度以后，经过节流阀，将压力降低到预定压力，进入气液分离器中，液体在低压下达到一定程度的汽化，在气、液分离器中将气、液分开。气体上升，其中含较多的易挥发组分，经冷凝后收集起来，作为顶部馏出产品；分离器底部为液相产品，其中难挥发组分浓度较高。该过程一般是连续操作，也可以是间歇操作。它和简单蒸馏一样，适用在分离液体中不同成分汽化能力相差较大而分离程度要求不高的场合。

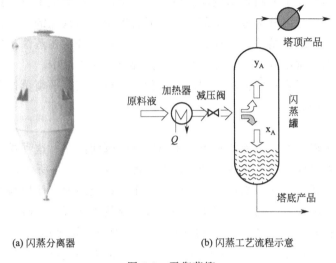

(a) 闪蒸分离器　　　　　　　　(b) 闪蒸工艺流程示意

图 6-3　平衡蒸馏

🌀 **双边交流**

1. 简单蒸馏的主要特点是_____，该分离方法是用在液体混合物中不同成分挥发度相差_____的情况（答案为：很大，你答对了吗?）

2. 简单蒸馏与平衡蒸馏的主要区别是_____（简单蒸馏为在蒸馏器里逐渐将液体加热汽化，形成多次气液平衡，属间歇蒸馏；平衡蒸馏在分离器里迅速分离，闪电式建立气液平衡，属连续蒸馏。你答对了吗?）。

3. 据资料显示，早在 19 世纪中叶，美国人葛尔·波顿就研制出了利用闪蒸技术浓缩牛奶的方法。另外，现在葡萄酒的生产也采用闪蒸技术，查找有关资料，看看他们是怎样进行减压蒸馏的。

4. 查找有关资料，了解现在国内外利用蒸馏技术分离液体混合物的方法。然后，以三人为一小组，可以通过技术杂志、专业书刊、网络信息等，查取相关资料。收集后相互交流，互相补充。与别人收集的材料进行对比，看看别人的结果与自己的有没有差别，相互补充和完善。最后提交给老师，让老师点评。

任务3　学习气液平衡关系

📖 **想一想**　前面所学的几种蒸馏过程，会发现，溶液被加热后气相浓度与液相浓度会造成差异，为什么能造成差异，差异有多少？

下面通过学习气液平衡关系来认识这种的现象。首先，先知道什么叫气液平衡。

1. 认识基本的气液平衡关系

(1) 理想溶液的气液平衡关系——拉乌尔定律　先做个试验：将混合液放入一密闭容器中，如图 6-4 所示。加热，在一定温度下，液相中各组分将有一部分从液相逸出变为气相。

同时气相中各组分也会因为分子运动返回液相而凝结，经长时间接触，当每个组分的分子从液相逸出与汽相返回的速度相同，液相与气相之间达到了动态平衡，气相组成和液相组成是一一对应的。平衡时气液两相的组成之间的关系称为相平衡关系。

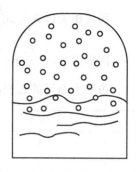

图 6-4 气-液平衡
试验示意

对理想溶液，当气、液两相达到平衡时，溶液上方组分 A 的分压等于该组分在同温度下的饱和蒸气压与其在溶液中的摩尔分数 x_A 乘积，称为拉乌尔定律，即：

$$P_A = p_A^\ominus x_A, \quad P_B = p_B^\ominus x_A \tag{6-1}$$

理想气体混合物服从道尔顿分压定律，即总压等于各组分的蒸气压之和，即：

$$p = p_A + p_B$$

于是，得：

$$x_A = \frac{p - p_B^\ominus}{p_A^\ominus - p_B^\ominus}, \quad y_A = \frac{p_A^\ominus}{p} x_A \tag{6-2}$$

在一定压力下，对于指定的温度，可以从蒸气压数据中得到组分的饱和蒸气压，通过上式计算，将 x_A 和 y_A 的对应关系计算出来，将 x_A-y_A 和 t-x_A-y_A 一一对相应关系显示出来。当平衡状态下蒸出的易挥发组分在气相中的浓度高于与它相对应的液相浓度时，说明蒸出去的气相中易挥组分多于难挥发组分，加热汽化后对原液体有分离效果。下面以苯-甲苯混合液为例，了解这方面的理论。

【案例 1】 苯和甲苯的饱和蒸气压如下所列，求出苯-甲苯二元物系在 1atm 下的相平衡数据，并做出 x_A-y_A 和 t-x_A-y_A 一一对相应关系。

$T/℃$	80.1	84	88	92	96	100	104	108	110.6
$p_A^\ominus$/mmHg	760	856	963	1081	1210	1350	1502	1668	1783
$p_B^\ominus$/mmHg	292	334	381	434	492	556	627	705	760

解：1. 解决案例的理论引导

易挥发组分在液相中的浓度 x_A 为计算关系为 $x_A = \dfrac{p - p_B^\ominus}{p_A^\ominus - p_B^\ominus}$，

易挥发组分在气相中的浓度 y_A 为计算关系为 $y_A = \dfrac{p_A^\ominus}{p} x_A$

其中 p _____操作系统的总压力，Pa
$p_A^\ominus$，$p_B^\ominus$ _____组分 A、B 在操作温度下的饱和蒸气压，Pa

2. 解决案例的步骤

步骤一：计算分析

以 84℃ 的数据为例，计算 x_A 用到的条件为：
p（已知）=1atm= _____ （101.3×10³，Pa），
$p_A^\ominus$（已知）=856mmHg _____ （114.1×10³，Pa），
$p_B^\ominus$（已知）=334mmHg _____ （44.5×10³，Pa）

步骤二：计算未知量

利用相关计算公式，解出的 $x_A = \dfrac{p - p_B^\ominus}{p_A^\ominus - p_B^\ominus} = \dfrac{101.3 \times 10^3 - 44.5 \times 10^3}{114.1 \times 10^3 - 44.5 \times 10^3} = 0.816$

再求出 $y_A = \dfrac{p_A^\ominus}{p} x_A = \dfrac{114.1 \times 10^3}{101.3 \times 10^3} \times 0.816 = 0.919$

仿照上面计算过程，算出各个平衡温度下的气液相中易挥发组分的浓度如下。

$T/℃$	80.1	84	88	92	96	100	104	108	110.6
x_A	1	0.816	0.651	0.504	0.373	0.257	0.152	0.057	0
y_A	1	0.919	0.825	0.717	0.594	0.456	0.300	0.125	0

双边交流

1. 上述案例的计算，请动手做一做，你做对了吗？

2. 任意找出一组数据，看一看平衡状态下的同一组分在气、液相中的浓度关系，你能得出什么样的结论（答案为：除了纯净的组分，气液平衡时，易挥发组分在气相中的浓度都大于液相中的浓度，你答对了吗？）。

（2）易挥发组分的气液平衡关系 x_A-y_A 图　如图 6-5 为 y_A-x_A 关系图。从图 6-5 中可以看出，x_A-y_A 高于正方形的对角线，说明每一个平衡点上，y_A 高于 x_A。

由此，可以理解，蒸馏平衡过程中，蒸出来的蒸气的易挥发组分浓度要比与之相平衡的液相中易挥发组分浓度高。

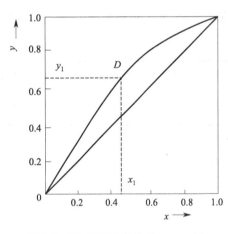

图 6-5　苯-甲苯平衡关系 y_A-x_A 图

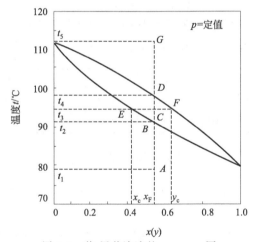

图 6-6　苯-甲苯溶液的 t-x_A-y_A 图

结论：

① $y_A > x_A$；

② 平衡线离对角线越远，气液两相浓度差越大，溶液越易分离

（3）易挥发组分的沸点组成 t-x_A-y_A 图　如图 6-6 所示，图中有两条线曲线，其中下边的一条线 t-x_A 表示混合液泡点 t_s（B 点）与混合液组成 x_A 之间的关系线，称为泡点线（也称为饱和液相线）。上方曲线 t-y_A 表示露点 t_d（D 点）与其蒸气组成 y_A 之间的关系，称为露点线（又称为饱和气相线）。处于 B 点和 D 点之间的状态点 C，是两相共存状态。气液相之间的量的关系适合杠杆定理。

即 $EC/CF=(x_F-x_c)/(y_c-x_F)=m_F/m_E$，其中 m_F、m_E 分别是 F 和 E 点的气相和液相混合物的摩尔数量，即温度升高到 t_3 的时候，气液共存体系中生成的气相和液相量。当原来混合液的摩尔量为已知时，可以求出气相和液相的摩尔量。由杠杆定理可以推算，将溶液由低温加热的过程中的状态，如图 A 点，其温度低于泡点温度，处于过冷液相状态。加热至 B 点，气相量与液相量之比为无穷大，但已处于汽化状态，所以，可理解为刚有气泡产生的状态称泡点；如果再加热到 C 点，气相量与液相量比介于 0 和 1 之间，说明是汽液共存，称两相区；再加热到达 D 点，气、液量之比为无穷大，但还是汽液平衡，只是液体量很小，只剩一个液滴，故称为露点。继续加热，温度高于露点以上，则体系完全变成气相，称为过热蒸气状态。此时将液体完全汽化，也就是将液相整体变成气相，没有分离效果。

因此，要将蒸馏操作维持在汽液共存区，这样就能获得了含易发组分高的汽相和一个含易发组分较低的液相，从而使原混合液得以分离。

【案例 2】 苯-甲苯混合液中，苯的初始组成为 0.4（摩尔分数，下同），若将其在一定总压为 1atm 下部分汽化，测得平衡时液相组成为 0.257，气相组成为 0.456（［案例 1］中 100℃时的平衡关系），试求该条件下的汽液之比。

解：1. 解决案例的理论引导

当混合液被加热到温度 t 时，生成的气相和液相易挥发组分的摩尔分数分别是 x、y，根据杠杆定理得，当气、液量（摩尔数）之比：$\dfrac{\text{气体量}}{\text{液体量}}=\dfrac{x_F-x}{y-x_F}$

2. 解决案例的步骤

步骤一：计算分析

x_F（已知）＝＿＿＿＿＿＿＿＿（0.4）

x（已知）＝＿＿＿＿＿＿＿＿（0.257）

y（已知）＝＿＿＿＿＿＿＿＿（0.456）

步骤二：计算未知量

利用相关计算公式，计算出所需要的量：

$$\frac{\text{气体量}}{\text{液体量}}=\frac{x_F-x}{y-x_F}=\frac{0.4-0.257}{0.456-0.4}=2.55$$

双边交流

1. 将混合液全部汽化，或将混合气相完全液化，对原混合物有没有分离作用？

2. 查找有关资料，说明加热到不同温度，对分离液体混合物所造成的不同分离效果。

2. 用相对挥发度表示的平衡关系

（1）相对挥发度的定义　两种组分挥发能力的差异，可以用相对挥发度来表示。相对挥发度，是指两种组分的挥发能力的比值，用 α 来表示，即：

$$\alpha=\frac{\nu_A}{\nu_B} \tag{6-3}$$

式中　ν_A、ν_B——A、B 两组分的挥发度。

ν_A、ν_B 的定义为：$\nu_A=\dfrac{p_A}{x_A}$，$\nu_B=\dfrac{p_B}{x_B}$。

对于理想溶液，因其服从拉乌尔定律，则有：$\nu_A=\dfrac{p_A}{x_A}=p_A^\ominus$，$\nu_B=\dfrac{p_B}{x_B}=p_B^\ominus$

故：
$$\alpha = \frac{p_A^\ominus}{p_B^\ominus} \qquad (6\text{-}4)$$

由式(6-3)或式(6-4)可知，若 $\alpha=1$，既气液相组成相等，此时不能用普通精馏方法分离该液体混合物；若 $\alpha>1$，$y>x$，α 愈大，y 与 x 相差愈大，则分离愈容易。故根据混合液相对挥发度的大小，可判断用蒸馏方法分离该混合液的难易程度。

（2）用相对挥发度表示气液相平衡　根据相对挥发度的定义，相平衡的气相和液相组成关系可以推导为：

$$\alpha_{AB} = \frac{\nu_A}{\nu_B} = \left(\frac{p_A}{x_A}\right)\bigg/\left(\frac{p_B}{x_B}\right) = \left(\frac{p_\text{总} \, y_A}{x_A}\right)\bigg/\left(\frac{p_\text{总} \, y_B}{x_B}\right) = \frac{y_A x_B}{x_A y_B} = \frac{y_A \, (1-x_A)}{x_A \, (1-y_A)}, \text{ 由此可得：}$$

用相对挥发度 α 表示的平衡线方程为：

$$y_A = \frac{\alpha x_A}{1+(\alpha-1)x_A} \qquad (6\text{-}5)$$

【案例3】 某双组分理想液体，当温度 $t=80℃$ 时，$p_A^\ominus=100\text{kPa}$，$p_B^\ominus=40\text{kPa}$，液相摩尔分数 $x_A=0.4$，试求：①相对挥发度 α；②与此液相平衡的气相组成 y。

解：1. 解决案例的理论引导

理想溶液两组分的相对挥发度计算用式(6-4)：$\alpha = \frac{p_A^\ominus}{p_B^\ominus}$；

气液相平衡关系用计算式(6-5)：$y_A = \frac{\alpha x_A}{1+(\alpha-1)x_A}$

2. 解决案例的步骤

步骤一：计算条件分析

$p_A^\ominus$（已知）＝＿＿＿＿＿＿＿＿＿（100kPa）

$p_B^\ominus$（已知）＝＿＿＿＿＿＿＿＿＿（40kPa）

步骤二：计算未知量

$$\alpha = \frac{p_A^\ominus}{p_B^\ominus} = \frac{100}{40} = 2.5$$

$$y_A = \frac{\alpha x_A}{1+(\alpha-1)x_A} = \frac{2.5 \times 0.4}{1+(2.5-1)\times 0.4} = 0.625$$

双边交流

1. 如何利用相对挥发度 α 的大小，来判断不同液体组成的混合物分离的难易程度？

2. 查找有关资料，说明不同液体混合物 α 的大小有什么不同。看看自己的结果与别人的结果有什么不同。

任务4　精馏原理和精馏流程

想一想　简单蒸馏和平衡蒸馏分离过程简单，只适合分离程度不高的场合。化工生产中常常要求将溶液分离成接近纯态的组分。若要达这种效果，对溶液怎样分离呢？

要达到分离的高效果，必须采用精馏。精馏是工业生产中用以获得高纯度组分的蒸馏方式。

1. 精馏原理

（1）用沸点组成图 $t-x_A-y_A$ 解释部分汽化和部分冷凝的分离效果（图 6-7）。如图所示，如果将含易挥发组分 A 为 x_F 的两组分混合液加热，使之进行一次汽化，如图点 1，两组分便得到部分分离。汽化所得的气相中易挥发组分较多，即 $y_1>x_F$，若将此气相引出进行部分冷凝，则重新得到一个新的气液平衡点 2，在这个新的平衡中，气相中易挥发组分 A 的浓度又将进一步提高，即 $y_2>y_1$。显然，将气相依次部分冷凝的次数越多，所得到的汽相中易挥发组分的浓度愈高，最后可以得到高纯度的易挥发组分，即 $y_1<y_2<y_3<\cdots<y_n\leqslant 1$。同理，初始溶液经加热部分汽化以后，所残留的液相中难挥发组分的浓度比原先溶液提高了，即 $x_1'<x_F$，若将该液相引出再一次进行部分汽化，则汽化后剩余的液相中难挥发组分的浓度又将进一步提高，如此依次进行部分汽化的次数

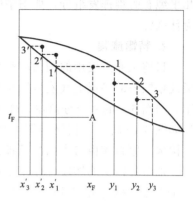

图 6-7　部分汽化和部分冷凝的分离效果

愈多，在残留液相中难挥发组分的浓度就愈高。多次部分汽化后，可得到高纯度的难挥发组分液体，$0\leqslant x_n'<\cdots<x_3'<x_2'<x_1'$。

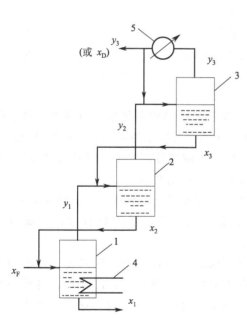

图 6-8　三级部分汽化和部分汽凝流程示意图

1～3—分离器；4—加热器；5—冷凝器

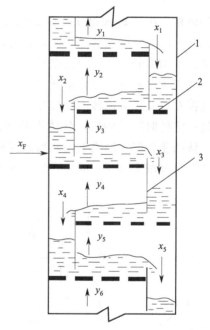

图 6-9　塔板上气液接触状况及流向

1—塔身；2—塔板；3—溢流管

　　（2）多级分离流程　为了学习精馏理论，先弄清多级分离理论。可以将简单蒸馏加以组合，变成如图 6-8 所示的多级分离流程（以 3 级为例）。若将第 1 级（最底层）溶液部分汽化所得气相产品 y_1［易挥发组分浓度（摩尔分数，下同）］，然后通入分离器 2，将该汽相冷凝，然后再将冷凝液在分离器 2 中部分汽化，此时所得气相组成为 y_2，然后依次进行。从分离器 3 中部分汽化所得的气相浓度为 y_3，将该气相在冷凝器 5 中全部冷凝，得到产品浓度为 y_3。分离效果为 $y_3>y_2>y_1$，可见，这种部分汽化的次数（级数）愈多，所得到的蒸

气浓度也愈高，最后几乎可得到纯态的易挥发组分。同理，若将从各分离器所得到的液相产品分别进行多次部分汽化和分离，那么这种级数愈多，得到的液相浓度也愈低，最后可得到几乎纯态的难挥发组分，如图中的 $x_3 > x_2 > x_1$。（注意：分离器的温度从 1 到 3 依次降低，为什么？）

2. 精馏流程

目前工业上使用的精馏塔是多级分离的体现。图 6-9 是板式精馏塔的塔板上气液接触状况示意图，每一层塔板的作用，与图 6-8 的一个分离器的作用相同。连续精馏过程的流程如图 6-10 所示，精馏装置主要由精馏塔、再沸器、冷凝器构成。原料液由塔中间的某板进入精馏塔，此板称为加料板。加料板以上的塔段，作用是把上升蒸气中易挥发组分进一步提浓，称为精馏段；加料板以下的塔段（包括加料板），其作用是从下降液体中提取难挥发组分，称为提馏段。在精馏塔底部，再沸器 2 将液体加热汽化，产生的气体由最下面一个塔板的下面进入，然后逐板上升，到达塔最顶部后，进入冷凝器 3，冷凝器将气体液化后，其中部分液体重新回到塔 1 内，这样以来，精馏塔内每块塔板上都有上升的气相与下降的液相。由于进入每块塔板的气相温度高于液相的温度，在气、液充分混合的过程中，就会进行传质和传热，其结果是：气相部分冷凝，使其中难挥发组分较多地转入到液相中，气相冷凝放出潜热传给液相，使液相部分汽化，液相中的易挥发组分较多地转入到气相。气相与液相在每块塔板

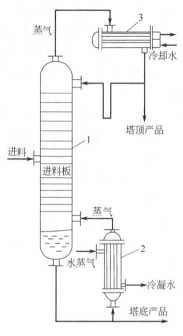

图 6-10　连续精馏过程的流程示意
1—精馏塔；2—再沸器；
3—冷凝器

上经过一定的时间接触后，气体中易挥发组分浓度提高，液体中易挥发组分浓度下降。所以，气液两相在精馏塔板上接触后，气相从下至上易挥发组分浓度逐板提高，达到塔的顶部时易挥发组分浓度最高；同样，液相从上至下难挥发组分浓度逐板提高，在精馏塔的底部，液相中难挥发组分浓度最高。从而实现了液体混合物中易挥发组分和难挥发组分的相对分离。在一定蒸馏条件下，塔板数越多，分离效果越好。

为了保证精馏过程产品的浓度，在塔顶上的冷凝液只能一部分作为产品采出，另外一部分作为回流液体回流至塔内。这样，塔板上任何一块塔板上都能有蒸气和液体的接触，在每块板上达到气体的部分冷凝和液体的部分汽化，下降至塔底再沸器中的液体，也只能一部分作为残液采出，另外一部分经再沸器汽化，作为上升蒸气回到塔内（图 6-11）。

另外，如果采用间歇式精馏，则一次性把原料液加到精馏塔的塔釜内，在釜内加热汽化，产生上升蒸气，蒸气自塔底逐板上升，塔顶同

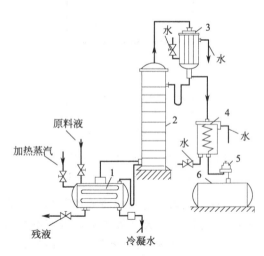

图 6-11　填料精馏塔间歇精馏流程结构示意
1—残液储槽；2—精馏塔；3—冷凝水；
4—冷却水；5—观察罩；6—馏出液储槽

样有部分冷凝液回流,蒸气与回流液在塔板上进行传质与传热。精馏过程一般进行到釜残液或馏出液平均组成达到规定的分离要求为止,然后一次性排出釜残液,重新加料进行下一批操作。

任务5 认识蒸馏塔的结构和蒸馏效果

想一想 蒸馏过程都是在蒸馏设备内通过加热形成液体和气体的浓度差。那么,在设备内气、液是怎样接触的,又是怎样传质的呢?

简单蒸馏过程的产品浓度随着时间而发生变化,属于不稳定操作;闪蒸过程可用连续过程,也可以用间歇过程。这两种操作过程的计算,可参见化工原理教材的有关内容,选择自学,精馏过程可分连续和间歇两种过程,现在一般用于连续生产,下面以连续精馏为例,学习有关物料衡算理论。

1. 认识蒸馏设备

(1) **板式精馏塔结构** 精馏任务必须在精馏塔内完成,生产上常用的精馏塔为板式塔,板式塔通常是由一个圆柱形的外壳及沿塔高按一定间距、水平设置的若干层塔板所组成(图6-12)。在操作时,液体依靠重力由塔顶逐板向塔底流动,并在各层的塔板的板面上形成水平流动的状态,气体由塔底部自下而上,依靠压差的作用,垂直穿过塔板上的孔道与水平流过的液体错流接触,使两相混合均匀,达到较好的传热和传质效果。出口堰的作用:维持塔板上一定的液层厚度或持液量。生产中常用弓形堰,小塔中也有用圆形降液管升出板面一定高度作为出口堰的。

降液管的作用:降液管是板间液流通道,也是分离溢流液中所夹带气体的场所。有弓形和圆形两种。

受液盘:降液管下方部分的塔板统称为受液盘,有凹型和平型两种。一般较大的塔采用凹型,平型的就是塔板本身。

进口堰:在较大塔径的塔中,为了减少液体自降液管下方流出的水平冲击。常设置进口堰。可用扁钢或 $\phi 8 \sim 10mm$ 的圆钢直接电焊在降液管附近的塔板上而成。

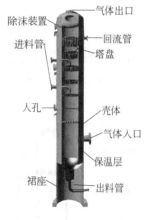

图6-12 板式精馏塔总体
结构仿真图

(气体出口、除沫装置、回流管、进料管、塔盘、人孔、壳体、气体入口、保温层、裙座、出料管)

(2) **塔板的类型**

① **泡罩塔** 最早工业规模应用的塔(图6-13、图6-14)。塔板上主要元件为泡罩。泡罩尺寸一般为80mm、100mm、150mm三种,可根据塔径的大小来选择。泡罩的底缘开有齿缝,浸没在塔板上的液层中,沿升气管上升的气流经泡罩的齿缝被破碎为小气泡,通过板上液层是以增大气液接触面积,从液面穿过后,再升入上层塔板进行热量、质量交换。缺点是气流阻力大。

② **筛板塔** 塔板上开有许多孔径为 $4 \sim 8mm$ 的小孔,上升的气流通过筛孔进入板上液层鼓泡而出,气液接触充分。塔板阻力小。缺点是操作弹性小,易堵塞(图6-15)。

③ **浮阀塔** 它综合了泡罩塔和筛板塔的优点,用浮阀代替了泡罩塔的升气管和泡罩,孔径较大,避免了筛板由于孔小易堵塞缺点(图6-16)。浮阀可以上下浮动,当气体流量大时浮阀上升,反之浮阀下降,这样有较大的操作弹性。还有其他形式的塔板,如浮舌塔板,

可以查取有关资料详细了解。

图 6-13　泡罩塔板照片

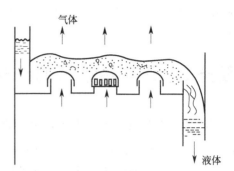

图 6-14　泡罩塔板气液接触状况

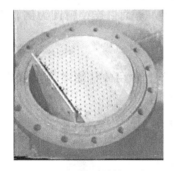

图 6-15　筛板结构照片

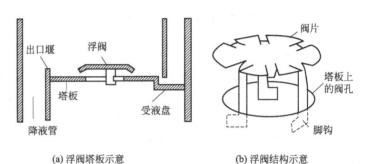

(a) 浮阀塔板示意　　　　(b) 浮阀结构示意

图 6-16　浮阀塔板结构

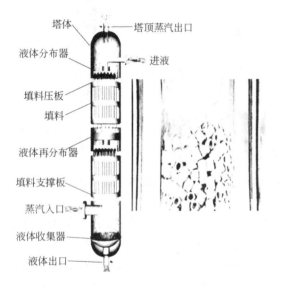

图 6-17　填料塔仿真

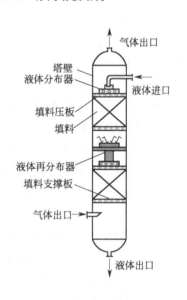

图 6-18　填料塔结构示意

（3）填料塔　填料塔（图 6-17）是化工生产中应用非常广泛的一种传质设备，其结构如图6-18 所示，由塔体、填料、液体分布装置、填料压板、填料支撑装置、液体再分布器装置等构成。塔内填充一定高度的填料层，下部有填料支撑装置用来支撑填料，上部有填料压板。塔顶液体入口装有液体分布器，将液体均匀地喷淋到填料表面。吸收操作时，液体吸收剂自塔顶喷淋而下，沿填料表面呈膜状流下，润湿填料表面，然后由塔底流出。气体由塔底进入，自下而上地经过湿的填料表面，通过填料支撑装置，在填料缝隙中的自由空间上升，并与下降的液体相接触，由塔顶引出。气、液两相在填料塔内逆流接触，实现吸收质由气相向液相的转移。当填料层高度较高时，由于液体的沟流与壁流现象，使得液体不能均匀分布，为了避免此种情况的发生，塔内的填料要分层安装，并在层与层之间设置液体再分布器，将液体重新分布到下段填料层的截面上，最后液体经填料支撑装置由塔下部排出。另外，为保证出塔气体中尽量少夹带液沫，要在塔顶设有除沫器。下面介绍填料塔的主要部件。

① 对填料的要求　填料是填料塔的主要部件，填料塔内的气、液传质过程主要发生在填料表面。两相接触面积的大小、传质速率的快慢与填料的几何形状有关。所选填料必须具备以下几个条件：

a. 填料的比表面积（即单位体积填料的表面积）越大越好；

b. 填料的空隙率（即单位体积填料的空隙体积）尽量大；

c. 填料表面要有较好的液体均布性能，以避免液体的沟流和壁流现象；

d. 气流在填料塔内分布均匀，以使压降均匀，无死角；

e. 要具有足够大的机械强度，制造容易，价格低廉；

f. 对气液两相要有较好的化学稳定性。

② 几种常见的填料形状（图6-19）

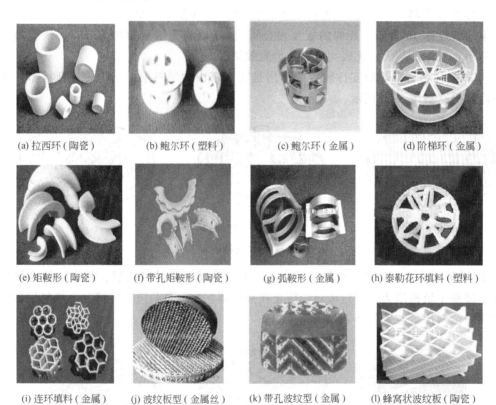

(a) 拉西环（陶瓷）　(b) 鲍尔环（塑料）　(c) 鲍尔环（金属）　(d) 阶梯环（金属）

(e) 矩鞍形（陶瓷）　(f) 带孔矩鞍形（陶瓷）　(g) 弧鞍形（金属）　(h) 泰勒花环填料（塑料）

(i) 连环填料（金属）　(j) 波纹板型（金属丝）　(k) 带孔波纹型（金属）　(l) 蜂窝状波纹板（陶瓷）

图6-19　几种常见的填料形状

a. 拉西环　拉西环是工业上应用最早、使用最广泛的填料。常用的拉西环是高、径相等的空心圆柱，其壁厚在强度允许的范围内应尽量薄些，以提高空隙率。拉西环的缺点在于液体的沟流和壁流现象较为严重，操作弹性小，气体阻力大；其优点是结构简单，制造容易，造价低，故广泛应用于工业生产中。

b. 鲍尔环　鲍尔环是针对拉西环存在的缺点加以改进而发展起来的，它是在普通的拉西环壁上开有两排长方形窗口，且上下两层窗孔的位置是错开的，窗孔部分的环壁形成叶片，向环中心弯入，并在中心处搭接，由此使得鲍尔环的内壁面得以充分利用，气液相阻力大为降低。与拉西环相比，鲍尔环的优点是气体阻力小、压降低、液体分布较均匀、操作弹性较大，因此，传质效果好。

c. 阶梯环　阶梯环是对鲍尔环进行改进的产物，结构与鲍尔环类似，只是高度通常为直径的一半，并将圆筒的一端作成向外翻卷的喇叭口形状，喇叭口的高度约为环高的 1/5。该填料的比表面积和空隙率都比较大，与鲍尔环相比，其流体阻力小，传质效率高。是目前环形填料中性能较为优良的一种填料。

d. 弧鞍与矩鞍填料　鞍形填料是一种敞开形填料，包括弧鞍与矩鞍，矩鞍填料是由弧鞍填料改进而成，因此，相对于弧鞍填料，它具有较好的稳定性，其填充密度及流体分布都比较均匀。不仅效率较高，而且具有较大的空隙率，阻力较小。并且流体流道通顺，不易被固体悬浮物堵塞。

e. 丝网波纹填料　丝网波纹填料是用丝网制成一定形状的填料，丝网波纹填料的特点是网材薄，填料可以做得较小，比表面积和空隙率都较大，所以传质效率高，流体阻力小。

f. 实体波纹填料　实体波纹填料是由多块波纹板（金属、塑料、陶瓷等）叠合而成，波纹板上的波纹作 45°倾斜，相邻的板互相交错成 90°以利于气液相均匀分布。该填料的优点是压降小，气体负荷大，比表面积大，传质效果好。

③ 填料支撑装置　填料支撑装置的作用是支撑塔内的填料层，常用的有栅板型、孔管型、驼峰型等，如图 6-20 所示。

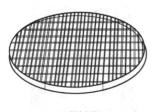　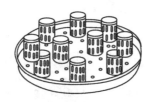　

(a) 栅板型　　　　　　　　　　(b) 孔管型　　　　　　　　　　(c) 驼峰型

图 6-20　填料支撑装置

④ 填料压紧装置　放置于填料层的上端，靠自身重量将填料压紧。其作用是确保填料塔在操作过程中填料层为一固定床层，防止在高压降、瞬时负荷波动等情况下填料层发生松动，常用的填料压紧装置如图 6-21 所示。

　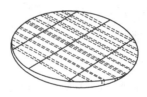　

(a) 填料压紧栅板　　　　　　　(b) 填料压紧网板　　　　　　(c) 大塔用填料压紧器

图 6-21　填料压紧装置

⑤ 液体分布与再分布装置　为改善液体分布不匀所使用的装置，如图 6-22 所示。液体

分布器在填料塔的顶部，其作用是使液体均匀地喷洒到填料表面；液体再分布装置一般在填料分段安装时，使用在段与段之间，使沿塔壁流下的液体重新均匀分布（图 6-23）。

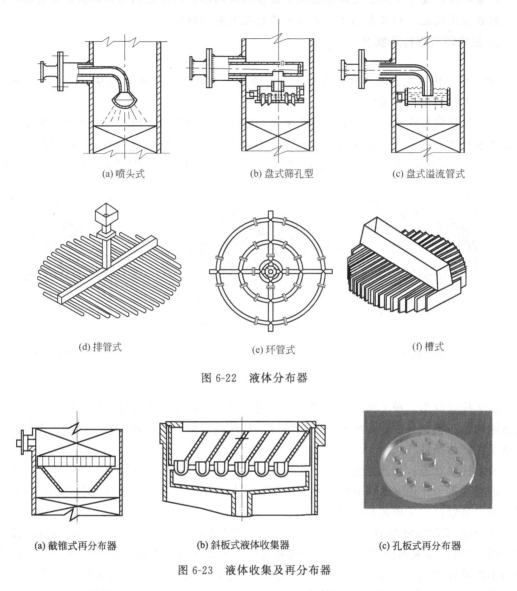

(a) 喷头式　　　　　　(b) 盘式筛孔型　　　　　　(c) 盘式溢流管式

(d) 排管式　　　　　　(e) 环管式　　　　　　(f) 槽式

图 6-22　液体分布器

(a) 截锥式再分布器　　　　(b) 斜板式液体收集器　　　　(c) 孔板式再分布器

图 6-23　液体收集及再分布器

（4）除沫器　其作用是用来除去由填料塔顶部排出的气体中所夹带的液滴，安装在液体分布器的上方，如图 6-24 所示。当塔内气速不大，工艺过程又无严格要求时，一般可不安装除沫器。

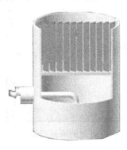

图 6-24　除沫器

随着科技的发展，工业生产中出现了很多新型的填料，通过相关资料查取有关填料的信息，然后相互交流，相互介绍不同种类的填料及其应用情况。

2. 板式塔气液传质状况

📖 **想一想** 塔内气、液的负荷需保持一定的比例，才能进行正常的操作。那么，正常操作和非正常操作是怎样呢？

（1）精馏塔操作状况 精馏塔的正常操作现象是气液接触面积大，表面不断更新，气体和液体没有严重的返混（即气体不从上板返回到下一板，液体也不从下一板返回到上一板）。

① 正常的气液接触状况 塔板的正常气液接触状况是泡沫和喷射接触状态。如图6-25所示。

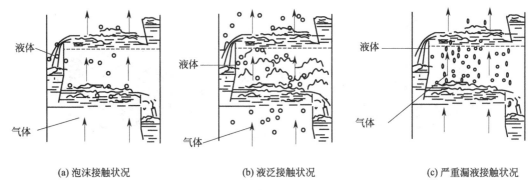

(a) 泡沫接触状况　　　　　(b) 液泛接触状况　　　　　(c) 严重漏液接触状况

图 6-25　气液接触状况示意

泡沫接触状态：板上液膜的形式存在于气泡之间，形成一些直径较小、扰动十分剧烈的动态泡沫，在板上只能看到较薄的一层液体。气液接触面积大，表面不断更新，为气液接触提供了良好的条件。

喷射接触状态：当汽速较大时，由于气体动能很大，把板上液体向上喷成大小不等的液滴，液滴受重力作用又落回到塔板上，液滴的反复形成和聚合，且表面不断更新，使传质面积增大，是较好的传质传热状况。

② 不正常的气液接触状况 漏液、过量的液沫夹带、液泛是3种不理想的气液接触状况（图6-26）。漏液的原因是气速太小或者板面上液体进口与出口液面落差太大，致使气体分布不均而发生的。工程上规定漏液量不应大于液体量的10%；液沫夹带是气流在上升过

(a) 漏液　　　　　(b) 过量的液沫夹带　　　　　(c) 液泛

图 6-26　不正常的气液接触状况

程中，液滴来不及沉淀分离，而随气体进入上一层塔板，主要原因气体速度过高和板间距较小。工程上规定，液沫夹带量小于 0.1kg（液体）/kg（气体）；液泛是液体充满每块塔板之间的空间，阻碍了气体的上升和液体的下降。液泛的形成与气液两相流量有关。对于一定的液体流量，气体速度过大会形成液泛，反之，气体流量一定，液量过大也会形成液泛。正常操作气速应控制在泛点气速之下。

（2）影响条件　液体精馏过程是气、液两相间的传热和传质过程，操作影响因素很多，且互相制约。在传热和传质过程中，与相平衡密切相关，对于双组分两相体系，操作温度、操作压力与两相组成中只能两个可以独立变化。因此，当要求获得指定组成的蒸馏产品时，操作温度与操作压力就确定了。因此，工业精馏常通过控制温度及压力来控制蒸馏过程。另外，无论在板式塔还是填料塔，气液在接触的状态要有一定的流量配比；否则，就不能达到好的传热和传热效果。

3. 填料塔与板式塔的比较

精馏过程既可用板式塔也可用填料塔，全面了解两者各自的特点，对合理选择塔设备很有帮助。现将板式塔和填料塔各自的特点做以下比较。

（1）板式塔的特点

① 大塔径效率高且稳定，小塔径安装检修困难，且造价高；不易被堵，容易检修、清洗；

② 适应于液体流量较大的操作。在塔板上气液为错流时，液体流量增大时对气体负荷影响较小，但在液气之比相对较小时，可以选择随操作负荷调节的塔板结构（浮阀塔板等）；

③ 适于塔内部中间需要换热、多侧进料、多侧出料的场合；压降比相对较大。

（2）填料塔的特点　适用于易起泡的物系（填料可以破沫）；适用腐蚀性介质（可以用不同材质的耐腐性填料）；不宜处理含固体颗粒或易聚合的物系；操作弹性小，液体量大时，易液泛，液量小的时候，填料表面不能很好地润湿；压力降小，适用于真空操作；小塔费用低，便于安装。

任务6　精馏塔的产品浓度和产品量的关系

在连续精馏过程中，原料流量、馏出液流量和残液的流量及各个组成之间有相对应的关系，它们之间的关系可通过全塔物料衡算来求得，如图 6-27 所示，从塔底到塔顶作物料守恒衡算。

全塔物料衡算关系为：

$$F = D + W \tag{6-6}$$

全塔易挥发组分衡算关系为：

$$Fx_F = Dx_D + Wx_W \tag{6-7}$$

式中　F，D，W——进料量、塔顶馏出液、塔底
　　　　　　　　残液流量，kmol/h；

　　　x_F，x_D，x_W——进料、塔顶馏出液、塔底
　　　　　　　　残液组成。

【案例4】　将含有 35％（摩尔分数，下同）的酒精-水溶液，按 20mol/h 的进料速率进行连续精馏，要求馏出液中含酒精 88％，残液中酒精含

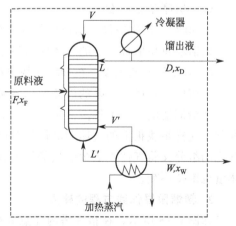

图 6-27　连续精馏塔物料关系

量不大于 3%。试求馏出液和残液量。

解：1. 解决案例之理论引导：

连续精馏的产品量的计算用全塔物料衡算关系，即式（6-6）和式（6-7）：

$$F=D+W$$

$$Fx_F=Dx_D+Wx_W$$

2. 解决案例之步骤：

步骤一：计算条件分析

x_F（已知）$=35\%$，x_D（已知）$=88\%$，x_W（已知）$=3\%$

F（已知）$=20\text{mol/h}$

D（待求）$=$ _____，W（待求）$=$ _____

步骤之二：计算未知量

$$20=D+W$$

$$20\times35\%=D\times88\%+W\times3\%$$

解得：$\begin{aligned}D&=7.53\text{mol/h}\\W&=12.47\text{mol/h}\end{aligned}$

任务7　熟知理论塔板数的计算

想一想　完成一定分离任务的精馏塔，分离效果与塔内部塔板的数目有一定的对应关系吗？

完成每一种液体的分离，都会需要一定塔板数的精馏塔，分离效果与塔板数有一定的对应关系。下面学习板式精馏塔的塔板数的计算方法。

1. 理论板的概念和恒摩尔流假定

（1）理论板的定义　气、液两相能充分混合，无论进入理论板的气、液两相组成如何，离开该板时气、液两相均达到平衡状态，即两相温度相等，组成互成平衡。组成关系可由平衡关系来确定。

（2）恒摩尔流假设

① 恒摩尔汽化假设　精馏段每块塔板上升的气体摩尔流量都相等，即 $V_1=V_2=V_3=\cdots$ 提馏段每块塔板上升的气体摩尔流量都相等，即 $V_1'=V_2'=V_3'=\cdots$

② 恒摩尔溢流假设　精馏段每块塔板下降的液体流量都相等，即 $L_1=L_2=L_3=\cdots$，提馏段每块塔板下降的液体摩尔流量都相等，即 $L_1'=L_2'=L_3'=\cdots$。

在精馏塔的塔板上气液两相接触时，若有 $n\text{kmol/h}$ 的蒸气冷凝，相应有 $n\text{kmol/h}$ 液体汽化。这样每块板上的气体和液体接触以后，虽然气体中有组分部分液化，但是液体中部分汽化的组分又将气体中减少的量等量地补充到气体里，使气体量始终不变；同样的道理，液体量也维持不变。

2. 精馏段操作线方程的建立

如图 6-28 所示，在精馏塔内任意取第 n 块塔板与塔顶之间建立物料衡算得：

总物料衡算关系为：

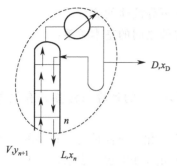

图 6-28　精馏段操作线方程推导

$$V=L+D$$

易挥发组分衡算关系为：

$$Vy_{n+1}=Lx_n+Dx_D$$

由以上两式得出精馏段操作线方程：

$$y_{n+1}=\frac{R}{R+1}\cdot x_n+\frac{1}{R+1}\cdot x_D \qquad (6-8)$$

其中：$R=L/D$ 称为回流比。

精馏段操作线方程的物理意义：进入第 n 块板的气相组成 y_{n+1} 与离开该板的液相组成 x_n 之间的关系。

3. 提馏段操作线方程的建立

如图 6-29 所示，在提馏段任意取第 $m+1$ 块塔板与塔底建立物料衡算得：

总物料衡算关系为：

$$L'=V'+W$$

易挥发组分含量的衡算关系为：

$$L'x'_m=V'y'_{m+1}+Wx_W$$

提馏段的操作线方程：

$$y'_{m+1}=\frac{L'}{V'}x'_m-\frac{W}{V'}x_W=\frac{L'}{L'-W}x'_m-\frac{W}{L'-W}x_W \qquad (6-9)$$

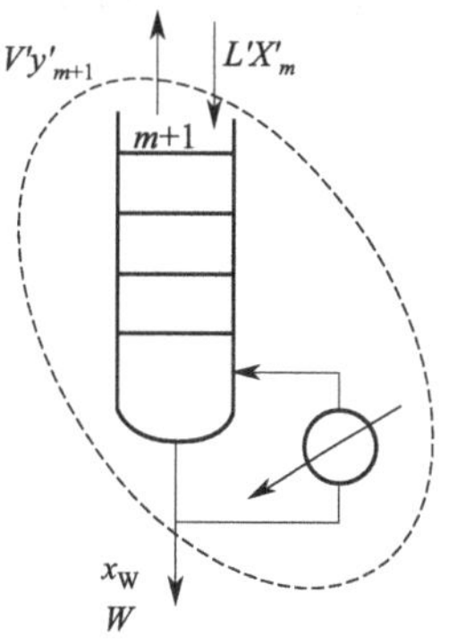

图 6-29　提馏段操作线方程推导

提馏段的操作线方程的物理意义：进入第 $m+1$ 块板的液相组成 x'_m 与离开该板的气相组成 y'_{m+1} 之间的关系。

开眼界　进料热状态对操作线方程的影响

进料的 5 种热状况：

在实际生产中，如图 6-30 所示，引入精馏塔内的原料可能有 5 种不同状况，即：①低于泡点的冷液体；②泡点的饱和液体；③介于泡点和露点之间气液混合物；④露点的饱和蒸气；⑤高于露点的过热蒸气。

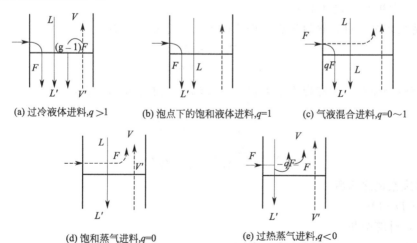

(a) 过冷液体进料,$q>1$　　(b) 泡点下的饱和液体进料,$q=1$　　(c) 气液混合进料,$q=0\sim1$

(d) 饱和蒸气进料,$q=0$　　(e) 过热蒸气进料,$q<0$

图 6-30　进料状况对精馏段和提馏段流量的影响

进料热状况不同，将直接影响精馏段、提馏段上升蒸气和下降液体的流量。

精馏段和提馏段的气、液相流量与进料量及进料热状况参数之间的基本关系：

$$V = V' + (1-q)F$$
$$L' = L + qF$$

提馏段操作线方程中 L' 的大小，与进料的热状况 q 有关系，q 的计算方法参见有关资料。当饱和液体进料时，$q=1$；饱和蒸气进料时 $q=0$。

由于进料状态发生变化，导致 V、V' 以及 L、L' 的关系发生变化，进而使得在相同的分离任务下，精、提馏段的操作线均发生变化。两操作线的变化轨迹用 q 线方程来表示，即为：

$$y = \frac{q}{q-1}x - \frac{x_F}{q-1} \qquad (6\text{-}10)$$

q 线方程的轨迹，如图 6-31 所示。

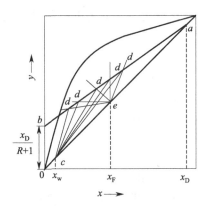

图 6-31　q 对操作线的影响

【案例 5】　用连续精馏塔分离苯-甲苯混合液，常压操作。已知：处理量为 100kmol/h，原料液中易挥发组分的组成 $x_F=40\%$（摩尔分数，下同），要求馏出液浓度 $x_D=95\%$，残液浓度 $x_W=5\%$，选用回流比为 5，进料为饱和液体，塔顶为全凝器，泡点回流。

问：（1）求出馏出液和残液生产量 D 和 W；

（2）精馏段操作线方程和提馏段操作线方程。

解：（1）解决案例之理论引导

① 对精馏塔全塔进行物料衡算，用式(6-6) 和式(6-7)，有：

$$F = D + W$$
$$Fx_F = Dx_D + Wx_W$$

② 精馏段操作线方程和提馏段方程，用式(6-8) 和式(6-9)，有：

$$y = \frac{R}{R+1}x + \frac{x_D}{R+1}$$
$$y = \frac{L'}{L'-W}x - \frac{W}{L'-W}x_W$$

（2）解决案例之步骤

① 计算 D 和 W

步骤一：计算分析

F（已知）=＿＿＿＿＿＿＿（100kmol/h），$x_F=$＿＿＿＿＿＿＿（40%）

$x_D=$＿＿＿＿＿＿＿（95%），$x_W=$＿＿＿＿＿＿＿（5%）

步骤二：计算未知量

建立精馏塔全塔进行物料衡算，得：

$$100 = D + W$$

$$100 \times 0.4 = D \times 0.95 + W \times 0.05$$

解得：$D = 39 \text{kmol/h}$

$W = 61 \text{kmol/h}$

② 建立精馏段操作线方程和提馏段方程

步骤一：计算条件分析

$L(\text{可求}) = RD = \underline{\hspace{2cm}} \times \underline{\hspace{1.5cm}} = 5 \times 39 = 195 \text{ (kmol/h)}$

$L'(\text{可求}) = L + q \times F = 195 + \underline{\hspace{1.5cm}} \times F = 195 + 1 \times 100 = 295 \text{ (kmol/h)}$

$W(\text{已求}) = 61 \text{kmol/h}$

步骤二：计算未知量

精馏段操作线方程为：

$$y = \frac{R}{R+1}x + \frac{xD}{R+1} = \underline{\hspace{1.5cm}}x + \underline{\hspace{1.5cm}} = \frac{5}{5+1}x + \frac{0.95}{5+1} = 0.833x + 0.158$$

提馏段操作线方程为：

$$y = \frac{L'}{L'-W}x - \frac{W}{L'-W}xW = \underline{\hspace{1.5cm}}x - \underline{\hspace{1.5cm}} = \frac{295}{295-61}x - \frac{61}{295-61} \times 0.05 = 1.26x - 0.013$$

4. 根据分离任务逐板计算法求理论塔板数

若将 F、x_F 分离为馏出液浓度、残液浓度分别达到 x_D、x_W，则所需的理论塔板数就可以通过相应的理论计算出来，具体步骤如下。

确定第一板组成：

如果塔顶为全凝，泡点回流，由操作线方程和相平衡关系得：

$$y_1 = x_D \xrightarrow{\text{利用式(6-5)得}} x_1 = \frac{y_1}{\alpha - (\alpha - 1)y_1}$$

确定第二板组成：

$$x_1 \xrightarrow{\text{操作线方程(6-8)求}y_2} y_2 = \frac{R}{R+1}x_1 + \frac{x_D}{R+1} \xrightarrow{\text{由平衡线方程(6-5)得}x_2} x_2 = \frac{y_2}{\alpha - (\alpha - 1)y_2}$$

确定第三块板组成：

$$x_2 \xrightarrow{\text{由操作线方程(6-8)求}y_3} y_3 = \frac{R}{R+1}x_2 + \frac{x_D}{R+1} \xrightarrow{\text{由平衡线方程(6-5)得}x_3}$$

$$x_3 = \frac{y_3}{\alpha - (\alpha - 1)y_3}$$

……

则第 m 板为进料板，此后，利用提馏段操作线方程和平衡线方程交替使用，逐步计算各板上的气液浓度。具体计算如下。

确定第 $m+1$ 块板组成：

$$x_m \xrightarrow{\text{由操作线方程(6-9)求}y_{m+1}} y_{m+1} = \frac{L'}{V'}x_{m+1} - \frac{Wx_W}{V'} \xrightarrow{\text{由平衡线方程(6-5)得}x_{m+1}}$$

$$x_{m+1} = \frac{y_{m+1}}{\alpha - (\alpha - 1)y_{m+1}} \cdots$$

第 N 板：$y_N = \dfrac{L+qF}{L+qF-W}x_{N-1} - \dfrac{Wx_W}{L+qF-W}$ 或 $x_N = \dfrac{y_N}{\alpha-(\alpha-1)y_N} \leqslant x_W$

若 $x_N \leqslant x_W$，结算结束。在计算过程中，每使用一次平衡关系，表示需要一层理论板。由于一般再沸器相当于一层理论板。结果，塔内共有理论板 N 块，第 N 板为再沸器，其中精馏段 $m-1$ 块，提馏段 $N-m+1$ 块（包括再沸器）。

◉ 开眼界

图解法求理论塔板数

图解法求理论板层数的基本原理与逐板计算法的完全相同，只不过是用平衡曲线和操作线分别代替平衡线方程和操作线方程，用简便的图解法代替繁杂的计算而已，图解法中以直角梯级图解法最为常用。操作线的作法：首先根据相平衡数据，在直角坐标（矩形方块内）上绘出待分离混合物的 $x-y$ 平衡曲线，并作出对角线。如图 6-32 所示，在 $x=x_D$ 处作铅垂线，与对角线交于点 a，再由精馏段操作线的截距 $x_D/(R+1)$ 值，在 y 轴上定出点 b，连接 ab，ab 为精馏段操作线；在 $x=x_F$ 处作铅垂线，与对角线交于点 e，从点 e 作斜率为 $q/(q-1)$ 的 q 线 ed，该线与 ab 交于点 d。在 $x=x_W$ 处作铅垂线，与对角线交于点 c，连接 cd，cd 为提馏段操作线。

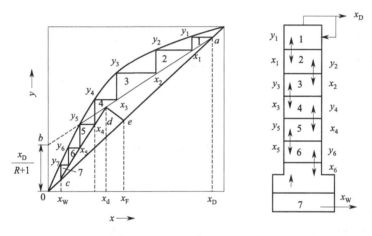

图 6-32　图解法求理论塔板数

求理论塔板数 N 的步骤：自对角线上 a 点始，在平衡线与精馏段操作线间绘出水平线及铅垂线组成的梯级，当梯级跨过两操作线交点 d 时，则改在平衡线与提馏操作线间作梯级，直至某梯级的垂直线达到或小于 x_W 为止。每一个梯级代表一层理论板，梯级总数即为所需理论板数。

【案例 6】　在［案例 5］的条件基础上，若已知常压操作条件下的苯-甲苯的平均相对挥发度 a 为 2.5，试用逐板计算法求所需的理论塔板数。

解：1. 解决案例之理论引导

在精馏段内，交替采用平衡线方程(6-5) 和精馏段操作线方程(6-8)，在提馏段内交替使用平衡线方程和提馏段操作线方程(6-9)，依次将各层塔板上的上升气相浓度和液相浓度计算出来。

2. 解决案例之步骤

步骤一：计算分析

上升气体浓度和下降液体浓度的计算：

第一块板：由于采用全凝器，泡点回流，故 $y_1 = x_D = 0.95$

由平衡线方程 $y_1 = \dfrac{\alpha x_1}{1+(\alpha-1)x_1}$，得 $0.95 = \dfrac{2.5 x_1}{1+(2.5-1)x_1}$，$x_1 = 0.884$

第二块板：由精馏段操作线方程 $y_2 = 0.833 x_1 + 0.158$ 得：$y_2 = 0.894$

由平衡线方程得：$y_2 = \dfrac{\alpha x_2}{1+(\alpha-1)x_2}$ 即 $0.894 = \dfrac{2.5 x_2}{1+(2.5-1)x_2}$ 得：$x_2 = 0.771$

依上述方法反复计算，当 $x_n \leqslant x_F$ 时，改用提馏段方程。因为 $x_4 > x_F$ 而 $x_5 < x_F$，故第四块板属于精馏段，在第五块板上加料，而第五块板属于提馏段，从第五块塔板计算时，操作线方程改为提馏段方程。直至 $x_m \leqslant x_W$ 为止。先将计算结果列于下表中。

组成	板　数								
	1	2	3	4	5	6	7	8	9
y	0.95	0.894	0.800	0.670	0.531	0.380	0.235	0.126	0.056
x	0.884	0.771	0.615	0.448	0.312	0.197	0.110	0.055	0.023

总塔板为 9 块，其中精馏段 4 块，提馏段 5 块（含塔再沸器相当的一块塔板）

任务8　认识回流比的大小对理论塔板数的影响

想一想　精馏与简单蒸馏的区别就在于精馏塔内有回流，产品浓度的高低是不是与回流有很大关系呢？

塔顶冷凝液的向下回流和塔釜蒸气的向上回流是保证精馏塔连续稳定操作的基本条件。回流的多少，对产品浓度和产量有很大的影响。

1. 最大回流比和最小回流比

（1）最大回流比（全回流）

全回流是指塔顶冷凝液全部回流至塔内，此时塔顶产品 $D=0$。适用于精馏塔开工阶段（为迅速在各板上建立逐渐增浓的液层）、实验或科研（目的是测定实验数据）、操作中意外使产品浓度降低，进行一定时间的全回流，以便尽快达到正常操作。

若 $D=0$，则 $F=0$，$W=0$，此时回流比 $R=L/D=\infty$，精馏操作线的斜率 $R/(R+1) \approx 1$，截距 $X_D/(R+1) \approx 0$，在图解法求理论塔板数的图中，精馏段操作线、提馏段操作线均与对角线重合。在这种情况下，操作线距平衡线最远，表示塔内气液两相间的传质推动力最大，因此达到给定分离任务所需理论板数最少。图 6-33 所示，为图解法求全回流时的理论塔板数。

若用芬斯克方程(适用在塔顶冷凝器将蒸气在泡点全部冷凝)，可用下式求取最少理论板数（不包括塔釜）：

$$N_{min} = \frac{\lg\left[\left(\dfrac{x_D}{1-x_D}\right)\left(\dfrac{1-x_W}{x_W}\right)\right]}{\lg \alpha_m} - 1 \tag{6-11}$$

（2）最小回流比

当回流比减少到某一极限值时，两条操作线的交点 d 落在相平衡线上，此时梯级无法

跨过 d，表示塔内气液两相间的传质推动力最小，所需的理论塔板数为无穷大，这时的回流比称为最小回流比 R_{min}。当回流比小于 R_{min}，操作线和 q 线的交点落在平衡线外，精馏操作无法完成。最小回流比的计算方法有两种。

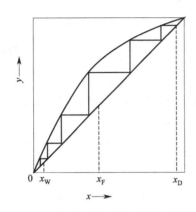

图 6-33　图解法求全回流时理论塔板数

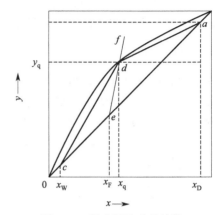

图 6-34　最小回流比的计算

方法一：作图法，如图 6-34，求出 d 点的坐标 x_q 和 y_q（x_q 和 y_q 是精馏段操作线、平衡线、q 线三者的交点坐标），然后再计算出最小回流比 R_{min}：

方法二：解析法

$$\frac{R_{min}}{R_{min}+1}=\frac{x_D-y_q}{x_D-x_q} \tag{6-12}$$

其中：

$$y_q=\frac{\alpha x_q}{1+(\alpha-1)x_q}$$

饱和液体进料时，$x_q=x_F$，饱和蒸气进料进料时，$y_q=x_F$（饱和液体进料及饱和蒸气进料时，按上面讲的两个关系，你能分别推算出最小回流比的计算关系吗?）

按照经济衡算，通常情况下实际回流比在最小回流比的 1.1～2 倍之间。

2. 通过吉利兰图求取理论塔板数

利用最小回流比和芬斯克方程，结合吉利兰图，求取理论塔板数（图 6-35）。此法简便，称简捷法。现将简捷法介绍如下。

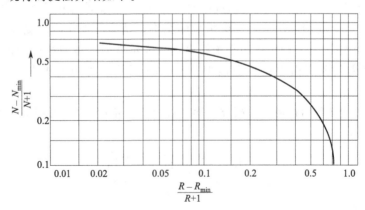

图 6-35　吉利兰图求取理论塔板数

首先根据物系的分离要求，求出最小回流比 R_{min} 和全回流时的最少理论塔板数 N_{min}，然后借助于吉利兰关联图，找到 R_{min}、R、N_{min} 和 N 之间的关系，从而由所选的 R 求出所需要的理论塔板数 N。

🌀 **双边交流**

若取消精馏塔顶冷凝液的回流和塔底再沸器的蒸气回流，会造成什么结果？

3. 实际塔板数的确定

👓 **想一想** 在精馏过程的每块塔板上，如果气液混合均匀，并且接触时间足够长，传热与传质效果充分，则离开该板的气液可达到平衡。但实际上每块板都达不到这样的效果。所以，达到一定的分离效果，精馏所需要的实际塔板数会比理论塔板数多。那么怎样求取实际塔板数呢？

实际塔板数的计算，有以下三步。

第一步：求理论板数（前面已经讲过）。

第二步：确定全塔板效率。

实际上由于塔板上的气液两相浓度不均匀、混合不均匀，没有达到充分的接触，加上气、液的夹带和返混，使得离开塔板时气、液组成不可能呈平衡状态，故实际板的分离效果要比理论板差。用总板效率（也称全塔效率）来表示，即：

$$E_T = N_T / N$$

式中　E_T——总板效率；

　　　N_T——理论板塔数；

　　　N——实际塔板数。

总板效率恒小于1，它与被分离混合物的物系性质、塔板结构、气液两相的接触状况等因素有关，其值可以通过实验测定。在确定理论板数和总板效率后，可求出实际塔板数。

第三步：利用全塔效率和理论塔板数求取实际塔板数

$$N = N_T / E_T \tag{6-13}$$

4. 产品质量的影响条件

压力、温度、进料状况、回流比、采出量都会影响产品质量。

① 压力增加，组分间的相对挥发度降低，分离效率下降。但是塔的压力增加后，可以使气相密度增加，处理更多的料液也不会造成液泛。

② 进料的热状况，生产中若回流比一定，仅进料状况发生改变时，精馏段和提馏段的操作线方程的交点发生变化，引起设计理论塔板数的改变，而精馏塔是固定的塔板数，所以产品浓度与设计的不一样。

③ 若进料温度降低，实际精馏段塔板数比所需要的多，而实际提馏段板数比理论上需要的少，结果是塔顶易挥发组分产品浓度高，而残液中易挥发组分浓度也增加。

④ 回流比的改变，直接影响了产品质量和塔的分离效果。回流比增加，所需要的理论塔板数减少，实际生产中塔板固定，将提高产品的纯度，但也会使塔内气液循环量增加，上下段内塔压增加，冷却剂和加热蒸汽用量增加，回流比太大时，可能产生液泛，而回流比太小，塔内气液两相接触不充分，分离效果差；塔顶采出量减少，势必使得回流量增加，可以提高产品浓度，但是产品量减少，易挥发组分回收率降低。另外，回流比增加造成上下段塔压差增加，对一定的进料量时，塔底产品量增加，塔底中易挥发组分浓度提高。

⑤ 若塔底产品采出量减少，会造成塔釜内液位上升，以致充满整个加热釜的空间，而使液体难于汽化，并使釜内汽化温度升高，甚至将液体带回塔内，引起塔顶产品质量下降。若塔底产品采出量大，致使塔釜内液位较低，加热面积不能充分被利用，汽化气体量减少，容易造成漏液现象。

想一想 既然塔内部不同塔板的浓度不同，当然不同塔板的温度也不同，那么会不会某一塔板温度的变化随着浓度变化比较灵敏？（也就是说，如果浓度有一个小变化，温度灵敏地显示出来了？）

结论是肯定的，这样的塔板称为灵敏板。在总压一定的条件下，精馏塔各板物料的组成与温度一一对应。当精馏过程受到外界干扰（流量或压力等）时，塔内不同塔板处的组成将发生变化，相应的温度亦随之改变。其中，塔内某塔板处的温度对外界干扰的反应特别明显，也就是当操作条件改变时，该塔板上的温度将发生显著的改变，这种塔板被称为灵敏板。通常取在一定浓度变化范围内引起温度变化程度最大的那块塔板作为灵敏板。通过观察灵敏板处的温度变化，及早发出信号，对系统及时调节，以保证馏出产品合格。

温度与气液的组成有严格的对应关系，生产中常以温度作为衡量产品质量的标准。在塔内压力不变时，若灵敏板温度升高，说明塔顶产品组成 x_D 下降，此时系统适当增加回流比，使 x_D 上升至合格值时，灵敏板温度下降至规定值。

双边交流

通过什么方法能找出灵敏板？分组讨论，将自己的结果与别人交流，看自己的结论与别人有什么相同和不同之处。

任务9 精馏装置的热量衡算

对精馏装置热量衡算，可以求取精馏塔底部的再沸器和精馏塔顶部冷凝器的热负荷以及加热剂和冷却剂的消耗量。

1. 冷凝器的热负荷与冷却剂用量的计算

塔顶冷凝器的作用是将塔顶上升的蒸气冷凝液化成液体，放出的热量被冷却剂吸收，使冷却剂温度上升。根据热平衡，可以将冷却剂的用量计算出来。若忽略热损失，则冷凝器的热负荷计算如下：

$$Q_C = D(R+1)(H_V - H_R) \tag{6-14}$$

式中　Q_C——塔顶冷凝器热负荷，kJ/h；

　　　D——塔顶馏出液量，kmol/h；

　　　R——回流比；

　　　H_V——塔顶上升蒸气的摩尔焓，kmol/kg；

　　　H_R——回流液的摩尔焓，kmol/kg。

冷却剂的用量为：

$$G_{冷} = \frac{Q_c}{C_p(t_2 - t_1)}$$

式中　$G_{冷}$——冷却剂用量，kmol/h；

　　　C_p——冷却剂的平均比热容，kmol/(kg·K)；

t_2，t_1——分别为冷却剂进出、口温度，℃。

2. 再沸器热负荷与加热剂用量的计算

$$Q_B = V'(H_{v'} - H_w) \tag{6-15}$$

式中　Q_B——再沸器的热负荷，kJ/h；

　　　V'——提馏段上升的蒸气用量，kmol/h；

　　　$H_{v'}$——再沸器汽化蒸气的摩尔焓，kmol/kg；

　　　H_w——再沸器中残液的摩尔焓，kmol/kg。

若采用饱和蒸气加热，则加热蒸气的消耗量为：

$$G_热 = Q_B / r_B \tag{6-16}$$

式中　$G_热$——饱和蒸气消耗量，kmol/h；

　　　r_B——饱和蒸气的冷凝潜热，kmol/kg。

【案例 7】 连续精馏塔分离苯和甲苯混合液，进料量为 120kmol/h，泡点进料，塔顶产品为 58kmol/h，回流比为 3.5，加热蒸气绝压为 200kPa，再沸器热损失为 $1.5×10^5$ kJ/h，塔顶采用全凝器，泡点回流，冷却水进、出口温度分别为 25℃ 和 35℃，冷凝器的热损失忽略不计。已知甲苯的汽化潜热为 360kJ/kg，苯的汽化潜热为 390kJ/kg，求：①再沸器的热负荷和加热蒸气的消耗量；②全凝器的热负荷及冷却水的消耗量。

解：1. 解决案例的理论引导

再沸器的热负荷可以用式(6-15)计算：$Q_B = V'(H_{v'} - H_w)$；

加热蒸气消耗量可用式(6-16)计算：$G_热 = Q_B / r_B$

全凝器的热负荷可以用式(6-14)计算：$Q_C = D(R+1)(H_V - H_R)$，

冷却水的消耗量可以用 $G_水 = \dfrac{Q_C}{C_P(t_1 - t_2)}$，

式中　V'——再沸器汽化蒸汽量；

　　　D——塔顶馏出液；

　　　$H_{v'}$——再沸器汽化蒸气的焓；

　　　H_w——再沸器残液的焓；

　　　H_V——进入塔顶冷凝器蒸气的焓；

　　　H_R——塔顶冷凝液的焓。

2. 解决案例的步骤：

(1) 计算再沸器的热负荷及加热蒸气用量

$$V' = V = (R+1)D = (3.5+1)×58 = 261 \quad (kmol/h)$$

$H_{v'} - H_w ≈ r_B = 360kJ/kg$（为什么，想一想？提示：再沸器中含苯浓度很小，所以溶液的汽化潜热按甲苯的汽化潜热计算。）

$$Q_B = V'(H_{v'} - H_w) = 261×360 = 93960 \quad (kJ/h)$$

水蒸气放出的汽化潜热为 $G×r_水 = G×2204.6$ kJ/h（水蒸气在 200kPa 时的冷凝潜热，可查。）

水蒸气用量的计算：$G_蒸 = Q_B / r_水 = (261×360)/2204.6 = 42.62 \quad (kg/h)$

(2) 计算全凝器的热负荷及冷却水用量

塔顶因为几乎是纯苯，回流液在泡点下回流，$H_V - H_R ≈ r_苯 = 390kJ/kg$（已知）

$$Q_C = V(H_V - H_R) = D(R+1)×r_苯 = 261kmol/h × 78kg苯/kmol × 390kJ/kg = 7.94×10^6 kJ/h$$

冷却水消耗量为 $G_{水} = \dfrac{Q_C}{C_P(t_1-t_2)} = \dfrac{7.94 \times 10^6}{4.187 \times (35-25)} = 1.90 \times 10^5$ （kg/h）

[实践环节]

精馏塔分离性能实验

1. 教学目标

（1）了解连续精馏塔的基本结构及流程。

（2）掌握连续精馏塔的操作方法。

（3）学会板式精馏塔全塔效率、单板效率的测定方法。

（4）确定部分回流时不同回流比对精馏塔效率的影响。

2. 促成目标

（1）了解气相色谱仪的使用方法。

（2）了解 LMI 电磁微量计量泵、塔釜液位自动控制、回流比和电加热自动控制的工作原理和操作方法。

（3）学会化工原理实验软件库（组态软件 MCGS 和 VB 实验数据处理软件系统）的使用。

3. 理论引导

在精馏塔中，混合液体在塔釜内加热汽化。蒸气经过各层塔板上升，当有冷凝液回流时，气液两相在塔板上混合接触，气相部分被冷凝，液相部分被汽化，实现传质与传热。经历一次塔板，气相中易挥发组分浓度提高一次，液相中难挥发组分浓度提高一次。表示一个塔的分离效果，可以用全塔效率和单板效率。

（1）全塔效率的定义　全塔效率 $E_T = N_T/N$，其中 N_T 为塔内所需理论板数，N 为塔内实际板数。板式塔内各层塔板上的气液相接触效率并不相同，全塔效率简单反映了塔内塔板的平均效率，它反映了塔板结构、物系性质、操作状况对塔分离能力的影响，一般由实验测定。

式中的 N_T，由已知的双组分物系平衡关系，通过实验测得塔顶产品组成 x_D、料液组成 x_F、热状态 q、残液组成 x_W、回流比 R 等，通过逐板计算法或图解法求得。

（2）单板效率 E_M　单板效率 E_M，又称默弗里板效率，它是气相或液相通过一层实际板后组成变化与其通过一层理论板后组成变化之比值。单板效率可以气相表示，也可以液相表示，对第 n 层塔板则有：

$$E_{MV} = \frac{y_n - y_{n-1}}{y_n^* - y_{n+1}}$$

$$E_{ML} = \frac{x_{n-1} - x_n}{x_{n-1} - x_n^*}$$

4. 实验装置

本实验为筛板精馏塔实验装置，如图 6-36 所示。

塔内径 $D_内 = 66$mm，塔板数 $N_P = 16$ 块，板间距 $H_T = 71$mm。塔板孔径 1.0mm，孔数 72 个，开孔率 4.5%。塔釜液体加热采用电加热，塔顶冷凝器为列管换热器。供料采用 LMI 电磁微量计量泵进料。

5. 实验步骤

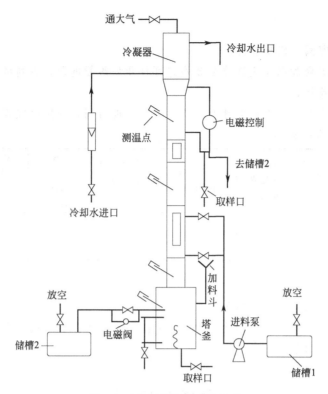

图 6-36　筛板精馏塔实验流程

（1）全回流

① 配制浓度 16%～19%（用酒精比重计测）的料液加入釜中，至釜容积的 2/3 处。

② 检查各阀门位置，启动仪表电源，再启动电加热管电源，先用手动（电压为 150V）给釜中缓缓升温，10min 后再转向自控挡（电压为 220V），若发现液沫夹带过量时，可拨至手动挡，电压调至 150～180V。

③ 打开冷凝器的冷却水，调至 400l/h 左右，使其全回流。

④ 当塔顶温度、回流量和塔釜温度稳定后，分别取塔顶浓度 X_D 和塔釜浓度 X_W，送色谱分析。

（2）部分回流

① 在储料罐中配制一定浓度的酒精-水溶液（约 10%～20%）。

② 待塔全回流操作稳定时，打开进料阀，开启进料泵电源，调节进料量至适当的流量。

③ 启动回流比控制电源，调节回流比 R（$R=1\sim4$）

④ 当塔顶、塔内温度读数稳定后即可取样。

（3）取样与分析

① 进料、塔顶、塔釜从各相应的取样阀放出。

② 塔板取样用注射器从所测定的塔板中缓缓抽出，取 1mL 左右注入事先洗净烘干的针剂瓶中，并给该瓶盖标号以免出错，各个样品尽可能同时取样。

③ 将样品进行色谱分析。

④ LMI 电磁微量计量泵的使用

打开操作面板上进料泵电源开关，打开进料阀，打开泵开关键。按向上或向下键可增大或降低速度。

*注意事项：

第一：塔顶放空阀一定要打开。

第二：料液一定要加到设定液位 2/3 处方可打开加热管电源，否则塔釜液位过低会使电加热丝露出，干烧致坏。

第三：部分回流时，进料泵电源开启前务必打开进料阀，否则会损害进料泵。

6. 数据记录与数据处理

序号	回流液浓度 x_D	釜液浓度 x_F	离开第 n 板气相浓度 y_n	离开第 n 板液相浓度 x_n	离开第 $n+1$ 板气相浓度 y_{n+1}	离开第 $n+1$ 板液相浓度 x_{n+1}	第 n 块塔板单板效率 E_{MV}	第 n 块塔板单板效率 E_{ML}
1								
2								
3								

7. 问题讨论

(1) 全回流在精馏塔操作中有何意义？

(2) 用气相浓度计算出来的单板效率 E_{MV} 与用液相计算出来的单板效率 E_{ML} 相同吗？试分析相同或不同的原因。

思考与练习

一、简答

1. 简述简单蒸馏与精馏的区别。

2. 完成一个精馏操作需要哪两个必要条件？

3. 精馏塔的塔顶和塔底为什么要分别设置冷凝器和再沸器？

4. 设计一精馏塔时，回流比选取的大小对塔板数有何影响？

5. 精馏操作中，回流比的上、下限各是什么情况？

6. 精馏操作中，在下限操作时，能否达到所要求的分离精度？为什么？

7. 精馏操作中，在上限操作时对实际生产有无意义？一般在什么情况下采用？

8. 什么是理论板？

9. 为什么再沸器相当于一块理论板？

10. 用逐板计算法求理论板层数时，为什么用一次相平衡方程就计算出一层理论板？

11. 用图解法求理论板层数时，为什么一个梯级代表一层理论板？

12. 对于正在操作中的精馏塔，若改变其操作回流比，对塔顶产品浓度会有何影响？

13. 用 q 代表进料热状况，说明 $q=0$，$q=1$，$0<q<1$ 时的意义。

14. 塔板的作用是什么？

15. 什么叫溶液的泡点和露点？溶液中易挥发组分的含量与泡点和露点有什么关系？

16. 什么是溶液相对挥发度，相对挥发度的大小与该物系分离的难易程度有什么关系？

17. 对于二元理想溶液，x-y 图上的平衡曲线离对角线的远近，与该物系分离的难易程度有什么关系？

18. 在精馏塔中，温度沿塔高是怎样分布的？什么是灵敏板？设置灵敏板有什么作用？

19. 精馏塔的塔顶馏出液和塔底残液采出量对产品的浓度有影响吗？怎样影响？

20. 精馏塔内正常的气液接触状况是怎样的？不正常的接触状况有哪些？如何避免？

21. 采用改变回流比的方法能提高产品质量吗？怎样改变回流比才能提高产品质量？

22. 精馏塔中进料位置的改变，对产品质量有影响吗？怎样影响？

23. 浮阀塔的最大特点是操作弹性大，为什么？

二、计算

1. 已知苯和甲苯的饱和蒸气压数据如下：

温度/℃	80.1	85	90	95	100	105	110.6
$p_A^{\ominus}$/kPa	101.33	116.9	135.5	155.7	179.2	204.2	240.0
$p_B^{\ominus}$/kPa	40.0	46.0	54.0	63.3	74.3	86.0	101.33

试计算 （1）苯和甲苯混合液在 101.33℃时的汽液平衡组成；

（2）苯和甲苯混合液在 80～100℃之间的平均相对挥发度。

2. 试绘制苯-甲苯相平衡关系 x_A-y_A 图，利用沸点-组成图 t-x_A-y_A，求 35%（摩尔分数）的溶液的泡点及其相平衡时的蒸气瞬时组成，将溶液加热到 95℃时，溶液处于什么状态？气、液组成各为多少？将溶液加热到什么温度时，才全部转化为饱和蒸气，气、液组成为多少？

3. 苯和甲苯在 92℃时的饱和蒸气压分别为 143.73kN/m² 和 57.6kN/m²。求：苯的摩尔分数为 0.4，甲苯的摩尔分数为 0.6 的混合液在 92℃时各组分的平衡分压、系统压力及平衡蒸气组成。此溶液可视为理想溶液。

4. 将含 24%（摩尔分数，下同）易挥发组分的某液体混合物送入一连续精馏塔中。要求馏出液含 95% 易挥发组分，釜液含 3% 易挥发组分。送至冷凝器的蒸气量为 850kmol/h，流入精馏塔的回流液为 670kmol/h。求：

（1）每小时能获得多少 kmol 的馏出液？

（2）回流比为多少？

（3）塔底产品量为多少？

5. 用连续精馏塔每小时处理 100kmol 含苯 40% 和甲苯 60% 的混合物，要求馏出液中含苯 90%，残液中含苯 1%（组成均以摩尔分数计），求：

（1）馏出液和残液的流量（以 kmol/h 计）；

（2）饱和液体进料时，若塔釜的汽化量为 132kmol/h，写出精馏段操作线方程。

6. 用连续精馏塔分离两组分理想溶液，原料液流量为 150kmol/h，组成为 0.4%（摩尔分数），泡点进料，馏出液组成为 95%，残液组成 5%，操作回流比为 2.5，试写出精馏段操作线方程和提馏段操作线方程。

7. 氯仿（CHCl₃）和四氯化碳（CCl₄）的混合物在一连续精馏塔中分离。馏出液中氯仿的浓度为 0.95（摩尔分数），馏出液流量为 50kmol/h，平均相对挥发度 α=1.6，回流比 R=2。求：

（1）塔顶第二块塔板上升的气相组成；

（2）精馏段各板上升蒸气量 V 及下降液体量 L（以 kmol/h 表示）。

氯仿与四氯化碳混合液可认为是理想溶液。

8. 在连续精馏塔中分离理想两组分混合液，原料液组成为 35%（摩尔分数，下同），馏出液组成为 94%，操作回流比是最小回流比的 1.2 倍，物系的相对挥发度为 2.5，试求下面两种情况下的操作回流比。

（1）饱和蒸气进料；

（2）饱和液体进料。

9. 今有含苯 40% 和甲苯 60%（摩尔分数，下同）的混合液，欲用精馏塔分离出含苯 95% 的塔顶产品。进料为饱和液体，塔内平均相对挥发度为 2.5。若操作回流比取为最小回流比的 1.5 倍，写出精馏段操作线方程。此溶液可视为理想溶液。

10. 在常压连续精馏塔中分离苯和甲苯的混合液，已知进料中含苯为 0.4（摩尔分数，下同），泡点进料，馏出液组成为 0.95，塔釜残液组成为 0.05。塔顶采用全凝器，泡点回流，操作回流比为最小回流比的 1.5 倍。在操作条件下，苯和甲苯的相对挥发度为 2.45。试求该精馏塔的理论塔板数和进料板位置。

项目七　固体干燥

■ 任务1　了解固体干燥在化工生产中的应用

想一想　鱼可以加工成干鱼片，液体奶可以制成奶粉，空气增湿后可以人工降雨。这些现象说明，物质内的水分可以减少，也可以增加。怎样除去水分和增加水分呢？

为了回答上述问题，可通过几个案例，来学习干燥理论。

1. 干燥的方法及应用

固体干燥实质上就是将固体中的湿分除去的操作，工业生产中的固体物料，总是或多或少的含有一些湿分（水或其他液体），为了便于加工、运输、储存和使用，往往需要将其中的湿分除去，这种操作称为"去湿"，它广泛应用于化学工业、制药工业、轻工、食品工业等有关工业中。例如：木材在制作木模、木器前的干燥可以防止制品变形；陶瓷坯料在煅烧前的干燥可以防止成品龟裂；将收获的粮食干燥到一定湿含量以下，以防霉变；药物、食品的去湿（中药冲剂、片剂、糖、咖啡等），以防失效变质；塑料颗粒若含水超过规定，则在以后的注塑加工中会产生气泡，影响产品的品质。"去湿"的方法可分为以下三类。

（1）机械去湿　用压榨、过滤或离心分离的方法去除湿分的操作。如洗完的衣服要将其中的水拧干或洗衣机甩干。该操作能耗低，但湿分的除去不完全。当物料含水较多时，可采用机械分离方法以除去大量的水分。

（2）吸附去湿　用干燥剂（如 $CaCl_2$、硅胶等）与湿物料并存，利用干燥剂的吸湿性，使物料中的水分相继经气相而转入干燥剂内。如实验室中用干燥剂保存干物料；我们购买的食品包装中也常常会看到干燥剂。该方法能耗几乎为零，且能达到较为完全的去湿程度，但干燥剂的成本高，干燥速率慢。

（3）供热干燥　向物料供热以汽化其中的水分。如太阳底下晾晒衣服等。工业干燥操作多是用热空气或其他高温气体为介质，使之掠过物料表面，介质向物料供热并带走汽化的湿分，此种干燥常称为对流干燥。该操作能量消耗大，所以工业生产中湿物料若含水较多则可先采用机械去湿，然后再进行供热干燥来制得合格的干品。

2. 认识干燥流程

图 7-1 为压力喷雾干燥系统流程，可用来干燥悬浮液、浆状物等物料。干燥过程中有两股物料，即热空气和待干燥的料浆。热空气经空气过滤器-送风机-空气加热器-热风过滤器，然后进入干燥器内。送料泵送来的料浆经雾化器雾化后，在干燥塔内与热空气接触，水分蒸发后的固体颗粒经干燥器底部出料口排出，被空气带走的少量固体进入旋风分离器分离。

3. 干燥操作的分类

（1）按操作压力来分

① 常压干燥　在常压下进行的干燥操作，多数物料的干燥采用常压干燥。

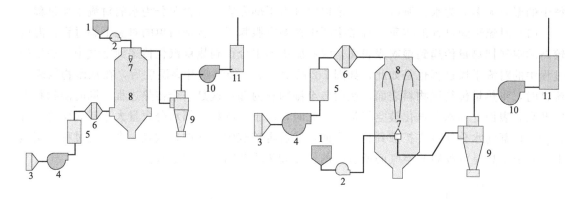

压力喷雾干燥系统流程(1) 压力喷雾干燥系统流程(2)

图 7-1 压力喷雾干燥系统流程

1—料液罐；2—送料泵；3—空气过滤器；4—送风机；5—空气加热器；6—热风过滤器；7—雾化器（喷嘴式）；

8—干燥室；9—旋风分离器；10—排风机；11—细粉回收装置（袋滤器/湿式除尘器）

② 真空干燥　该过程在真空条件下操作，可以降低湿分的沸点和物料的干燥温度，适用于处理热敏性，易氧化或要求产品含湿量很低的物料。

（2）按操作方式来分

① 连续式　湿物料从干燥设备中连续投入，干品连续排出。

特点：生产能力大，产品质量均匀，热效率高和劳动条件好。

② 间歇式　湿物料分批加入干燥设备中，干燥完毕后卸下干品再加料。

如烘房，适用于小批量，多品种或要求干燥时间较长的物料的干燥。

（3）按供热方式来分

① 对流干燥　使干燥介质直接与湿物料接触，温度较高的介质在掠过物料表面时向物料供热，传热方式属于对流，产生的蒸汽由干燥介质带走。如气流干燥器，流化床干燥器，喷雾干燥器等。这种干燥器物料不易过热，但介质由干燥器出来时由于温度较高，热能利用率低。

② 传导干燥　热量以传导方式通过传热壁面加热湿物料，使湿分汽化达到干燥的目的，如烘房、滚筒干燥器等。这种干燥器的热能利用率高，但物料易过热变质。

③ 辐射干燥　辐射器产生的辐射能以电磁波形式达到湿物料表面，湿物料吸收辐射能转变为热能，从而使湿分汽化，达到干燥的目的，如实验室中红外灯烘干物料。

④ 介电加热干燥　将湿物料置于高频电场内，依靠高频电场的交变作用加热物料并使湿分汽化，达到干燥目的的操作。

任务2　学习干燥进行的条件

【案例1】　日常生活中把湿衣服晾干的过程中，我们发现这种现象：温度高，空气干燥的地方，衣服干得快；而温度低，空气潮湿的地方，衣服干得慢。这说明在晾衣服的过程中，干燥速率与空气的性质密切相关。

那么，干燥速率与空气的什么性质有关系？

1. 干燥过程的原理

化工生产中最常见的为对流干燥。在对流干燥过程中，最常见的干燥介质是空气，湿物料中的湿分大多数为水，所以主要讨论以空气为干燥介质，所含湿分为水的对流干燥过程。

（1）对流干燥过程的实质　日常生活中把湿衣服晾干，就是简单的对流干燥过程：温度较高的空气把热量传递到湿衣服表面，湿衣服中的水分得到热量汽化传递到空气中。在生产过程中的对流干燥过程也是如此，如图 7-2 所示，空气经预热升高温度后，在从湿物料表面流过时，将热量传给湿物料表面，然后传至湿物料内部，这是一个传热过程。同时湿物料温度升高，表面上的水分汽化被空气带走，此时，由于湿物料内部水分含量大于其表面的水分含量，内部的水分便首先扩散到物料表面，然后再扩散到空气中，这是一个传质过程。实质上，对流干燥是湿物料与空气间所进行的传热和传质共同存在的过程。

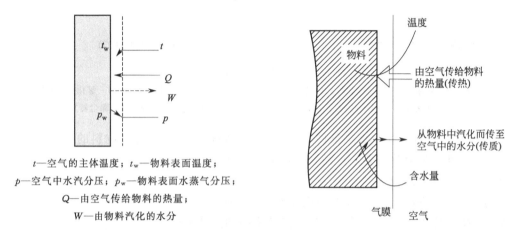

t—空气的主体温度；t_w—物料表面温度；
p—空气中水汽分压；p_w—物料表面水蒸气分压；
Q—由空气传给物料的热量；
W—由物料汽化的水分

图 7-2　热空气与物料间的传热与传质

（2）对流干燥的条件　通过上面分析可知：要使干燥过程得以进行，其必要条件是：物料表面产生的水汽分压必须大于空气中所含的水汽分压。两者的压力差的大小表示汽化水分的推动力。压力差越大，干燥进行得越快。所以，必须用干燥介质及时地将汽化的水分带走，以保持一定的汽化水分的推动力。如果压力差为零，表示干燥介质与物料之间的水汽达到动态平衡，干燥停止。

（3）对流干燥流程　如图 7-3 所示，湿空气经风机送入预热器，加热到一定温度后送入干燥器与湿物料直接接触，物料与气流的接触可以是并流、逆流或其他方式。经预热的高温热空气与低温湿物料接触时，热空气将热量传给固体物料，若气流的水汽分压低于固体表面水的分压时，水分汽化并进入气相，湿物料内部的水分以液态或水汽的形式扩散至表面，再汽化进入气相，被空气带走。

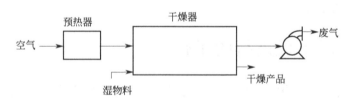

图 7-3　对流干燥流程示意

2. 湿空气的性质

想一想　空气作为干燥物料的干燥剂，其性质不同，干燥效果也不同，哪些因素能影响干燥呢？

实践证明，空气的湿度、相对湿度、温度等物理性质影响干燥效果。

（1）湿度 湿空气的湿度又称湿含量或绝对湿度，是指单位质量干空气所带有的水汽质量，用符号 H 表示，单位为 kg 水汽/kg 干空气。计算式为：

$$H = 0.622 \times \frac{p_{汽}}{p - p_{汽}} \tag{7-1}$$

式中 H——空气的湿度，kg 水汽/kg 干空气；

p——湿空气的总压，Pa；

$p_{汽}$——湿空气中水蒸气的分压，Pa。

由式（7-1）可以看出，湿空气的湿度 H 与湿空气的总压 p 以及其中的分压 $p_{汽}$ 有关，当总压 p 一定时，湿度 H 随水汽的分压 $p_{汽}$ 增大而增大。当湿空气达到饱和时，所对应的湿度为饱和湿度，表示为 $H_{饱}$，该湿空气中水汽的分压为 $p_{饱}$；可以表示为：

$$H_{饱} = 0.622 \times \frac{p_{饱}}{p - p_{饱}} \tag{7-2}$$

（2）相对湿度 在一定的温度和压力下，湿空气中的水汽分压与同温度下的饱和水蒸气的分压之比称为湿空气的相对湿度，用 φ 表示：

$$\varphi = \frac{p_{汽}}{p_{饱}} \times 100\% \tag{7-3}$$

相对湿度是用来衡量湿空气的不饱和程度。当相对湿度 $\varphi = 100\%$，即 $p_{汽} = p_{饱}$ 时，表明该湿空气已被水汽所饱和，不能再吸收水汽。当相对湿度 $\varphi = 0$ 时，$p_{汽} = 0$，表明空气中水汽含量为 0，该空气为绝对干燥的空气，具有较强的吸水能力。当相对湿度 $\varphi = 0 \sim 100\%$ 之间，说明湿空气处于未饱和状态。φ 越大，表明空气的相对湿度越大，越接近饱和状态，湿空气的吸水能力越差；反之，湿空气的吸水能力越强。由此可见，相对湿度是表示空气吸水能力的参数，反映空气吸水能力的大小；而湿度则只能表示湿空气中所含水汽的多少。

我们知道，水的饱和蒸气压随温度的升高而增大，对于具有一定水汽分压的湿空气，温度升高，相对湿度必然下降。在干燥操作中，将湿空气加热，就可使相对湿度减小，空气的吸湿能力增强。所以，空气在进入干燥器之前，多数情况下都要先进行预热。另外，在干燥操作中，必须不断降低空气的相对湿度。气流干燥器、沸腾床干燥器都能使空气经常保持流动状态，连续不断地将湿度增大的空气带出，以保持干燥器内的空气具有较低的湿度。

🌀 **双边交流**

1. 仔细观察图 7-1、图 7-3，讨论湿空气进入干燥器前为什么要进行预热？然后将讨论结果写下来。

2. 在夏季的梅雨季节里，尽管温度很高，为什么衣服却并不容易干呢？

（3）干球温度与湿球温度 相对湿度常用干、湿球温度计来测量，干、湿球温度计如图7-4 所示。左边为干球温度计，即普通温度计，其感温球露在空气中；右边为湿球温度计，其感温球上包上湿纱布，使之保持湿润状态。

用干球温度计测得的温度称为湿空气的干球温度，用符号 t 表示，单位为℃或 K，干球温度为湿空气的真实温度。

用湿球温度计测得的温度称为湿空气的湿球温度，用符号 $t_{湿}$ 表示，单位为℃或 K。湿球温度实质上是湿空气与湿纱布中的水传热与传质达到稳定时，湿纱布中水的温度。湿球温

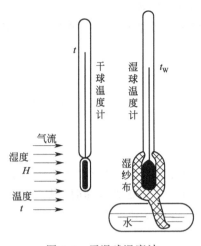

图 7-4 干湿球温度计

度取决于湿空气的温度和湿度，饱和湿空气的湿球温度等于其干球温度，不饱和湿空气的湿球温度总是小于其干球温度，且其相对湿度越小，两温度的差距越大。

（4）露点　将未饱和的湿空气在总压 p 和湿度 H 不变的情况下冷却降温至饱和状态时的温度，称为该空气的露点，用符号 $t_{露}$ 来表示，单位为℃或 K。露点时的湿度为饱和湿度，用符号 $H_{露}$ 表示，湿空气中的水汽分压等于露点时水的饱和蒸气压，用 $p_{露}$ 表示。

由式(7-2)得：

$$H_{露}=0.622\times\frac{p_{露}}{p-p_{露}}$$

$$则：p_{露}=\frac{Hp}{0.622+H} \tag{7-4}$$

确定露点时，只需将空气的总压 p 和湿度 H 代入式(7-4)中求得 $p_{露}$，然后查饱和水蒸气压表，查出对应的温度，即为该空气的露点。可以看出，当湿空气的总压一定时，湿空气的露点只与其湿度有关。

（5）绝热饱和温度　湿空气在绝热状态下增湿达到饱和时的温度，称为该空气的绝热饱和温度，用符号 $t_{绝}$ 来表示，单位为℃或 K。图 7-5 为一个绝热饱和器，未饱和的湿空气从底部进入，与塔顶喷淋水逆流接触，部分水汽化进入空气中由器顶排出。由于饱和器是绝热的，基本上是一个等焓过程，因此水分汽化所需的热量只能来自空气的显热，导致空气的温度下降，湿度增加。当湿空气绝热增湿到饱和状态时，温度与循环水的温度相等，不再变化，此时的温度即为该湿空气的绝热饱和温度。

实验证明，对空气-水系统，湿空气的绝热饱和温度与湿球温度基本相等，工程计算中，常取 $t_{绝}=t_{湿}$。

对未饱和的湿空气：$t>t_{湿}>t_{露}$

对饱和的湿空气：$t=t_{湿}=t_{露}$

湿空气的状态可以由任意两个独立的参数确定。例如干球

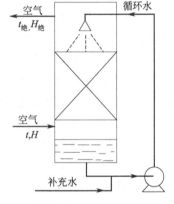

图 7-5　绝热饱和器

温度和湿球温度、干球温度和露点、干球温度和相对湿度等。由于干球温度和湿球温度易于测量，所以常用其确定湿空气的状态。湿空气的状态一旦确定，其各个性质均可通过计算或查图得出。但是，湿空气的某些性质如露点和湿度，由于不是独立存在的，所以不足以确定湿空气的状态。

3. 物料中所含水分的性质

想一想　干燥过程中，尽管所用的干燥介质空气相同，但是物料不一样，最后的干燥效果也不一样。比如在同样的环境中，刚洗的湿衣服可以慢慢干，而干燥的饼干反而返潮，是不是物料的性质也会影响干燥效果？

结论是肯定的。下面学习湿物料中所含水分的性质。

（1）自由水分和平衡水分　在一定干燥条件下，能用干燥方法除去的水分称为自由水分；不用干燥方法除去的水分称为平衡水分。

当湿物料与一定温度和湿度的空气接触时，若湿物料表面所产生的水汽分压大于空气中水汽的分压时，物料中的水汽将会向空气中转移，干燥可以顺利进行；当湿物料表面产生的水汽分压小于空气中的水汽分压，则物料将吸收空气中的水分，产生所谓"返潮"现象；若物料表面产生的水汽分压等于空气中的水汽分压时，两者处于平衡状态，湿物料中的水分含量为一定值，不会因为与空气接触的时间长短而变化，此时，物料中的含水量就是该物料在此空气状态下的平衡含水量，又称平衡水分，用 X^* 表示，单位为 kg(水)/kg(干料)。湿物料中的水分含量大于平衡水分时，则其含水量与平衡水分之差称为自由水分。

湿物料的平衡水分，可由实验测得，图7-6 为 25℃时几种物料的平衡含水量 X^* 与湿空气相对湿度 φ 的关系。由该图可以看出，不同的湿物料在相同的 φ 值下，其平衡水分不同；同一种物料的平衡水分随空气 φ 的减小而减小，当空气的相对湿度为零时，各种物料的平衡水分均为零。这就是说，要想获得一个绝干物料，就必须有一个绝对干燥的空气（$\varphi=0$）与湿物料进行较长时间的接触，这在实际生产中是很难达到的。当湿物料与具有一定相对湿度的空气接触时，湿物料中总有一部分水分不能被除去，这一部分水分称为平衡水分，它是在一定空气状态

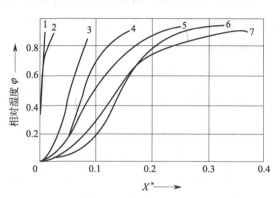

图 7-6　25℃时几种物料的平衡含水量 X^* 与湿空气相对湿度 φ 的关系（25℃）
1—石棉纤维板；2—聚氯乙烯粉（50℃）；3—木炭；
4—牛皮纸；5—黄麻；6—小麦；7—土豆

下，物料所能干燥的最大极限，在实际生产过程中，干燥往往不能干燥到最大限度，因此，干燥过程中所除去的水分也只是自由水分中的一部分。

（2）结合水分和非结合水分　根据物料中所含水分被除去的难易程度，可将物料中的水分分为结合水分和非结合水分。物料中毛细管内的水分、细胞壁内的水分等与物料结合力较强的水分，所产生的蒸气压低于同温度下纯水的饱和蒸汽压，用干燥方法不易除去，这部分水分称为结合水分。物料表面的吸附水分和存在于大孔隙中的水分，其饱和蒸汽压等于同温度下纯水的饱和蒸汽压，与物料之间的结合力弱，用干燥的方法容易除去，这部分水分称为非结合水分。在干燥过程中，除去结合水分比除去非结合水分难。

在一定温度下，平衡水分与自由水分的划分是根据湿物料的性质以及与之接触的空气状态有关，而结合水分与非结合水分的划分则仅与物料本身的性质有关，与空气的状态无关。同温下，相对湿度为 100％时的平衡水分即为湿物料的结合水分。

物料中几种水分的关系可以表示为：

$$物料中的水分\begin{cases}自由水分\begin{cases}非结合水分：首先除去的水分\\能除去的结合水分\end{cases}\\平衡水分：不能除去的结合水分\end{cases}$$

（3）湿基含水量与干基含水量

① 湿基含水量　单位质量湿物料中所含水分的质量，即湿物料中水分的质量分数，称为湿基含水量，用符号 w 表示，单位为 kg 水/kg 湿物料。

$$w=\frac{湿物料中水的质量}{湿物料的总质量}$$

② 干基含水量　单位质量绝干物料中水分的质量，称为干基含水量，用符号 X 表示，单位为 kg 水/kg 绝干物料。

$$X = \frac{湿物料中水分的质量}{湿物料中绝干物料的质量} = \frac{湿物料中水分的质量}{湿物料的总质量-湿物料中水分的质量}$$

两种含水量之间的关系为：$X = \dfrac{w}{1-w}$　或　$w = \dfrac{X}{1+X}$ 　　　　　　　(7-5)

湿物料在干燥过程中，水分不断被汽化移走，湿物料的总质量在不断减少，所以用湿基含水量有时很不方便。但是，湿物料中绝干物料的质量在干燥过程中始终是不变的，所以，以绝干物料为基准的干基含水量在应用时比较方便。

🌀 **双边交流**

1. 干燥过程能够进行的必要条件是＿＿＿＿＿＿＿＿＿＿＿＿＿＿＿＿＿＿＿＿。

2. 如何理解空气的湿度与相对湿度？湿度：＿＿＿＿＿＿＿＿＿＿＿＿＿＿＿＿＿＿；相对湿度：＿＿＿＿＿＿＿＿＿＿＿＿＿＿＿。

3. 物料中的水分包括＿＿＿＿＿＿和＿＿＿＿＿，能用干燥方法除去的水分是＿＿＿＿＿，不能用干燥方法除去的水分是＿＿＿＿＿。

4. 通过上面的学习已知，空气的性质与干燥速率有关，那么，在相同的干燥条件下，不同的湿物料干燥速率是否一样呢？日常生活中我们发现，不同的衣服晾晒在同样的条件下，衣服干的快慢是不相同的，为什么？

任务3　学习干燥过程水分蒸发量和空气耗用量的计算

【**案例 2**】　用空气干燥某含水量为 40％（湿基）的湿物料，每小时处理湿物料量 1000kg，干燥后产品含水量为 5％（湿基）。空气的初温为 20℃，相对湿度为 60％，经预热至 120℃后进入干燥器，离开干燥器时温度为 40℃，相对湿度为 80％。试求：

（1）水分蒸发量；

（2）绝干空气消耗量和单位空气消耗量；

（3）干燥产品量。

1. 解决案例的理论引导

如图 7-7 所示，设进入干燥器的湿物料的质量为 G_1 kg/s，湿基含水量为 w_1，干基含水量为 X_1，出干燥器的产品的质量为 G_2 kg/s，湿基含水量为 w_2，干基含水量为 X_2，绝干物料的质量为 G_c kg/s，水分蒸发量为 W kg/s。用来干燥的湿空气中绝干空气的流量为 L kg/s，干燥过程中湿空气的湿度分别为 H_0，H_1 和 H_2，空气经过预热器其湿度不变，即 $H_0 = H_1$。

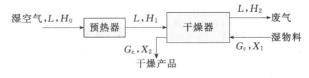

图 7-7　［案例 2］示意

（1）水分蒸发量的计算

用湿基含水量表示：　　　$W = G_1 \dfrac{w_1 - w_2}{1 - w_2} = G_2 \dfrac{w_1 - w_2}{1 - w_1}$ 　　　　　　　(7-6)

用干基含水量表示： $$W = G_c(X_1 - X_2) \tag{7-7}$$

式中　W——水分蒸发量，kg/s；

　　　G_1——进入干燥器的湿物料的质量，kg/s；

　　　G_2——离开干燥器的湿物料的质量，即干燥产品的质量，kg/s；

　　　w_1——进入干燥器的湿物料的湿基含水量；

　　　w_2——离开干燥器的湿物料的湿基含水量；

　　　X_1——进入干燥器的湿物料的干基含水量；

　　　X_2——离开干燥器的湿物料的干基含水量。

（2）空气耗用量的计算

绝干空气耗用量 L 的计算：

$$L = \frac{W}{H_2 - H_1} = \frac{W}{H_2 - H_0} \tag{7-8}$$

单位空气耗用量 l 的计算：

$$l = \frac{L}{W} = \frac{1}{H_2 - H_1} \tag{7-9}$$

式中　L——湿空气中绝干空气的流量，kg/s；

　　　l——单位空气耗用量，即干燥 1kg 水所消耗的空气的量，kg/s；

　　　H_0——进入预热器时湿空气的湿度；

　　　H_1——进入干燥器时湿空气的湿度；

　　　H_2——离开干燥器时湿空气的湿度。

（3）干燥产品量的计算

$$G_2 = G_1 \frac{1 - w_1}{1 - w_2} \tag{7-10}$$

2. 解决案例的步骤

步骤一：已知条件分析：

① 物料的性质

$G_1 = $ _____ kg/s，$w_1 = $ _____，$w_2 = $ _____。

② 空气的性质

已知量：$\varphi_0 = 60\%$，$t_0 = $ _____℃；$t_1 = $ _____℃；$\varphi_2 = 80\%$，$t_2 = $ _____℃。

待查量：计算空气湿度时要用到的饱和蒸气压 $p_{饱0}$，$p_{饱2}$

查附录饱和水蒸气表得：20℃时，$p_{饱0} = 2.334 kPa$；40℃时，$p_{饱2} = 7.375 kPa$

步骤二：计算水分蒸发量

$$W = G_1 \frac{w_1 - w_2}{1 - w_2} = 1000 \times \frac{0.4 - 0.05}{1 - 0.05} = 368.42 \text{ （kg/h）}$$

步骤三：计算空气耗用量

计算式：$L = \dfrac{W}{H_2 - H_1} = \dfrac{W}{H_2 - H_0}$　和　$l = \dfrac{L}{W} = \dfrac{1}{H_2 - H_1}$

式中：

$$H_0 = 0.622 \times \frac{p_汽}{p - p_汽} = 0.622 \times \frac{\varphi_0 p_{饱0}}{p - \varphi_0 p_{饱0}} = 0.622 \times \frac{0.6 \times 2.334}{100 - 0.6 \times 2.334} = 0.009 \text{ （kg 水/kg 绝干气）}$$

$$H_2 = 0.622 \times \frac{p_汽}{p - p_汽} = 0.622 \times \frac{\varphi_2 p_{饱2}}{p - \varphi_2 p_{饱2}} = 0.622 \times \frac{0.8 \times 7.375}{100 - 0.8 \times 7.375} = 0.039 \text{ （kg 水/kg 绝干气）}$$

代入式中得到：

$$L=\frac{W}{H_2-H_0}=\frac{368.42}{0.039-0.009}=12280.67 \text{（kg 绝干气/h）}$$

$$l=\frac{1}{H_2-H_0}=\frac{1}{0.039-0.009}=33.33 \text{（kg 绝干气/kg 水）}$$

步骤四：干燥产品量的计算：

$$G_2=G_1\frac{1-w_1}{1-w_2}=1000\times\frac{1-0.4}{1-0.05}=631.58 \text{（kg/h）}$$

任务 4 　了解影响干燥速率的因素

1. 干燥速率

干燥速率是衡量干燥进行快慢的物理量，是指单位时间内，单位干燥面积上所汽化的水分量。是由实验来进行确定的。由于实验是用大量空气干燥少量湿物料，故可以看作是在恒定干燥条件下进行的。图7-8是由实验所绘得的干燥速率曲线，表明在一定干燥条件下，干燥速率与物料的干基含水量的关系。从该曲线可以看出，干燥速率很明显分为两个阶段，即恒速干燥阶段 BC 和降速干燥阶段 CE。

（1）恒速干燥阶段　如图7-8中 BC 段所示的阶段，在该阶段，干燥速率保持不变，为一恒定值，且不随物料含水量的变化而变化。

干燥开始进行时，物料表面的含水量较高，其表面的水分可以认为是非结合水分，在恒速干燥阶段，物料内部水分的扩散速率大于表面水分汽化速率，物料表面始终被水汽所润湿。物料表面水分的蒸气压与空气中水分的蒸气压之差保持不变，空气传给物料的热量等于水分汽化所需的热量。此时，干燥速率的大小取决于物料表面水分汽化速率的大小，取决于湿空气的性质，而与湿物料的性质关系很小，因此，恒速干燥阶段又称为表面汽化控制阶段或干燥第一阶段，在该阶段，物料表面的温度基本保持为空气的湿球温度。

图中的 AB 段为物料的预热阶段，由于该阶段所需的时间很短，故常并入 BC 段处理

（2）降速干燥阶段　如图7-8中 CE 段所示的阶段，在该阶段，干燥速率不断下降，并近似地与湿物料中自由水分的量成正比。

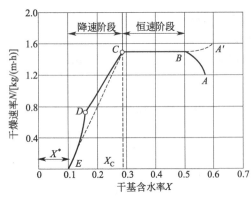

图 7-8　恒定干燥条件下的干燥速率曲线

干燥进行到该阶段时，由于物料内部水分的扩散速率小于表面水分的汽化速率，物料表面的水分量逐渐减小，干燥速率不断下降。在该阶段，干燥速率主要取决于物料本身的结构、形状和大小等性质，而与空气的性质关系很小。因此，降速干燥阶段又称为内部水分控制阶段或干燥第二阶段。在该阶段，由于空气传给湿物料的热量大于水分汽化所需的热量，湿物料表面温度不断上升，最终接近空气的温度。

恒速干燥阶段与降速干燥阶段的转折点 C 称为临界点，该点的干燥速率仍为恒速干燥速率，与该点对应的湿物料的含水量称为临界含水量 X_C。临界点是物料中非结合水分与结合水分划分的界限，物料的含水量大于临界含水量的部分是非结合水分，小于临界含水量的是结合水分。

干燥速率曲线与横轴的交点 E 所表示的含水量为物料的平衡含水量 X^*，即平衡水分。

综上所述，当物料的含水量大于临近含水量时，属于恒速干燥阶段；当物料的含水量小于临界含水量时，属于降速干燥阶段；当物料的含水量为平衡含水量时，干燥速率为零。实际上，在工业生产过程中，物料不会被干燥到平衡含水量，而是在平衡含水量与临界含水量之间的某一值，其值视生产要求和经济核算而定。

2. 影响干燥速率的因素

影响干燥速率的因素主要有 3 个方面：湿物料、干燥介质、干燥设备。这三者之间又是相互联系的。

（1）湿物料的性质和形状　在干燥第一阶段，由于物料的干燥相当于湿物料表面水分的汽化，因此，物料的性质对于干燥速率影响很小，主要与干燥介质的条件有关。但物料的形状、大小和物料层的厚薄影响物料的临界含水量。在干燥第二阶段，物料的性质和形状对干燥速率的影响起决定性的作用。

（2）物料本身的温度　物料的温度越高，则干燥速率越大。但物料的温度与干燥介质的温度和湿度有关。

（3）物料的含水量　物料的最初、最终以及临界含水量决定干燥各阶段所需时间的长短。

（4）干燥介质的温度和湿度　干燥介质的温度越高、湿度就会越低，干燥第一阶段的速率就会越大，但是以不损坏物料为原则。对某些热敏性物料，更应该选用合适的温度。在干燥过程中，采用分段中间加热方式可以避免过高的介质温度。

（5）干燥介质的流速和流向　在干燥第一阶段，提高气速可以提高干燥速率，介质的流动方向垂直于物料表面的干燥速率比平行时要大。在干燥第二阶段，气速和流向对干燥速率影响很小。

（6）干燥器的结构　以上影响干燥速率的因素中，大都与干燥器的结构有关，所以在干燥器的设计过程中，都会将这些因素考虑在内。

🌀 **双边交流**

1. 影响恒速干燥阶段干燥速率的因素有哪些，通过讨论将你的结论写下来。

2. 影响降速干燥阶段干燥速率的因素有哪些，通过讨论将你的结论写下来。

3. 如果干燥热敏性物料，当干燥处于降速阶段时，请讨论，要想缩短干燥时间，可以采取什么方法？请将你的结论写下来。

任务5　认识干燥设备

在干燥过程中，由于不同物料的物理、化学性质以及外观形状等差异很大，对干燥设备的要求也就各不相同，工业生产中常用的干燥设备很多，必须根据物料的不同性质来确定干燥器的结构。一般而言，除了干燥小批量、多品种的产品，工业上并不要求一个干燥器能处理多种物料。

1. 常见的干燥器

（1）厢式干燥器　图 7-9 为常见的厢式干燥器的示意。厢式干燥器又称为盘架式干燥器，属于间歇式干燥设备，主要由一外壁绝热的厢式干燥室和放在小车支架上的物料盘构

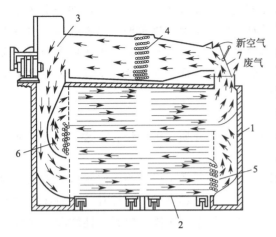

图 7-9　厢式干燥器

1—干燥室；2—小车；3—送风机；
4~6—空气预热器；7—蝶形阀

成。物料盘的多少由所处理的物料量的多少而定。干燥器中的物料盘分为上、中、下三组，每组有若干层。盘中物料的厚度一般为10~100mm。空气进入干燥器后，经预热器预热，沿图中箭头所指方向进入下部几层物料盘，再经加热器加热后经过中间几层物料盘，最后再经过加热器加热进入上层物料盘，废气一部分排出，另一部分循环使用。当热空气经过物料盘时，将被干燥物料中的水分汽化带走，物料被干燥。空气的流速随物料的粒度而定，一般为1~10m/s。空气分段加热和废气部分循环使用，可使干燥器内空气温度均匀，提高热能利用率。

厢式干燥器的优点是结构简单，适应性强，可用于干燥小批量的粒状、片状、膏状、较贵重物料，同时适用于干燥程度要求较高、不允许粉碎的脆性物料，在干燥过程中可以随时改变干燥时间和干燥介质的状态。其缺点是干燥不均匀，劳动强度大，操作条件差等。主要适用于实验室和中小型生产中。

（2）转筒干燥器　图7-10是一台用热空气直接加热的逆流操作转筒干燥器，属于连续式干燥设备。主体是一个与水平稍有倾斜的可以旋转的钢制圆筒。转筒外壁装有两个滚圈，整个转筒的重量通过这两个滚圈支撑在拖轮上。转筒被腰齿轮带动而回转，转速一般为1~8r/min。

干燥过程中，物料由转筒较高的一端加入，在转筒转动的过程中，不断被抄板抄起并均匀地撒下，以使得湿物料与干燥介质能够均匀接触，物料在重力作用下以螺旋运动的方式移动到较低一端时，干燥完毕而被排出。干燥介质由出口端进入，与物料逆流接触，废气从进口端排出。

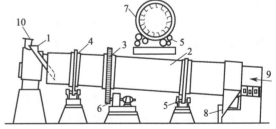

图 7-10　逆流操作转筒干燥器

1—进料口；2—转筒；3—腰齿轮；4—滚圈；
5—托轮；6—变速箱；7—抄板；8—出料口；
9—干燥介质进口；10—废气出口

在转筒干燥器中，物料与介质的流向通常有并流和逆流两种。并流操作时，等速干燥阶段的干燥速率快，干燥后的物料温度低，热能利用率高。适用于物料含水量较高时允许快速干燥，而干燥后物料不耐高温、吸湿性很小的物料的干燥。经过逆流操作干燥的物料，其含水量可以降到较低的数值，适用于在等速干燥阶段干燥速率不易过快，而干燥后能耐高温的物料的干燥。

转筒干燥器的优点是生产能力大，气流阻力小，操作弹性大。缺点是钢材耗用量大，基建费用高，占地面积大。可用于干燥粒状和块状物料，如干燥硫酸铵、硝酸铵、复合肥、碳酸钙、矿渣、陶土等物料。

（3）气流干燥器　图7-11为气流干燥器结构示意图，它是利用高速流动的热空气，使粉粒状的物料悬浮于气流中，在气力输送过程中完成干燥操作的。操作时，空气由风机经预热器后以很高的流速（约 10～20m/s）从气流管下部向上流动，湿物料由加料器加入，悬浮于高速气流中。由于物料与空气的接触非常充分，且两者都处于运动状态，故传热与传质的效果很好，湿物料中的水分很快被除去。干燥后的物料和废气一起经物料下降管进入旋风分离器，在旋风分离器中进行气固分离，废气经袋滤器进一步分离，干燥产品则由旋风分离器下部排出。

气流干燥器的优点是干燥速率很快，物料在干燥器内的停留时间很短（通常不超过 5～10s），可以在较高的温度下进行干燥，对某些热敏性物料干燥时即使温度很高也不会变质。该设备结构简单、造价低、占地面积小、操作稳定、便于实现自动化操作。缺点是设备太高（气流管高度通常在 10m 以上），气流阻力大，动力消耗多，产品易磨碎，不适用于干燥晶粒不允许破坏和黏着性强的物料。气流干燥器广泛适用于化肥、塑料、制药、食品和染料等工业中，用于干燥粒径在 10mm 以下含非结合水分较多的物料。

（4）沸腾床干燥器　沸腾床干燥器又称流化床干燥器，是固体流态化技术在干燥中的应用。图 7-12 为卧式多室沸腾床干燥器，干燥器内用垂直的挡板分隔为 4～8 室，挡板与多孔分布板之间留有一定间隙（一般为几十毫米），使物料能够逐室通过。湿物料由进料口加入，依次通过各室后，越过出口堰板排出。热空气从底部通入，经过多孔分布板进入前面几个室，使物料处于流态化，这样，物料与热空气能够充分接触，增大了干燥过程的速率。当物料通过最后一室时，与下部通入的冷空气接触，使得产品迅速冷却，便于包装和收藏。

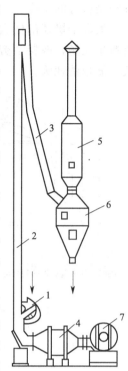

图 7-11　气流干燥器结构

1—加料器；2—气流管；
3—物料下降管；4—空气预热器；5—袋滤器；
6—旋风分离器；7—风机

沸腾床干燥器的优点是结构简单，造价和维修费用都较低；在干燥过程中，颗粒在干燥器内的停留时间可以任意调节；气固接触良好，干燥速率快，热效率好，能得到较低的最终含水量；空气的流速较小，物料与设备的磨损较轻，压降较小。该干燥器适用于处理粉粒状物料，而且要求物料不会因水分较多而引起显著结块，多用于干燥粒径在 0.003～6mm 的物料，含水量要求在 2%～15%，如果物料中的含水量超过范围时，可以掺入部分干料，或者在床内加搅拌器以防止结块。由于沸腾床干燥器具有很多优点，适应性较广，故在生产中得到广泛应用。

（5）喷雾干燥器　图 7-13 为喷雾干燥器结构示意，它是直接将含水量在 75%～80% 以上的溶液、悬浮液、浆状物料或熔融液干燥成固体产品的一种干燥设备。操作时，高压液体以雾状的形式从喷嘴喷出，由于喷嘴随着旋转十字管一起转动，雾状的液滴便均匀地分布于热空气中，空气经预热器预热后由干燥器上部进入，干燥结束后的废气经袋滤器回收其中的物料后由排气管排出，干燥产品从干燥器底部引出。喷雾干燥器的干燥时间很短，一般只有 3～5s，适用于热敏性物料的干燥，例如牛奶、蛋品、血浆、洗涤剂、抗生素、酵

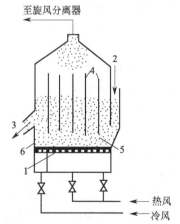

图 7-12　卧式多室沸腾床干燥器

1—多孔分布板；2—加料器；
3—出料口；4—挡板；
5—物料通道；6—出口堰板

母和染料等的干燥。

喷雾干燥器的优点是干燥过程进行得很快；能够直接从料浆得到产品；干燥过程中能避免粉尘飞扬，改善了劳动条件；操作稳定，容易实现连续化和自动化生产。缺点是热效率低，能量消耗大。

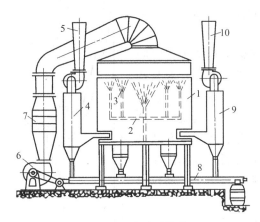 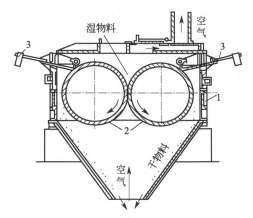

图 7-13　喷雾干燥器
1—操作室；2—旋转十字管；3—喷嘴；
4,9—袋滤器；5,10—废气排出口；6—送风机；
7—空气预蒸器；8—螺旋卸料器

图 7-14　滚筒干燥器
1—外壳；2—滚筒；3—刮刀

（6）滚筒干燥器　图 7-14 为双滚筒干燥器，属于传导干燥器。是由传动装置带动一对钢制的中空圆筒转动，每分钟转数为 3～8 转。操作时，加热蒸汽由滚筒的中空轴通入筒内，通过间壁将黏附在筒外的物料加热烘干，干料层的厚度由两滚筒间的间隙来控制。

滚筒干燥器的优点是热效率高，在操作过程中，可以根据物料黏度的大小和要求的干燥程度，来调节滚筒间的间距和滚筒的转速。适用于处理悬浮液、膏糊状物料，不适用于含水量较低的热敏性物料。该干燥器在国内多用于染料工业中。

2. 干燥器的选择

工业生产过程中，由于干燥器的种类和类型很多，待干燥的物料也是种类繁多，且对产品质量的要求也各不相同。所以为了满足产品质量、同时又能节省能耗，选择合适的干燥器就非常重要。选择干燥器时，要综合考虑以下几个问题。

（1）操作方式　干燥器的操作方式分为间歇式和连续式两种。间歇操作的干燥器，例如厢式干燥器，其生产能力小，笨重，物料是静止的，不适合现代大工业化的要求，只适用于干燥小批量、多品种的产品。而连续操作的干燥器，例如气流干燥器，其生产能力较大，可以缩短干燥时间，提高产品质量，操作稳定，容易控制，适用于干燥大批量的物料。

（2）物料的性质　物料的性质包括很多方面。第一，物料对热的敏感性决定了干燥过程中物料的温度上限，同时物料承受温度的能力还与干燥时间的长短有关。对于某些热敏性物料，如果干燥时间很短，即使在较高温度下进行干燥，产品也不会变质。如气流干燥器和喷雾干燥器适于热敏性物料的干燥。第二，物料不同，达到干燥程度所需的干燥时间差异也很大，对于吸湿性物料或临界含水量很高的物料，应选择干燥时间长的干燥器，而对于干燥时间很短的干燥器如气流干燥器，仅适于干燥临界含水量很低的易于干燥的物料。第三，对于液状或浆状物料的干燥，常用滚筒干燥器或喷雾干燥器，滚筒干燥器也适用于浓稠的物料。滚筒干燥器比喷雾干燥器易于控制干燥温度和干燥时间，喷雾干燥器对于制取粉状产品时最有效，干燥后产品不需要再粉碎。

（3）干燥产品的性质　选择干燥器时，首先要考虑对产品形态的要求，例如陶瓷制品和饼干等食品，如果在干燥过程中失去了原有的形状，也就失去了它们的商品价值。其次，干燥食品、药品等不能受污染的产品时，所选用的干燥介质必须纯净，或者采用间接加热蒸汽干燥。干燥时，有的产品不仅要求有一定的几何形状，而且要求有良好的外观，这些物料在干燥过程中，若干燥速度太快，可能会使产品表面硬化或严重收缩发皱，直接影响到产品的价值。

（4）其他　干燥器的热效率是选择干燥器的重要经济指标，选择干燥器时，在满足干燥基本要求的条件下，尽可能选择热效率高的干燥器。其次，还要考虑对环境的影响，若废气中含有对大气有污染的成分时，必须对废气进行处理后排放。最后，选择干燥器时，还要考虑劳动强度、设备的制造、操作、维修等。

通过以上学习可以知道，干燥操作的目的是将物料中的含水量降到规定的指标以下，且不出现龟裂、焦化、变色、氧化和分解等物理和化学性质上的变化；干燥过程的经济性主要取决于热能的消耗及利用率。工程上，除非是干燥小批量、多品种的产品，否则一般不要求一个干燥器能处理多种物料。对干燥过程而言，通用设备不一定符合经济、优化原则。因此，在干燥生产中，应从实际出发，选择合适的干燥器，在适宜的干燥条件下进行操作，以达到优质、高产、低耗的目标。

🌀 **双边交流**

若需从牛奶料液直接得到奶粉制品，应选用什么样的干燥器？如果要干燥小批量，晶体在摩擦下易碎，但又希望保留较好的晶形的物料，又应选用哪种干燥器较为合适？

[实践环节]

干燥速率曲线的测定

1. 教学目标

（1）学会干燥速率曲线的测量方法，加深对两个干燥阶段的理解。

（2）测定在恒定干燥条件（即热空气温度、湿度、流速不变、物料与气流的接触方式不变）下的湿物料干燥曲线和干燥速率曲线；

（3）测定该物料的临界湿含量 X_0。

2. 促成目标

（1）认识干燥设备，了解干燥器的结构、工艺流程和操作方法。

（2）学习物料在恒定干燥条件下干燥速率的测定方法。

（3）通过现场动手操作，锻炼学生实际动手能力。

（4）通过理论与实际相结合，加深对理论知识的理解。

3. 理论引导

干燥速率的定义：干燥速率是指单位时间内，在单位干燥面积上所汽化的水分的质量。即：

$$U=\frac{\mathrm{d}W}{A\,\mathrm{d}\tau}=-\frac{G_c\,\mathrm{d}X}{A\,\mathrm{d}\tau} \tag{7-11}$$

式中　U——干燥速率，$kg/(m^2 \cdot s)$；

A——干燥表面积，m^2；

W——汽化的水分量，kg；

　　τ——干燥时间，s；

　　G_c——绝干物料的质量，kg；

　　X——物料的干基含水量，kg 湿分/kg 干物料，负号表示 X 随干燥时间的增加而减少。

通过前面的学习知道，恒定干燥条件下的干燥操作分为恒速干燥阶段和降速干燥阶段。当湿物料和热空气接触时，湿物料被预热升温并开始干燥，在恒定干燥条件下，若水分在表面的汽化速率小于或等于从物料内部向表面层迁移的速率时，物料表面仍被水分完全润湿，干燥速率保持不变，称为恒速干燥阶段或表面汽化控制阶段。当物料的含水量降至临界湿含量以下时，物料表面仅部分润湿，且物料内部水分向表层的迁移速率又低于水分在物料表面的汽化速率时，干燥速率就不断下降，称为降速干燥阶段或内部扩散阶段。

4. 干燥速率的测定方法

将湿物料置于恒定空气流中进行干燥，随着干燥过程的进行，水分不断汽化，湿物料质量不断减少。记录不同时间下湿物料的质量 G，直到湿物料质量不变为止，此时留在物料中的水分就是平衡水分 X^*。再将物料烘干后称重得到绝干物料的质量 G_c，则物料中瞬间含水率 X 为：

$$X=\frac{G-G_c}{G_c} \tag{7-12}$$

计算出每一时刻的瞬间含水率 X，然后将 X 对干燥时间 τ 作图，如图 7-15，即为干燥曲线。

由上述干燥曲线可以进一步得到干燥速率曲线。根据已测得的干燥曲线求出不同 X 下的斜率 $\dfrac{\mathrm{d}X}{\mathrm{d}\tau}$，再由式（7-11）计算得到干燥速率 U，将 U 对 X 作图，就是干燥速率曲线。

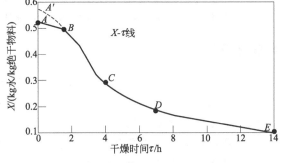

图 7-15　恒定干燥条件下的干燥曲线

5. 实验装置及流程

干燥过程实验装置如图 7-16 所示。空气由进风口经鼓风机送入电加热器，经加热后进入干燥室，与放置于干燥室料盘中的湿物料接触，同时发生传热与传质过程，最后废气经排出管道通入大气。实验过程中，重量传感器将重量转化为电信号由仪表显示出来。

6. 实验步骤

（1）放置托盘，开启总电源，开启风机电源。

（2）打开仪表电源开关，打开电加热器，旋转加热按钮至适当加热电压。干燥室温度（干球温度）要求达到某一恒定温度。

（3）将毛毡加入一定量的水并使其润湿均匀，注意水量不能过多或过少。

（4）当干燥室温度恒定在某一值时，将湿毛毡小心地放置于称重传感器上，干燥过程开始。

（5）记录数据。每分钟记录一次重量数据，每两分钟记录一次干球温度和湿球温度。

（6）待毛毡恒重时，即为实验终了时，关闭仪表电源，非常小心地取下毛毡。

（7）关闭风机，切断总电源，清理实验设备。

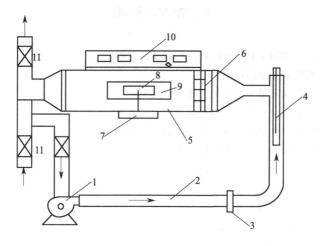

图 7-16 干燥过程试验装置

1—风机；2—管道；3—孔板流量计；4—加热器；5—厢式干燥器；6—气流均布器；
7—重量传感器；8—湿毛毡；9—玻璃视镜门；10—仪控柜；11—蝶阀

* 注意事项

第一，必须先开风机，后开加热器，否则加热管可能会被烧坏。

第二，特别注意传感器的负荷量较小，放取毛毡时必须十分小心，绝对不能下压，以免损坏称重传感器。

第三，实验操作时，注意保持干湿球温度恒定不变。

第四，实验过程中，不要拍打、碰撞装置面板，以免引起料盘晃动，影响结果。

7. 数据记录与处理

（1）数据记录分析表

操作人员：_____ 实验装置号：_____ 实验时间：_____

时间	温度		湿物料的质量 G	干燥的水分的质量 W	绝干物料的质量 G_c	$X=(G-G_c)/G_c$	dX/dt	干燥速率 U

（2）根据上表数据绘制干燥曲线（失水量-时间关系曲线）。

（3）根据干燥曲线作干燥速率曲线。

（4）由干燥速率曲线得到物料的临界湿含水量。

8. 问题讨论

（1）开车时为什么要先启动风机，再启动加热器？

（2）实验过程中干、湿球温度计是否变化？为什么？

（3）为什么要等到干湿球温度计所示温度稳定后，才能将湿毛毡放置于传感器上？

（4）如何判断实验已经结束？

（5）停车时先停电加热还是先停风机，为什么？

（6）若加大热空气流量，干燥速率曲线有何变化？恒速干燥速率、临界湿含量又如何变化？为什么？

思考与练习

一、简答

1. 干燥操作的目的是什么？你知道对流干燥进行的必要条件吗？

2. 你是如何理解空气的湿度和相对湿度的？

3. 干燥操作时，采用什么方法可以降低空气的相对湿度？

4. 什么是结合水分和非结合水分？什么是平衡水分和自由水分？

5. 物料的干基含水量和湿基含水量有什么不同，它们之间的关系是什么？

6. 干燥速率包括几个阶段？影响干燥速率的因素有哪些？

7. 什么是物料的临界含水量，如何确定？平衡含水量呢？

8. 实际生产过程中能否通过对流干燥获得绝干物料，为什么？

9. 对于相同的干燥要求，你知道夏季和冬季哪个季节的空气耗用量大，为什么？

10. 工业上常见的干燥器有哪些，各有什么特点？

11. 湿空气的吸湿能力与什么有关？

12. 什么是结合水分，什么是非结合水分？

13. 喷雾干燥器适用于干燥哪些物料，热敏性物料可以采用什么形式的干燥器干燥？

14. 食品包装袋里的干燥剂能够保持食品干燥，采用的是什么干燥的方法？

15. 利用空气作干燥介质干燥热敏性物料，且干燥处于降速阶段，欲缩短干燥时间，则可采取的有效措施是：A. 提高空气温度；B. 增大干燥面积，减薄物料厚度；C. 降低空气相对湿度；D. 提高空气流速。这些操作都正确吗，为什么？

二、计算

1. 已知湿空气总压为101.3kPa，试求：

   (1) 温度为293K且相对湿度为40%时，该空气的湿度是多少？

   (2) 若湿度不变，将空气的温度升高至373K，此时该空气的相对湿度又是多少？

   (3) 根据计算结果说明空气进入干燥器前为什么要进行预热？

2. 50kg的湿物料中含水10kg，试求该湿物料的湿基含水量和干基含水量。

3. 用一干燥器干燥某湿物料，已知湿物料的处理量为1000kg/h，含水量由40%干燥至5%（湿基含水量），试计算干燥水分量及干燥产品量。

4. 用一常压对流干燥器干燥某湿物料，已知湿物料的处理量为1500kg/h，含水量由42%干燥至4%（湿基含水量），若空气的初温为293K，相对湿度为40%，经预热后温度升至363K送入干燥器。废气离开干燥器时的温度为333K，相对湿度为70%。试计算：

   (1) 水分蒸发量；

   (2) 绝干空气消耗量和单位空气消耗量；

   (3) 干燥产品量。

项目八　煤气化合成甲醇

任务1　了解甲醇的性质和用途

1. 甲醇的性质

甲醇的化学式为 CH_3OH，相对分子质量为 32.04。常温常压下，纯甲醇是无色透明、易挥发、流动性好的可燃、有毒液体，具有与乙醇相似的气味。

甲醇属强极性有机化合物，具有很强的溶解能力。能与多种有机溶液互溶，并形成共沸混合物（表 8-1）。如甲醇能与水、乙醇、乙醚等液体无限互溶。但不与脂肪烃类化合物互溶。

另外，甲醇对气体的溶解能力也很强，特别是对 CO_2 和 H_2S 的溶解能力很强（可以作为洗涤剂用于工业脱除合成气中多余的 CO_2 和 H_2S 等有害气体），见表 8-2 及表 8-3 所列。

表 8-1　与甲醇生成共沸混合物的物质和共沸物的沸点

化　合　物	沸点/℃	共沸混合物	
		沸点/℃	甲醇浓度/%
丙酮 CH_3COCH_3	56.4	55.7	12.0
醋酸甲酯 CH_3COOCH_3	57.0	54.0	19.0
甲酸乙酯 $HCOOC_2H_6$	54.1	50.9	16.0
双甲氧基甲烷 $CH_2(OCH_3)_2$	42.3	41.8	8.2
丁酮 $CH_3COC_2H_5$	79.6	63.5	70.0
丙酸甲酯 $C_2H_5COOCH_3$	79.8	62.4	4.7
甲酸丙酯 $HCOOC_3H_7$	80.9	61.9	50.2
二甲醚 $(CH_3)_2O$	38.9	38.8	10.0
乙醛缩二甲醇 $CH_3CH(OCH_3)_2$	64.3	57.5	24.2
丙烯酸乙酯 $CH_2=CHCOOC_2H_5$	43.1	64.5	84.4
甲酸异丁酯 $HCOOC_4H_9$	97.9	64.6	95.0
环己烷 C_6H_{12}	80.8	54.2	61.0
二丙醚 $(C_3H_7)_2O$	90.4	63.3	72.0
碳酸二甲酯 $(CH_3O)_2CO$	90.5	80	70.0

表 8-2　二氧化碳在甲醇中的溶解度　　　　单位：cm^3/g　CH_3OH

压力[1]/(kgf/cm²)	温　度/℃			压力[1]/(kgf/cm²)	温　度/℃		
	25	90	140		25	90	140
55	10.5	15.9	23.0	200	46.4	48.2	57.0
75	17.4	28.5	32.9	250	60.0	55.8	64.7
100	23.2	38.9	47.2	300		62.1	71.2
150	34.1						

[1] $1kgf/cm^2 = 9.80665 \times 10^4 Pa$。

表8-3　　H₂S在甲醇中的溶解度　　　　　　　单位：cm^3/g　CH_3OH

压力[①]/(kgf/cm²)	温度/℃				压力[①]/(kgf/cm²)	温度/℃			
	0	25	49.8	75		0	25	49.8	75
6.8	59.5	29.9	19.5	12.8	30.3	197	112	71.5	
10.7	94.9	49.3	32.1	22.3	39.7	287	161	103	
16.5	174	82.5	51.8	35.5	49.4		228	104	
22.3	270	118	71.9	48.6	55.2		269		

① $1kgf/cm^2 = 9.80665 \times 10^4 Pa$。

甲醇是最简单的饱和脂肪醇，具有脂肪醇的化学性质，即可以进行氧化、酯化、羰基化、胺化、脱水等反应。甲醇裂解产生 CO 和 H_2，是制备 CO 和 H_2 的重要方法。

2. 甲醇的用途

甲醇最早是由木材和木质素经干馏而制得，所以俗称木醇（这种工艺耗材大，产量低），是最简单的饱和脂肪族醇类。甲醇在有机合成工业中，是仅次于烯烃的重要基础有机原料。近年来，世界甲醇的生产能力发展迅速。尤其在我国，甲醇的需求增长强劲。甲醇化工已成为工业中一个重要的领域，其潜在的耗用量远远超过其化工用途，渗透到国民经济的各个部门。特别是随着能源结构的改变，甲醇有未来主要燃料的候补燃料之称，需用量十分巨大。

甲醇工业的迅猛发展，源于甲醇是多种有机产品的基本原料和重要的溶剂及清洁液体燃料，广泛用于有机合成、染料、医药、农药、涂料、汽车和国防等工业中。甲醇消费市场的扩大，又促使甲醇生产工艺不断改进，生产成本不断下降，生产规模日益增大。

双边交流

1. 你知道甲醇有毒吗？它的毒性还很大呢！赶快查一查吧！

甲醇具有毒性，内服＿＿＿＿＿＿mL 有失明的危险，＿＿＿＿＿＿mL 能致人死亡，空气中允许最高甲醇蒸气浓度为＿＿＿＿＿＿。你知道吗，甲醇可以通过消化道、呼吸道和皮肤的等途径进入人体。那么甲醇中毒的症状有哪些呢？轻度中毒，可出现头痛、头晕、失眠、咽干、胸闷、腹痛、恶心、呕吐及视力减退；中度中毒，表现为神志模糊、眼球疼痛，由于视神经萎缩而导致失明；重度中毒时可发生剧烈头痛、头昏、恶心、意识模糊、双目失明，具有癫痫样抽搐、昏迷，最后因呼吸衰竭而死亡。

2. 比如甲醇在常温常压下是＿＿＿＿＿＿＿＿＿的可燃液体，它的流动性＿＿＿＿＿＿、挥发性＿＿＿＿＿＿，并且具有乙醇相似的气味（但不可凑近装甲醇的容器去闻，别忘了，甲醇有毒），另外甲醇在常压下的沸点是＿＿＿＿＿＿＿，它具有可燃性，在空气中的爆炸极限是＿＿＿＿＿＿＿。

任务2　认识煤气化合成甲醇的基本原理

煤与焦炭，用蒸汽与氧气（或空气、富氧空气）对煤进行热加工，所得可燃性气体称煤气，进行气化的设备称为煤气发生炉。如果用煤或焦炭为原料仅生产甲醇（又称"单醇流程"），此时应以水蒸气（或水蒸气与纯氧）为气化剂，所得的原料气为水煤气，主要成分为氢与一氧化碳，含量达 85% 以上。如果以上述固体燃料为原料，在生产合成氨的同时联合生产甲醇，（又称"联醇流程"），此时应以水蒸气与适量空气（或水蒸气与富氧空气）为气化剂，生产低氮半水煤气。

固体燃料在气化炉中受热，首先分解成相对分子质量较低的碳氢化合物，燃料本身逐渐焦化，此时可是燃料为碳，碳与气化剂反应，生成气体混合物。反应如下：

$$2C + O_2 \longrightarrow 2CO + Q_1 \tag{8-1}$$

$$C + H_2O \rightleftharpoons CO + H_2 \tag{8-2}$$

$$CO + H_2O \rightleftharpoons CO_2 + H_2 \tag{8-3}$$

$$C + 2H_2 \longrightarrow CH_4 \tag{8-4}$$

$$CO + 2H_2 \longrightarrow CH_3OH \tag{8-5}$$

$$CO_2 + 3H_2 \longrightarrow CH_3OH + H_2O \tag{8-6}$$

任务3　认识煤气化合成甲醇的生产路线

煤气化合成甲醇的生产过程，不论采用怎样的工艺流程，大致可以分为以下几个工作程序（图8-1）。

（1）原料气制备工序　制备合成甲醇用的氢气、一氧化碳原料气。

（2）变换工序　调整甲醇原料气中氢碳比例。

（3）脱硫工序　除去原料气中硫化物。

（4）脱碳工序　进一步调整氢碳比例。

（5）压缩工序　将净化后的原料气压缩到甲醇合成反应要求的压力。

（6）甲醇合成工序　在高温高压和有催化剂存在的条件下，氢气、一氧化碳、二氧化碳合成粗甲醇。

（7）甲醇精制工序　通过蒸馏操作，清除粗甲醇中有机杂质和水，制得符合一定质量要求的较纯的甲醇。

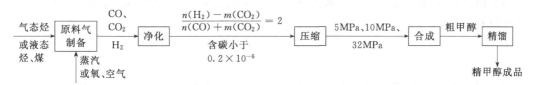

图8-1　甲醇生产流程示意

1. 甲醇原料气的制备

（1）煤的组成　煤是由植物残骸经过复杂的生物化学作用和物理化学作用转变而成的，煤的形成过程为：植物→泥炭→褐煤→烟煤→无烟煤。煤是含有碳和多种化学结构的有机物以及少量硅、铝、铁、钙、镁等的矿物质，其组成因品种不同而有差别。各种煤的主要元素组成见表8-4所列。

表8-4　各种煤的主要元素组成　　　　　　　　　　　　　　　单位：%

煤　　种		泥煤（泥炭）	褐煤	烟煤	无烟煤
元素分析	C	60～70	70～80	80～90	90～98
	H	5～6	5～6	4～5	1～3
	O	25～35	15～25	5～15	1～3

（2）煤的气化　煤的气化是指煤、焦炭等和气化剂在900～1300℃的高温下转化成煤气的过程。气化剂是水蒸气、空气或氧气。煤气组成因燃料、气化剂种类和气化条件而异，以

无烟煤为原料加工的煤气组成见表8-5所列。

表8-5 各种工业煤气组成　　　　　　　　　　　　单位：％

组　　分	组成（体积分数）			
	空气煤气	水煤气	混合煤气	半水煤气
H_2	5～0.9	47～52	12～15	37～39
CO	32～33	35～40	25～30	28～30
CO_2	5～1.5	5～7	5～9	6～12
N_2	64～66	2～6	52～59	20～33
CH_4		3～0.6	3～5	3～0.5
O_2	—	1～0.2	1～0.2	2
H_2S	—	0.2		0.2
气化剂	空气	水蒸气	空气、水蒸气	空气、水蒸气
用途	燃料气 合成氨（N_2+H_2）	合成甲醇 合成氨（N_2＋H_2）	燃料气	合成甲醇 合成氨（N_2+H_2）

煤气是清洁燃料，热值很高，使用方便，作为民用燃料时应注意使用安全，煤气含有的CO有毒、H_2易爆。煤气是重要的化工原料，煤气化生产的H_2、CO是合成氨、合成甲醇等C_1化学品的基本原料。

（3）煤气化的分类方式　煤气化分类无统一规定，常见的有以下几种分类。

① 按供热方式分类　按供热方式可分为外热式和内热式两种。外热式属间接供热，煤气化时的吸热反应所需的热量由外部供给；内热式气化是指在气化床内燃烧掉一部分原料，依次获得热量供另一部分燃料的气化吸热反应的需要（又称自热式气化），本书所述及的固体燃料的气化都属于内热式气化。

内热式气化的基本原理如下。

煤或焦炭中主要是碳元素，与水蒸气反应生成的有效气成分是 CO 和 H_2。气化过程的主要反应有：

$$C+H_2O \Longrightarrow CO+H_2 \tag{8-7}$$

$$C+2H_2O \Longrightarrow 2O_2+2H_2 \tag{8-8}$$

以上反应均是强吸热反应，所需要的能量由一部分原料煤燃烧来提供，反应如下：

$$C+O_2 \longrightarrow CO_2 \tag{8-9}$$

$$2C+O_2 \longrightarrow 2CO \tag{8-10}$$

还进行以下反应：

$$C+CO_2 \Longrightarrow 2CO \tag{8-11}$$

$$C+2H_2 \Longrightarrow CH_4 \tag{8-12}$$

$$CO+H_2O \Longrightarrow H_2+CO_2 \tag{8-13}$$

$$CO+3H_2 \Longrightarrow CH_4+H_2O \tag{8-14}$$

内热式气化分类是按原料在气化炉内的移动方式分成固定床、流化床和气化床3种。也可按煤的粒度、气化剂种类、气化压力、灰渣排出方式、气化过程是否连续等方式来划分。按原料的移动方式又可根据原料气与气化剂的相对流动方式分为逆流、并逆流、和并流3种，与这3种方式相对应的则是固定床（移动床）、流化床（沸腾床）和气化床（夹带床）。

② 按操作方式分类　按操作方式分类，可分为气化过程有间歇式和连续式之分，简介如下。

a. 固定床间歇气化法（国内合成甲醇装置广泛采用的方法）　燃烧与制气分阶段进行，煤气发生炉（图8-2）中装填块状煤，首先吹入空气使煤完全燃烧生成 CO_2 并产生大量热（该过程称为吹分），使煤层生温，烟道气放空，当煤层温度达1200℃左右时，停止吹分，转换水蒸气，使之与高温煤层反应，产生 CO、H_2 等气体（称为水煤气）送入气柜，气化吸热使煤层温度下降，当下降至950℃时，停止送蒸汽，重新吹分，如此交替操作。为防止高温下空气接触水煤气而发生爆炸和保证煤气质量，一个工作循环由吹分、一次上吹制气、下吹制气、二次上吹制气和空气吹净五步构成。

该法的特点：不需要纯氧，但对煤的机械强度、热稳定性、灰熔点要求较高；非制气时间较长，生产强度低；阀门开关频繁，阀门易损坏，维修工作量大；能耗高。

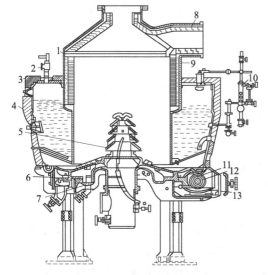

图 8-2　固定床煤气发生炉

1—炉体；2—安全阀；3—保温材料；

4—夹套锅炉；5—炉箅；6—灰盘接触面；

7—底盘；8—保温砖；9—耐火砖；

10—液位计；11—涡轮；12—蜗杆；13—油箱

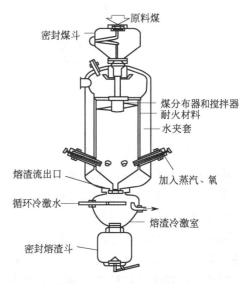

图 8-3　Lurgi 式加压气化炉

b. 连续气化法　分为固定床、流化床和气流床三类。

固定床的典型案例：加压鲁奇气化法（德国鲁奇公司开发）

以纯氧或富氧空气和水蒸气混合气为气化剂，采用固定床（如图8-3），块状煤由炉顶定时加入，在气化炉中同时进行碳与氧的燃烧放热反应和与水蒸气的气化吸热反应，通过调节 H_2O/O_2 比例，控制和调节炉中温度。反应方程或见式(8-7)至式(8-10)。

该法的优点：连续制气，生产强度较高，煤气质量稳定；缺点：对燃料要求较高，生成气中甲烷含量高，而且大量焦油和含氧废水。

气流床气化的典型案例：德士古气化法（美国德士古公司开发）

首先将原料煤制成可以流动的高浓度水煤浆（煤的浓度达70%），用泵加压后喷入气化炉（图8-4）内，纯氧以亚音速或音速由炉顶喷嘴喷出，使水煤浆雾化，于1300～1500℃下进行气化反应，生成（H_2＋CO）含量大于75%的水煤气。高温煤气与熔融态煤渣由气化炉下部排出，降温后煤气与灰渣分离，煤气进一步除尘后，送到后工序。也称为水煤浆加压气化法。该法是近年来国际上新开发的最成功的一种煤气化方法，不仅可以使用储量丰富的烟煤，而且生产效率高，因而发展速度较快。

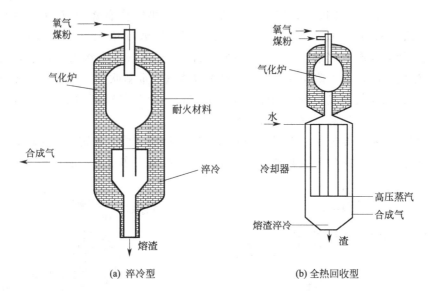

(a) 淬冷型　　　　　　(b) 全热回收型

图 8-4　德士古气化炉

德士古气化的特点如下所述。

第一：气化强度高，水煤浆在炉中的停留时间仅 5～7s。

第二：可利用劣质煤，德士古法最适于气化那些低灰、低灰熔点的年轻烟煤，一般情况下不宜气化褐煤（成浆困难）。

第三：工艺灵活，合成气质量高，可直接获得低含量烃（甲烷含量<0.1%，不含烯烃、焦油、醇等）的合成气，适用于化工合成，制氢和联合循环发电等。

第四：水煤浆进料简单可靠，工艺流程简单，气化压力最高可达 6.5MPa 并实现大型化，国外单台炉最大日处理煤量 1800t。

第五：液态排灰，不污染环境，"三废"处理较方便。

第六：可实现过程的计算机控制和最优化操作。

第七：主要缺点是耗氧量高，为 0.38～0.45m³（标）/m³（标）(CO+H₂)。

第八：另一缺点为气化温度高，腐蚀强，对迎火面耐火材料要求高，价格昂贵。

🌀 **双边交流**

你想了解甲醇的几种工业合成方法吗？

1. 氯甲烷水解法

$$CH_3Cl+H_2O \longrightarrow CH_3OH+HCl \tag{8-15}$$

$$2CH_3Cl+Ca(OH)_2 \longrightarrow CaCl_2+2CH_3OH \tag{8-16}$$

工艺简述：上述反应需在碱液（消石灰）存在下进行反应，共沸至 140℃时水解速度仍很缓慢，在 300～350℃下氯甲烷可定量地转变为甲醇和二甲醚，反应如下：

$$CH_3Cl+CH_3OH \rightleftharpoons CH_3OCH_3+HCl \tag{8-17}$$

$$CH_3OCH_3+H_2O \rightleftharpoons 2CH_3OH \tag{8-18}$$

该法优点：常压操作，工艺简单，氯甲烷转化率达 98%，所得到的甲醇产率为 67%，二甲醚为 33%。

缺点：氯以氯化钙的形式永远损失了，因此水解法价格昂贵（一百多年前就被发现，未得到工业应用）。

2. 甲烷部分氧化法

甲烷直接氧化生成甲醇反应如下：

$$2CH_4 + O_2 \longrightarrow 2CH_3OH \tag{8-19}$$

该法优点：工艺流程简单，建设投资省，最大的好处在于将比较便宜的原料甲烷转变成了贵重的甲醇（可取的制甲醇的方法）。

缺点：氧化过程不易控制，常因深度氧化生成碳的氧化物和水，而使原料和产品受到很大损失，致使甲醇的总收率不高。

3. 碳的氧化物与氢合成甲醇（煤气化合成甲醇就是运用了该法的合成原理）

反应如下：

$$CO + 2H_2 \longrightarrow CH_3OH \tag{8-20}$$

$$CO_2 + 3H_2 \longrightarrow CH_3OH + H_2O \tag{8-21}$$

工艺条件：铜系催化剂

操作压力：$(50.66 \sim 303.98) \times 10^5 Pa$　即（50～300atm）

操作温度：240～400℃

开眼界

1. 煤气化制甲醇原料气，首先是制备原料氢和碳的氧化物，以上述合成甲醇反应式(8-20)、(8-21)可知，若以氢和一氧化碳合成甲醇，其分子比应为 $n(H_2):n(CO)=2:1$，与二氧化碳反应则为 $n(H_2):n(CO_2)=3:1$。一般合成甲醇的原料气中含有氢、一氧化碳和二氧化碳，所以应满足式：

$$\frac{n(H_2) - n(CO_2)}{n(CO) + n(CO_2)} = 2$$

2. 认识煤的一些与气化有关的性质

气化用煤的种类对气化过程有很大的影响，煤种不仅影响气化产品的产率与质量，而且关系到气化的生产条件。所以，在选择气化用原料的种类时，必须结合气化方式和气化炉的结构进行考虑，也要充分利用资源，合理选用原料。

(1) 煤种对气化的影响　根据气化用煤的主要特征，将气化用煤大致分为以下四类。

第一类，气化时不黏结也不产生焦油，如无烟煤、焦炭、半焦和贫煤。

第二类，气化时黏结并产生焦油，如弱黏结或不黏结烟煤。

第三类，气化时不黏结但产生焦油，如褐煤。

第四类，以泥炭为代表性原料，气化时不黏结，能产生大量的甲烷。

(2) 煤质对气化的影响　气化反应过程与煤的性质有着非常密切的关系。对一种特定的气化方法，往往对煤的性质有特定的要求。

① 水分含量　煤中的水分存在形式有 3 种：外在水分、内在水分、结合水。

a. 外在水分（游离水）　是在煤的开采、运输、储存和洗选过程中润湿在煤的外表面以及大毛细孔而形成的。含有外在水分的煤为应用煤，失去外在水分的煤为风干煤。

b. 内在水分（吸附水）　是吸附或凝结在煤内部较小的毛细孔中的水分，失去内在水分的煤为绝对干燥的煤。

c. 结合水（化合水）　在煤中是以硫酸钙（$CaSO_4 \cdot 2H_2O$）、高岭土（$Al_2O_3 \cdot 2SiO_2 \cdot 2H_2O$）等形式存在的，通常在 200℃以上才能析出。

煤中的水分含量高，有效成分降低，煤气化所产生的气体产率低。此外，气化过程中煤中的水分由于受热转变成水蒸气，消耗热量，使煤的消耗定额增加。

② 挥发分　是指煤在加热时，有机质部分裂解、聚合、缩聚，低分子部分呈气态逸出，水分也随之蒸发，矿物质中的碳酸盐分解，逸出 CO_2 等。挥发分的含量与煤的变质程度有关，其含量依下列次序递减：泥煤→褐煤→→烟煤→无烟煤。

挥发分高，制得的煤气中甲烷等碳氢化合物含量高，挥发分中的焦油等物凝结后，易堵塞管道，使一些阀门关不严，不利于生产。

③ 硫分　煤中的硫以无机硫和有机硫的形式存在，气化时，其中大部分的硫以 H_2S 和 CS_2 的形式进入煤气中。如果制得的煤气用于燃料时，如用作城市民用煤气，其硫含量要达到国家标准，否则燃烧后大量的 SO_2 会排入大气，污染环境；用作合成原料气时，硫化物的存在会使合成催化剂中毒，并且腐蚀设备。所以气化用原料煤中硫含量越低越好。

④ 灰分　将一定量的煤样在 800℃ 的条件下完全燃烧，残余物即灰分。表明了煤中矿物质含量的大小。常见的有硅、铝、铁、镁、钾、硫、磷等元素和以碳酸盐，硅酸盐，硫酸盐和硫化物等形式的盐类。

煤中灰分高有以下几点不利影响。

a. 运输费用增加。

b. 对气化过程不利，少量碳的表面被灰分覆盖，减少了气化剂和碳表面的接触面积，降低气化效率。

c. 炉渣排出量增加，随炉渣排出的碳的损耗量增大。

d. 气化的各项消耗指标增加，如氧气的消耗指标，水蒸气的消耗指标、煤的消耗指标等都随煤的灰分的增加而增加，使净煤气的产率降低。

⑤ 灰熔点　就是灰分熔融时的温度。煤炭气化时的灰熔点有两方面的含义，一是气化炉正常操作时，不致使灰熔融而影响正常生产的最高温度，另一个是采用液态排渣的气化炉（如德士古气化炉）所必须超过的最低温度。

灰熔点的大小与灰的组成有关，若灰中 SiO_2 和 Al_2O_3 的比例越大，其熔化温度范围越高，而 Fe_2O_3 和 MgO 等碱性成分比例越高，熔化温度越低，可用公式（$SiO_2 + Al_2O_3$）/（$Fe_2O_3 + CaO + MgO$），该值越大，则灰熔点越高，灰分越难结渣；相反，则灰熔点越低，灰分越易结渣。

2. 变换工序

（1）变换工序的主要作用

① 调整甲醇原料气氢碳比例　合成甲醇所用的气体组成应保持一定的氢碳比例。在以煤、焦炭等为原料生产甲醇时，原料气的中 CO 过量而 H_2 不足，需通过变换工序使过量的一氧化碳变换成氢气，以调整氢碳比。氢碳比参考标准用以下两个比例关系式来衡量：

$$f = \frac{n(H_2) - n(CO)}{n(CO) + n(CO_2)} = 2.10 \sim 2.15 \quad 或 \quad M = \frac{n(H_2)}{n(CO) + n(CO_2)} = 2.0 \sim 2.05$$

② 使粗煤气中的有机硫（COS、CS_2）水解转化为无机硫（H_2S），便于脱除。甲醇合成原料气必须将气体中的总硫含量降至 0.1×10^{-6} 以下。以煤为原料制得的粗水煤气中硫的主要存在形式有两种，无机硫 H_2S（90%）和有机硫 COS（10%）。通常的湿法脱硫难以在变换前脱除有机硫，除非采用甲醇洗。之所以先变换后脱硫，就是因为有机硫均可在变换催化剂上转化为 H_2S，便于后工序脱除。

$$COS + H_2O \longrightarrow CO_2 + H_2S \qquad (8-22)$$

（2）变换原理　工业生产中，一氧化碳变换反应均在催化剂存在下进行，根据反应温度不同，变换过程分为中温变换和低温变换。中温变换催化剂以三氧化二铁为主，反应温度为350～550℃，反应后气体中仍有3%左右的一氧化碳。低温变换以铜（或硫化钴-硫化钼）为催化剂主体，操作温度为180～280℃反应后气体中残余一氧化碳可降到0.3%左右。变换反应可用式（8-23）表示：

$$CO + H_2O(g) \Longleftrightarrow CO_2 + H_2 + Q \qquad (8-23)$$

变换反应的特点：可逆、放热、反应前后气体体积不变，并且反应速率比较慢，只有在催化剂的作用下才具有较快的反应速率。

🌀 **双边交流**

同一个反应中，所采用的催化剂不同，反应温度、压力等都会不同，反应所得到的转化率也不同，说明了不同的催化剂在同一个反应中所体现的催化活性不同，查一查，在变换反应中所使用的中温变换铁铬系催化剂和低温变换钴钼系催化剂有哪些优缺点吧！

👁 **开眼界**

催化剂在化工生产中处于比较重要的地位，在化学工业中，大约90%的化工产品是在催化剂的作用下生产的。催化剂的应用，提高了原料的利用率，扩大了原料来源和用途，在环境保护、能源的开发等方面也具有突出的作用。下面简单介绍催化剂的特性。

1. 催化剂的定义

催化剂是一种能改变化学反应速率，而自身的组成、质量和化学性质在反应前后保持不变的物质。

2. 催化作用

有催化剂参与的化学反应，就是催化反应。根据反应物与催化剂的聚集状态，可分为均相催化反应和非均相催化反应。反应物与催化剂处于同一相的，为均相催化反应；反应物与催化剂不在同一相中的，为非均相催化反应。催化剂有以下作用：

（1）加快化学反应速率，提高生产能力；

（2）对于复杂反应，可有选择地加快主反应的速率，抑制副反应，提高目的产物的收率；

（3）改善操作条件，降低对设备的要求，改进生产条件；

（4）开发新的反应过程，扩大原料的利用途径，简化生产工艺路线；

（5）消除污染，保护环境。

3. 催化剂的组成

常用的催化剂有液体和固体两类，应用较多的是固体催化剂。固体催化剂是由主催化剂、助催化剂和载体等多种组分按一定的配方生产的化学制剂。

（1）主催化剂　也称活性组分，是催化剂不可或缺的成分，其单独存在时具有显著的催化活性，活性组分含量越高，催化剂活性也越高，但活性组分含量太高，活性增加有限，而成本却提高过多。

主催化剂常由一种或几种物质组成，如 Pd、Ni、V_2O_5、MoO_3-Bi_2O_3 等。

（2）助催化剂　单独存在时不具有或无明显的催化作用，若以少量与活性组分相配合，则可显著提高催化剂的活性、选择性和稳定性的物质。

助催化剂可以是单质，也可以是化合物。如 Cr_2O_3、Al_2O_3、MgO、TiO_2 等。

（3）载体　是催化剂组分的分散、承载、黏合或支持的物质。它应具有使晶粒尽量分散，达到较大比表面以及阻止晶体熔结的作用。载体都是熔点在 2000℃ 以上的氧化物，它们都能耐高温，而且具有很高的机械强度。

常用的催化剂载体有 Al_2O_3、MgO、CaO 等。

3. 脱硫工序

以煤、重油或天然气为原料制取的合成甲醇原料气中，都含有一定量的硫化物。主要包括两大类：无机硫，如硫化氢（H_2S）；有机硫，如二硫化碳（CS_2）、硫醇（RSH）、硫氧化碳（COS）、硫醚（R—S—R'）和噻吩（C_4H_4S）等。

硫化物的存在不仅能腐蚀设备和管道，而且能使甲醇生产所用的多种催化剂中毒，如中温变换催化剂、甲醇合成催化剂都易受硫化物的毒害而失去活性。此外，硫是一种重要的化工原料，应当在脱除上述硫化物的同时回收单质硫。因此，原料气中的硫化物必须脱除干净。脱除原料气中的硫化物的过程称为脱硫。

脱硫的方法很多，按脱硫剂的物理形态可分为干法脱硫和湿法脱硫。

干法脱硫是以固体吸收剂或吸附剂脱除硫化氢和有机硫，常用的干法脱硫有钴钼加氢转化法、氧化锌法、活性炭法、氧化铁法、分子筛法等。干法脱硫效率高且净化度高，但脱硫剂的硫容量（单位质量或体积的脱硫剂所能脱除硫的最大数量）有限，而且再生较困难，要定期更换脱硫剂，劳动强度较大，为周期性操作，设备庞大。因此，干法脱硫一般适用于硫含量较低、净化度要求较高的场合，所以一般串联在湿法脱硫之后，作为精细脱硫或脱除原料气中的有机硫。

湿法脱硫是采用液态脱硫剂吸收硫化物的脱硫方法。按溶液的吸收和再生性质又区分为化学吸收法、物理吸收法以及物理-化学吸收法。湿法脱硫具有吸收速率快、生产强度大、脱硫过程连续、溶液易再生、硫黄可回收等特点，适用于硫化氢含量较高、净化度要求不太高的场合。当气体净化要求较高时，可在湿法脱硫之后串联干法，使脱硫在工艺上和经济上更合理。物理吸收法是利用脱硫剂对原料气中硫化物的物理溶解作用将其吸收，如低温甲醇洗；化学吸收法是用碱性溶液吸收酸性气体的原理吸收硫化氢，按反应的特点分为中和法和湿式氧化法。如克劳斯法、改良 ADA 法等；物理化学吸收法是脱硫剂由物理溶剂和化学溶剂组成，因而其兼有物理吸收和化学反应两种性质。如环丁砜烷基醇胺法，常温甲醇法等。生产中广泛应用的是改良 ADA 法和氧化锌法。

【案例 1】 氧化锌法（干法脱硫）

氧化锌是一种内表面积大、硫容量高的固体脱硫剂，能以很快的速率脱除原料气中的硫化物，使硫含量降至 0.1×10^{-6} 以下。氧化锌脱硫可单独使用，也可与湿法脱硫串联，有时还放在对硫敏感的催化剂前面作为保护剂。

氧化锌脱硫原理：

$$ZnO + H_2S \longrightarrow ZnS + H_2O \tag{8-24}$$

$$ZnO + C_2H_5SH \longrightarrow C_2H_5OH + ZnS \tag{8-25}$$

$$ZnO + C_2H_5SH \longrightarrow C_2H_4 + ZnS + H_2O \tag{8-26}$$

$$ZnO + C_2H_5SC_2H_5 \longrightarrow 2C_2H_4 + ZnS + H_2O \tag{8-27}$$

气体中有氢存在时，硫氧化碳、二硫化碳等有机化合物先转化为硫化氢，反应如下：

$$COS + H_2 \longrightarrow H_2S + CO \tag{8-28}$$

$$CS_2 + 4H_2 \longrightarrow 2H_2S + CH_4 \tag{8-29}$$

然后硫化氢与氧化锌反应，硫被脱除。上述反应均为放热反应。

【案例 2】 改良 ADA 法（湿法脱硫）

改良 ADA 法——化学吸收法中的湿式氧化法，ADA 是蒽醌二磺酸钠的英文缩写。早期的 ADA 法是在碳酸钠的稀碱液中加入 2,6-蒽醌二磺酸钠和 2,7-蒽醌二磺酸钠作氧化剂（载氧体），但因反应速率慢，其硫容量低，后来在溶液中添加适量的偏钒酸钠等，加快了反应速率，吸收效果良好，称为改良的 ADA 法。

改良的 ADA 法脱硫的反应过程如下。

（1）在脱硫塔中

① pH 为 8.5~9.2 的稀纯碱溶液吸收原料气中的 H_2S，生成 NaHS

$$Na_2CO_3 + H_2S \longrightarrow NaHS + NaHCO_3 \tag{8-30}$$

② 同时，液相中的偏钒酸钠与硫氢化钠反应生成还原性焦钒酸钠，并析出单质硫。

$$2NaHS + 4NaVO_3 + H_2O \longrightarrow Na_2V_4O_9 + 4NaOH + 2S \downarrow \tag{8-31}$$

③ 还原性焦钒酸钠与溶液中的氧化态的 ADA 反应，生成偏钒酸钠和还原态的 ADA。

$$Na_2V_4O_9 + 2ADA(氧化态) + 2NaOH + H_2O \longrightarrow 4NaVO_3 + 2ADA(还原态) \tag{8-32}$$

待上述反应进行完全后，脱硫液送至再生塔进行再生处理。

（2）在脱硫塔中，通入一定量的空气 还原态的 ADA 被空气中的氧氧化为氧化态的 ADA：

$$2ADA(还原态) + O_2 \longrightarrow ADA(氧化态) + 2H_2O \tag{8-33}$$

再生后的脱硫剂送入脱硫塔循环使用，反应所消耗是碳酸钠由生成的氢氧化钠得到补偿：

$$NaOH + NaHCO_3 \longrightarrow Na_2CO_3 + H_2O \tag{8-34}$$

🌀 双边交流

想一想：改良的 ADA 法中，吸收液中各个组成如 ADA、偏钒酸钠、酒石酸钾钠及三氯化铁等有什么作用？

（1）偏钒酸钠氧化硫氢化钠的速率很快，从而加快了碳酸钠吸收硫化氢的速率，同时还析出单质硫沉淀，进一步加快了吸收速率，因此，偏钒酸钠起着促进剂的作用。

（2）ADA 的作用，由于还原性焦钒酸钠不能直接被空气氧化，但能被氧化态 ADA 氧化，而还原态 ADA 能被空气直接氧化再生，因此在脱硫过程中，ADA 起了载氧体的作用。

（3）酒石酸钾钠或 EDTA（乙二胺四乙酸）的作用是作为螯合剂，与钒离子形成疏松的配合物，以阻止钒-氧-硫沉淀的形成。

（4）三氯化铁的作用是改善副产硫黄的颜色。

👁 开眼界

了解 ADA 高塔再生脱硫工艺流程

ADA 脱硫工艺流程包括脱硫、溶液的再生和硫黄回收三部分。其中脱硫和硫黄回收设备基本相同。如图 8-5 为高塔鼓泡再生脱硫工艺流程。

含有 H_2S 的煤气由脱硫塔下部进入，与从塔顶喷淋下来的 ADA 脱硫液逆流接触，从而吸收煤气中的 H_2S，从塔顶引出的净化气中 H_2S 含量达到工艺要求后，经分离器除去液滴后去后工序。

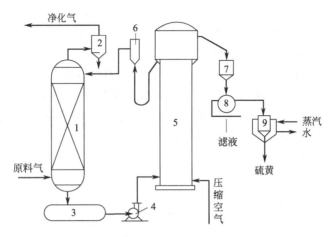

图 8-5　ADA 高塔鼓泡再生脱硫工艺流程

1—脱硫塔；2—分离器；3—反应槽；4—循环泵；5—再生塔；
6—液位调节器；7—硫泡沫槽；8—真空过滤机；9—熔硫釜

脱硫后的溶液由塔底进入反应槽，溶液中的硫氢根离子被偏钒酸钠氧化为单质硫，随之焦钒酸钠被 ADA 氧化，由反应槽出来的脱硫液用循环泵送入再生塔底部，由塔底鼓入空气，氧化还原态 ADA，溶液得到再生。再生后的脱硫液从再生塔的顶部引出，经液位调节器流入脱硫塔循环使用。

溶液中的单质硫呈泡沫状漂浮在溶液表面，溢流到硫泡沫槽，经真空过滤机分离得到硫黄滤饼送至熔硫釜，用蒸汽加热熔融后注入模子内，冷凝后得到固体硫黄。

4. 脱碳工序

粗原料气经变换、脱硫后，仍然有相当量的二氧化碳。$n(CO_2)/n(CO)$ 高，气体组成不符合 $f=\dfrac{n(H_2)-n(CO_2)}{n(CO)+n(CO_2)}=2.10\sim2.15$ 甲醇合成的要求，因此必须脱除大部分的二氧化碳。习惯上，将二氧化碳的脱除过程称为脱碳。

目前，脱碳多采用溶液吸收法。根据吸收剂性能的不同，分为化学吸收法、物理吸收法和物理化学吸收法三大类。化学吸收法是二氧化碳与碱性溶液反应而被除去，常用的方法有氨水法、改良热钾碱法（如本菲尔法）等；物理吸收法是利用二氧化碳比氢气、氮气在吸收剂中溶解度大的特性，用吸收的方法除去原料气中多余的二氧化碳，常用的方法有加压水洗法、碳酸丙烯酯法、低温甲醇法、聚乙二醇二甲醚（NHD）法等；物理化学吸收法兼有物理吸收和化学吸收的特点，如环丁砜法、甲基二乙醇胺（MDEA）法等。这些方法都可用于甲醇生产中，常用的有低温甲醇洗、聚乙二醇二甲醚（NHD）法和碳酸丙烯酯法。

【案例 3】 低温甲醇洗

1. 吸收原理

甲醇吸收二氧化碳是一个物理吸收过程，它对二氧化碳、硫化氢等酸性气体有较大的溶解能力，而对一氧化碳的吸收能力不大。因此用甲醇吸收粗原料气中的 CO_2、H_2S 等酸性气体，而 CO 的损失很少。二氧化碳在甲醇中溶解度的大小与温度和压力有关。不同压力和温度下 CO_2 在甲醇中的溶解度见表 8-6 所列。

由表 8-6 可以看出，压力升高，CO_2 在甲醇中的溶解度增大，溶解度与压力几乎成正比关系。而温度对溶解度的影响更大，尤其是温度低于 $-30℃$ 时，CO_2 在甲醇中的溶解度随温度的降低急剧增大。因此，用甲醇吸收 CO_2 宜在高压和低温下进行。同时，随着温度的降低，H_2S 在甲醇中的溶解度比 CO_2 更大，而 CO 和 H_2 在甲醇中的溶解度变化不大。硫化氢在甲醇中的溶解度见表 8-7 所列。

表 8-6　不同温度、压力下二氧化碳在甲醇中的溶解度　　　单位：cm^3/g

$p(CO_2)$ /MPa	$t/℃$				$p(CO_2)$ /MPa	$t/℃$			
	−26	−36	−45	−60		−26	−36	−45	−60
0.101	17.6	23.7	35.9	68.0	0.912	223.0	444.0		
0.203	36.2	49.8	72.6	159.0	1.013	268.0	610.0		
0.304	55.0	77.4	117.0		1.165	343.0			
0.405	77.0	113.0	174.0		1.216	385.0			
0.507	106.0	150.0	250.0		1.317	468.0			
0.608	127.0	201.0	362.0		1.418	617.0			
0.709	155.0	262.0	570.0		1.520	1142.0			
0.831	192.0	355.0							

表 8-7　硫化氢在甲醇中的溶解度

压力/×133.32Pa	溶解度/(cm^3/g)			
	0℃	−25.6℃	−50.0℃	−78.5℃
50	2.4	5.7	16.8	76.4
100	4.8	11.2	32.8	155.0
150	7.2	16.5	48.0	249.2
200	9.7	21.8	65.6	
300	14.8	33.0	99.0	
400	20.0	45.8	135.2	

2. 再生原理

甲醇溶液（贫液）吸收了 CO_2、H_2S、COS、CS_2 等气体后，吸收能力明显下降，需要将吸收后的溶液（富液）再生，恢复吸收能力循环使用。通常在加热减压的条件下，解吸出所溶解的气体，使甲醇溶液（贫液）得到再生。由于在同一条件下，硫化氢、二氧化碳、氢气、一氧化碳等气体在甲醇中的溶解度不同，解吸的顺序有所不同，溶解度越大的越不容易解吸出来，同理，溶解度小的，越容易从甲醇溶液中解吸出来。硫化氢有毒，而二氧化碳可回收利用，所以应采用分级减压膨胀再生的方法，采用该法时，氢氮气体首先从甲醇溶液中解吸出来，将其回收。然后适当控制再生压力，依次解吸出二氧化碳和硫化氢。

由此可以看出，用甲醇脱除 CO_2 的同时也能把原料气中的 H_2S 一并脱除掉，并且也可将气体中的 COS、CS_2 等有机硫化物同时被脱除。

双边交流

利用前面学过的吸收的知识，讨论用溶液来吸收气体物质时，_____温、_____压有利于吸收，而从溶液中解吸气体时，一般是_____温、_____压有利于解吸。（低温高压有利于吸收，高温低压有利于解吸。）

5. 甲醇的合成

甲醇合成工序是整个甲醇生产中的核心部分，该工序是要在一定的温度、压力及催化剂存在的条件下，将精制后的原料气合成粗甲醇，反应后的气体分离甲醇后循环使用。

（1）甲醇合成的方法：有高压法、低压法和中压法

① 高压法　19.6～29.4MPa，采用锌铬系催化剂。

该法的特点：锌铬系催化剂活性较低，故需要较高的反应温度（380～400℃），由于高温下受平衡转化率的限制，必须提高压力（30MPa）才能满足生产需要。该催化剂的机械强度和耐热性能较好，使用寿命较长，一般2～3年，但设备成本高（需要耐高温高压），副产物多，动力消耗大，操作压力高，现在已逐渐不再采用。

② 低压法　4.9～9.8MPa，采用铜基催化剂。

该法的特点：铜基催化剂活性高，反应温度低（230～270℃），但对合成原料气中杂质要求严格，特别是原料气中的S、As能对催化剂产生中毒作用，故要求原料气中硫含量小于$0.1cm^3/m^3$，（必须精制脱硫）。该法副产物少，成本低，投资少，但单程转化率较低。

③ 中压法　9.8～19.6MPa，仍采用铜基催化剂，温度与低压法相同，但压力提高，甲醇的收率明显提高。

目前，世界甲醇装置日趋大型化，大型装置年产甲醇60万～100万吨以上，新建厂普遍采用中、低压流程。

（2）基本原理

主反应：

$$CO+2H_2 \rightleftharpoons CH_3OH+Q \tag{8-35}$$

$$CO_2+3H_2 \rightleftharpoons CH_3OH+H_2O+Q \tag{8-36}$$

合成甲醇的反应特点：可逆、放热、反应前后气体体积缩小，并且只有在催化剂存在的条件下，反应才能较快进行。

副反应：

$$CO+3H_2 \longrightarrow CH_4+H_2O \tag{8-37}$$

$$2CO+4H_2 \longrightarrow (CH_3)_2O+H_2O \tag{8-38}$$

$$2CO+4H_2 \longrightarrow C_2H_5OH+H_2O \tag{8-39}$$

$$4CO+8H_2 \longrightarrow C_4H_9OH+3H_2O \tag{8-40}$$

这些副反应的产物可进一步反应，生成微量的醛、酮、酯等副产物。

（3）影响甲醇合成化学平衡的因素

① 反应温度的影响　甲醇合成反应是放热反应。根据平衡移动原理，当反应温度升高时，平衡会向逆反应方向（即向甲醇分解为一氧化碳和氢气的方向）移动。同时温度升高也会使副反应增多（主要是生成甲烷、高级醇等），因此，在较低的温度下进行反应，将使反应进行得更完全。

② 压力的影响　甲醇合成过程是气体体积缩小的反应，根据平衡移动原理，当压力增高时，有利于反应正向进行，甲醇的平衡产率（反应达到平衡时，甲醇在混合气中的平衡含量称为甲醇的平衡产率）就高；反之，如果降低反应时的压力，反应逆向进行，甲醇的平衡产率就低。

③ 反应物和生成物的浓度的影响　根据质量作用定律的原理，要使氢气和一氧化碳气体不断合成为甲醇，就必须增加氢与一氧化碳在混合气中的含量，同时应不断地将反应生成的甲醇及时移走。实际生产中正是遵循了该原理，先将氢、一氧化碳混合气体引入合成塔，在一定条件下进行反应，然后将反应后含有甲醇的混合气体从合成塔中引出来，进行冷凝分离，使生成的甲醇从该混合气体中分离出来，然后再向混合气体中补充一部分新鲜的氢气和一氧化碳气体。这样，一面补充参加反应的物质，一面除去反应的生成物，就可以使反应向

着生成甲醇的反向不断进行。

实践证明：温度越低，压力越高，气体混合物中甲醇的平衡浓度也就越高。因此，从反应的平衡观点出发，采用低温催化剂和高压，是能够提高 $CO+H_2$ 合成甲醇生产效率的。

（4）影响甲醇合成反应速率的因素　在单位时间内由氢、一氧化碳合成甲醇的数量，称为合成反应速率。

① 温度的影响　大多数化学反应的速率，都是随着温度的升高而加快的，甲醇的合成反应速率也是如此。但由于甲醇合成反应为可逆反应，当温度升高，正逆反应及副反应的速率均增大，因此，总的反应速率与温度的关系比较复杂，并非随温度的升高而简单地增大。

② 压力的影响　压力增大，氢与一氧化碳分子之间的距离缩小，分子之间相互碰撞的概率和次数增多，反应速率就加快（反应速率是由分子的碰撞概率的多少来决定的）。

③ 催化剂的影响　由 $CO+H_2$ 合成甲醇的反应特点可知，需在适当的温度、压力和有催化剂存在的条件下才能实现工业化生产。催化剂的存在可使反应能在较低温度下加快反应速率，缩短反应达到平衡的时间（但不能改变达到合成时的平衡率）。所以由 $CO+H_2$ 合成甲醇是必须使用催化剂，否则化学反应速率达不到化工生产要求。

④ 惰性气体的浓度的影响　在甲醇生产中所指的惰性气体是指那些不参与合成甲醇的气体，如甲烷等。在温度、压力和催化剂一定的条件下，惰性气体含量的增加会使合成反应的瞬时反应速率降低。

【案例4】采用锌铬系催化剂，由于该催化剂活性较低，为获得较高的催化活性，操作温度在 $380 \sim 400℃$，为获得较高的转化率，需在高压下操作，操作压力一般在 $25 \sim 35MPa$。

【案例5】采用铜基催化剂，由于它活性高，可采用低反应温度，操作压力也可相应地降到 $5 \sim 10MPa$。

⑤ 原料气的组成　由合成甲醇的反应式可知 $n(H_2)：n(CO)=2：1$，而工业生产原料气除一氧化碳和氢外，还有一定量的二氧化碳，二氧化碳也能和氢进行合成甲醇的反应，故常用 $\dfrac{n(H_2)-n(CO_2)}{n(CO)+n(CO_2)}=2.1 \sim 2.2$ 作为合成甲醇新鲜原料气组成。

⑥ 空速　合成甲醇空速的大小不仅影响原料的转化率，而且也决定着生产能力和单位时间放出的热量。

【案例6】采用低空速

反应气体与催化剂接触时间过长，单程转化率高，气体循环的动力消耗较少，预热未反应气体所需换热面积小，并且离开反应器气体温度高，其热能利用价值较高，但空速过低副反应增加，设备生产能力下降。

【案例7】采用高空速

催化剂的生产强度提高了，但增加了预热所需的传热面积，出塔气体所带热量减少，热能利用价值降低，系统阻力增大，压缩循环功耗增加，增加了分离反应产物的费用，当空速增大到一定程度后，催化剂床层温度难以控制。

适宜的空速与催化剂活性、反应温度及进塔气体组成有关。标准状态下在锌铬催化剂上一般为 $35000 \sim 40000h^{-1}$，在铜基催化剂上则为 $10000 \sim 20000h^{-1}$。

（5）甲醇合成催化剂

① 锌铬催化剂　锌铬催化剂（ZnO/Cr_2O_3）是一种高压固体催化剂，该催化剂使用寿命长，适用范围宽，耐热性好，抗毒能力强，机械强度好。但因为催化活性较低，需在高温

高压下使用，目前逐渐被淘汰。

②铜基催化剂　铜基催化剂是一种低压催化剂，其主要组分为 CuO/ZnO/Al$_2$O$_3$ 或 CuO/ZnO/Cr$_2$O$_3$，其活性组分是 Cu 和 ZnO，由于铜基催化剂有较好的低温活性、较高的选择性，通常用于低/中压流程。最早的铜基催化剂热稳定性较差，很容易发生硫、氯中毒，后添加了一些助剂使其性能得以改善，发展成具有工业价值的新一代铜基催化剂。

（6）甲醇合成工艺流程　甲醇合成的工艺流程有多种，其发展的过程与催化剂的应用以及净化技术的进展分不开。最早的是应用锌铬催化剂的高压工艺流程，后发展出以铜基催化剂合成甲醇的低压流程，之后在低压流程的基础上，又发展出了中压法生产甲醇的工艺流程。

【案例 8】　低压法工艺流程

德国 Lurgi 低压合成甲醇的工艺流程如图 8-6 所示。

工艺流程简述：合成气用透平压缩机 1 压缩至 4.0～5.0MPa 后，送入合成塔 2 中。合成气在铜基催化剂存在下，反应生成甲醇。合成甲醇的反应热用以产生高压蒸汽，并作为透平压缩机的动力。合成塔出口含甲醇的气体与混合气换热冷却，再经水或空气冷却，使粗甲醇冷凝，在分离器 7 中分离。冷凝后的粗甲醇至闪蒸罐 3 闪蒸后，送至精馏装置进行精制。粗甲醇首先在粗精馏塔 4 中脱除二甲醚、甲酸甲酯等低沸点杂质。塔底物即进入第一精馏塔 5。经蒸馏后，有 50% 的甲醇由塔顶出来，气体状态的精甲醇用来作为第二精馏塔再沸器加热的热源；由第一精馏塔底出来的含重组分的甲醇在第二精馏塔 6 内精馏，塔顶部采出精甲醇，底部为残液；第二精馏塔来的精甲醇经冷却至常温后，得到纯甲醇成品并送入储槽。

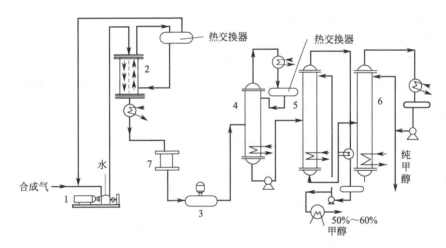

图 8-6　德国 Lurgi 低压法气相合成甲醇工艺流程

1—透平压缩机；2—合成塔；3—闪蒸罐；4—粗馏塔；
5—第一精馏塔；6—第二精馏塔；7—分离器

【案例 9】　中压法合成甲醇工艺流程

中压法是在低压法基础上开发的在 5～10MPa 压力下合成甲醇的方法，该法解决了低压法生产甲醇所需生产设备体积过大、生产能力小、不能进行大型化生产的困惑，有效降低了生产成本。其工艺流程如图 8-7 所示。

工艺流程简述：合成气原料在转化炉 1 内燃烧加热，转化炉内填充有催化剂。从转化炉出来的气体进行热量交换后送入合成压缩机 4，经压缩与循环气混合后在循环压缩机 5 中预

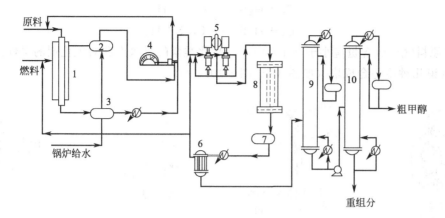

图 8-7　中压法合成甲醇工艺流程

1—转化炉；2,3,7—换热器；4—压缩机；5—循环压缩机；

6—甲醇冷凝器；8—合成塔；9—粗分离塔；10—精制塔

热，然后进入合成塔 8。在合成塔中，合成气在催化剂的作用下生成粗甲醇。合成塔为冷激型塔，回收合成反应热产生中压蒸汽。出塔气体将热量传给进塔气体，使之预热而自身得到降温，再经过换热器 7 进一步冷却，经甲醇冷凝器 6 将粗甲醇冷凝出来，气体大部分循环，冷凝的粗甲醇送入粗分离塔 9 和精制塔 10 中，经蒸馏分离出二甲醚、甲酸甲酯及杂醇油等杂质，即得精甲醇产品。

（7）甲醇合成塔　甲醇合成塔是甲醇合成的关键设备，作用是使氢气与一氧化碳混合气在塔内催化剂层中合成为甲醇。甲醇合成塔由内件、外筒及电加热器三部分组成，内件置于外筒之内，内件中有催化剂框、热交换器，还可能有电加热器（因为电加热器可以放在内件中，也可以放在塔外）甲醇合成反应在内件中完成。甲醇合成塔内件结构繁多，目前主要有冷管式和冷激式两种塔型。前者属于连续换热式，后者属于多段冷激式。

🌀 **双边交流**

1. 想一想，在甲醇合成反应中，副反应有哪些不利影响？

有这几方面的影响：① 副反应也要消耗原料，造成原料的浪费；

② 副反应得到的产物混在主产物甲醇中，影响甲醇的质量；

③ 副反应影响催化剂的寿命；

④ 主反应为强放热反应，副反应的存在，不利于操作控制；

⑤ 副反应生成的甲烷不能随产品冷凝，存在于循环系统中不利于主反应的化学平衡和反应速率。

2. 查一查，在铜基催化剂中添加的 Al_2O_3、Cr_2O_3 有什么样的作用呢？

原来添加 Al_2O_3 可使催化剂铜晶体尺寸减小，活性提高，并且 Al_2O_3 价廉、无毒。而 Cr_2O_3 的添加可以提高铜在催化剂中的分散度，同时又能阻止分散的铜晶粒在受热时被烧结、长大，延长催化剂的使用寿命。

👁 **开眼界**

1. 让我们来认识铜基催化剂的中毒吧！

铜基催化剂对硫的中毒十分敏感，其原因是硫化氢和铜形成硫化铜或硫化亚铜，反应如下：

$$Cu + H_2S \longrightarrow CuS + H_2$$
$$2Cu + H_2S \longrightarrow Cu_2S + H_2$$

因此原料气中硫含量应小于 0.1×10^{-6}，与此类似的是氢卤酸对催化剂的毒性。

2. 认识几种甲醇合成塔（如图 8-8～图 8-10）。

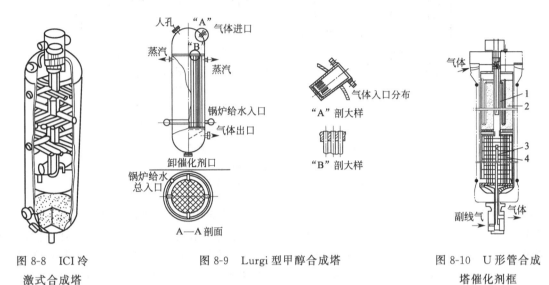

图 8-8　ICI 冷
激式合成塔

图 8-9　Lurgi 型甲醇合成塔

图 8-10　U 形管合成
塔催化剂框
1—上中心管；2—U 形
冷管；3—下中心管；
4—列管换热器

6. 粗甲醇的精馏

虽然参加甲醇合成反应的元素只有氢、碳和氧 3 种，但在反应的温度、压力、空间速度、催化剂等条件下，反应是比较复杂的，生成了各种副反应，使主产物甲醇不纯。而甲醇能与很多种物质互溶（甲醇的吸湿性较强），要想得到符合国家标准的甲醇（纯度高、水分含量较低）产品，工业生产中通常使用精馏与萃取的方法。这里不再详细阐述。

思考与练习

1. 甲醇的用途有哪些？

2. 甲醇的主要物理性质和化学性质有哪些？

3. 德士古水煤浆气化工艺有何特点？

4. 变换工序的任务是什么？

5. 变换的原理是怎样的？

6. 合成甲醇原料气为什么要脱硫？原料中一般含有哪几种硫化物？

7. 脱硫的方法有哪些？干法脱硫的特点是什么？

8. 湿式氧化法脱硫有何特点？简述 ADA 法脱硫的基本原理。

9. 低温甲醇脱碳基本原理是什么？

10. 甲醇合成反应的主反应和副反应有哪些？

11. 合成甲醇催化剂有哪几种？各有什么特点？

12. 简述温度、压力、空速、惰性气体含量对合成反应的影响。

13. 简述低压法合成甲醇流程，并画出工艺流程图。

项目九　日用化学品简介

日用化学品（domestic chemical products），是人们日常生活中经常使用的精细化学品。在人类当今的生活中，日用化学品具有十分广泛的用途，几乎深入到人们生活的各个方面。日用化学品主要有合成洗涤剂、肥皂、香精、香料、化妆品、牙膏、油墨、火柴、干电池、烷基苯、五钠、骨胶、明胶、皮胶、甘油、硬脂酸、感光胶片、感光纸等。

在各种各样的洗涤用品中，起去污作用的主要组分（活性组分）就是表面活性剂。表面活性剂与日用化学品密切相关，是日用化学品的主要原料。如肥皂，可以说是最古老、最经典的表面活性剂；如化妆品中的乳化剂，也是起乳化作用的表面活性剂；再如牙膏中的起泡剂也是表面活性剂。多数表面活性剂产品是在日用化工厂生产的。可以说表面活性剂即是日用化工的一个重要原料，也是一种日用化工产品。

任务1　了解肥皂类

肥皂从广义上讲，是油脂、蜡、松香或脂肪酸与有机或无机碱进行皂化或中和所得的产物。而油脂、蜡、松香与碱之所以能发生作用，实质上是脂肪酸与碱发生作用，因而肥皂是脂肪酸盐：RCOOM，式中 R 代表烃类，M 为金属离子或有机碱类。

只有碳原子数目在 8～22 的脂肪酸碱金属盐才具有洗涤作用。因此肥皂是指至少含有 8 个碳原子的脂肪酸或混合脂肪酸的碱性盐类（无机的或有机的）的总称。

肥皂的分类一般按肥皂的用途和组成的金属离子来分，也可按形态和制造方法来分。

按用途，可分为香皂、洗衣皂及其他用皂。

香皂：如一般香皂、儿童香皂、富香皂、美容皂、药物香皂及液体香皂等。

洗衣皂：不同规格的洗衣皂、抗硬水皂、增白皂、皂粉及液体洗衣皂等。

其他：如工业皂、药皂、软皂等。

按制造方法分类，有热法皂、半热法皂、冷法皂。

按形态分类，有块皂，液体皂、皂粉、皂片、半纹皂、透明皂、半透明皂等。

下面介绍几种生活中常用的肥皂。

1. 洗衣皂

洗衣皂是指洗涤衣物用的肥皂。洗衣皂是人类最早也是最普遍使用的洗涤用品。洗衣皂是块状硬皂，主要成分是脂肪酸钠盐，此外还含有助洗剂、填充料等，如水玻璃、碳酸钠、沸石、着色剂、透明剂、钙皂分散剂、香料、荧光增白剂等。

洗衣皂是碱性洗涤剂，其水溶液呈碱性，其去污力好、泡沫适中，使用方便。缺点是不适用于硬水，在硬水中洗涤时会产生皂垢，因此用洗衣皂洗涤衣物时，洗涤液会呈混浊状。而且在硬水大的水中，如河水、皂水，肥皂的去污力会下降。

1. 因为肥皂碱性强，高档的丝毛制品最好不用洗衣皂洗涤，可用专门的丝毛洗涤剂。另外，用洗衣皂洗涤白色织物，时间久了衣物会泛黄。

2. 用肥皂洗澡、洗脸、洗手、洗发，虽能迅速洗除人体皮肤表面的灰尘和油污，但对皮肤及头发有脱脂作用，经常使用会感觉皮肤发干。

3. 洗涤衣物时，肥皂的用量并不是越多越好，皂液浓度在 0.2% ～0.5% 之间最好，即100g 水中约含肥皂 0.2～0.5g 时，效果最佳，如果使用过量不仅浪费，而且为漂洗带来不必要的麻烦。

4. 肥皂的去污力与其在水中的溶解度大小有关，肥皂在水中的溶解度随着洗涤温度升高而增大，因此用肥皂洗涤衣物时，温度高去污效果好。如果被洗涤衣物不怕热水烫，用肥皂洗涤时最好在 50℃ 左右温度下洗涤。

2. 高级增白洗衣皂

以精制优等动植物油脂为皂化原料，除肥皂外，还添加多种新型表面活性剂相复配。具有抗硬水、去污力强，不损织物，省时，省力，气味芳香等优点。适用于洗涤各种织物，洗后织物增白艳丽，特别对内衣、领口、袖口等油性污垢的洗涤，去污效果明显。

这类皂属于改性皂，是由肥皂、合成洗涤剂及助剂经加工而成。克服了普通肥皂在低温下溶解度差和不耐硬水的本质缺陷，使其兼备肥皂和合成洗涤剂的优点。也有加钙皂分散剂的产品（即复合皂）。

双边交流

1. 什么是表面活性剂？

表面活性剂是一种有机化合物，其分子结构同时具有两种不同性质的基团。

亲油基或疏水基、憎水基：不溶于水的长碳链烷基团。

亲水基：易溶于水或易于被水所润湿的原子团，如磺酸基、羟基、羧基等。

2. 表面活性剂有什么特点？

表面活性剂具有界面吸附、定向排列和生成胶束等基本性质，因而具有润湿、渗透、乳化、扩散、增溶、发泡、消泡、洗涤以及抗静电等作用，在化学工业和人们日常生活中应用非常广泛。

3. 表面活性剂的分类是怎样的？

表面活性剂可根据它能否在水中电离生成离子而分为离子型和非离子型表面活性剂。离子型表面活性剂有可按电离后生成的活性基团是阴离子还是阳离子进一步分为阴离子型、阳离子型和两性型表面活性剂。

任务2　了解香皂类

香皂也是块状硬皂，具有芳香气味。

香皂是以牛油、羊油、椰子油等动植物油脂为原料，经皂化制得的脂肪酸钠皂。除钠皂外，香皂中还添加各种添加物，如香精、钛白粉、抗氧化剂、杀菌剂、除臭剂、透明剂、荧光增白剂等。

由于香皂质地细腻，气味芬芳，很适合于洗手、脸、头发和洗澡。近年来香皂产量稳中有增，其花色品种也不断在增多，这是香皂发展的主流。在香皂皂基中添加各种添加剂可制成多功能用皂，以适应香皂品种细分化和专用化需要。并以功能性和个性化刺激消费，如针对不同年龄的消费层出现了老人皂、儿童皂、婴儿皂；为美化外形有全透明皂和半透明皂、异形皂等；按功能不同又有药皂、祛臭皂、润肤皂、美容皂、减肥皂、祛蚊皂等。而美容皂中所加的添加剂各异，又有牛乳皂、珍珠皂、皂粉皂之分。

香皂品种还日益趋向高档化。对香皂除了要求其有原来的洗净功能外，更重要的是还要有华美的外观，舒适的香型，并有益于肌肤，如在香皂中加入蜂蜜、人参、珍珠、水解蛋白、芦荟等高级营养物质，采用高级香精和华丽的包装来提高香皂的商品价值，从而使香皂起到类似化妆品的作用。

香精在香皂中的作用可以说是举足轻重的，一般香皂用香精是为香皂生产而专门调配的，因而也是专用性的。香皂常用的香型主要有檀香型、紫罗兰型、茉莉香型、百合香型、古龙香型、水仙香型、国际幻想型等。

按香皂的作用，香皂可分为护肤皂、保健皂、防皮肤病皂（药物香皂）等，它们有如下特点。

1. 护肤香皂

该类香皂的配方与普通高档香皂基本相同，只是在香皂配方中适量加入具有润肤作用的羊毛脂、甘油和能降低碱性的柠檬酸、有消毒作用的尿素等。此种香皂碱性小，一般都是接近中性或微碱性，对皮肤无刺激，并有护肤作用。

2. 保健香皂

保健香皂在成分中加入一定量的人参、麝香等营养性物质，属高档香皂。如人参香皂，用后皮肤感觉细腻柔软，充满光泽。

3. 药物香皂

在香皂中加入各种药物，使香皂具有各种功能，防止皮肤病。

🌀 **双边交流** 你知道吗，香皂和洗衣皂有什么区别？

1. 从用途上分，洗衣皂主要用来洗涤衣物等，而香皂主要是用于人体清洁，如用于洗手、沐浴等。

2. 从制作原料上，虽然洗衣皂和香皂都是用动植物油脂和碱经过皂化反应制成的，但两种产品对油脂原料的要求有所不同，制作香皂所用的油脂主要有牛油、羊油、椰子油、松香等，制皂前要先经过碱炼、脱色、除臭等精炼处理，使之成为无色、无味的纯净油脂。而制造洗衣皂所用的油脂是各种动物油、植物油、硬化油等，一般不需经过复杂的精炼处理。香皂在加工时工序较洗衣皂复杂得多，因此香皂的制造成本比洗衣皂高。

3. 从气味上，香皂比洗衣皂芳香许多，原因是制香皂所用的香精，不论从品质还是从数量上，都比洗衣皂中添加的香精高，各类香精价格相差悬殊，尤其是天然香精，价格更高。（现在你明白了吧，为什么同样都是肥皂，而价格却相差很多？）

任务3　了解化妆品

日用化妆品是表面活性剂使用最广泛的领域，化妆品是清洁、美化人体面部、皮肤以及毛发或牙齿等部位的日常用品。它能充分改善人体的外观，修饰容貌，增加魅力；可以培养人们讲究卫生的习惯，给人以容貌整洁和好感；有益于人们的健康。

对化妆品的基本要求如下所述。

第一：安全性，即要求确保长期使用的安全。

第二：稳定性，即要求保持长期的稳定。

第三：长效性，即要求有助于保持皮肤正常的生理功能和容光焕发的效果。

化妆品的分类比较混乱，美国、日本将化妆品分为化妆品和药物化妆品。我国化妆品则分为化妆品和特殊用途化妆品。特殊用途化妆品是指有专门的用途如防止青春痘、减肥、祛除色斑、美白皮肤、抗衰老等。一般来讲，化妆品可分为护肤化妆品、美容化妆品、发用化妆品、专用化妆品等。化妆品涉及多门学科、多种技术，当今世界的最前沿技术——电子信息技术、生物技术、材料技术、先进制造技术、环保技术都与化妆品息息相关。

1. 护肤用化妆品

功能：清洁、保养皮肤或对问题性皮肤起到治疗作用。包括清洁品如洗面奶磨砂膏；保养品如润肤霜、精华素；治疗保养品如祛斑霜、粉刺露等。

【**案例1**】雪花膏配方（表9-1）

表9-1　雪花膏配方

油 相		水 相	
成　　分	质量分数/%	成　　分	质量分数/%
单硬脂酸甘油酯	6.0	三乙醇胺	1.0
羊毛脂	3.0	甘油	10.0
白油	8.0	吐温-80	1.0
十六醇	3.0	蜂蜜	2.0
十八醇	5.0	香精	0.5
羟苯乙酯	0.5	蒸馏水	60.0

2. 美容用化妆品

也叫色彩化妆品。分为遮瑕类如粉底、遮瑕膏等；色彩类如口红、唇膏、胭脂、眉笔、睫毛膏等。

【**案例2**】唇膏配方（表9-2）

表9-2　唇膏配方

成　　分	质量分数/%	成　　分	质量分数/%
A 蓖麻油	24.6	巴西棕榈蜡	6
二氧化钛	5	蜂蜡	5
红、橙、黄颜料	1.6	石蜡	8
B 蓖麻油	19	十四酸异丙酯	10
红色颜料	0.2	没食子酸丙酯	0.1
C 羊毛脂	12	D 玫瑰香精	0.5
小烛树脂	8		

3. 口腔卫生用化妆品

口腔类化妆品包括牙膏、牙粉、含漱水等。

【案例3】 牙膏配方（表9-3）

表9-3　牙膏配方

成　　分	质量分数/%	成　　分	质量分数/%
甘油	30.0	糖精	0.2
羧甲基纤维素钠	1.2	水	22.4
月桂醇单甘油酯磺酸钠	1.0	香精	1.2
月桂醇硫酸钠	2.0	防腐剂	适量
焦油酸钙	40.0	硅酸镁铝	2.0

4. 毛发用化妆品

功能：清洁头发，或使头发保持油分，不因失去水分而变得干枯，还可以使头发漂白、染色、烫成卷曲后的头发得到保护。一般有香波、头油、发蜡、染发剂、烫发剂等。

【案例4】 洗发香波配方（表9-4）

表9-4　洗发香波配方

组　　分	质量分数/%		
	透明香波	珠光香波	调理香波
脂肪醇聚氧乙烯醚硫酸钠	15.0	13.0	8.0
脂肪酸二乙醇酰胺		4.0	4.0
十二烷基二甲基甜菜碱			6.0
失水山梨醇聚氧乙烯醚单油酸酯	10.0		
十二醇硫酸三乙醇胺盐		9.0	
乙二醇单硬脂酸酯		2.0	
对羟基苯甲酸甲酯	0.2	0.2	0.2
对羟基苯甲酸乙酯	0.2	0.2	0.2
乙二胺四乙酸二钠	0.5	0.5	0.5
柠檬酸	适量	适量	适量
氯化钠	1.5	1.5	
香精	适量	适量	适量
去离子水	余量	余量	余量

👁 开眼界

1. 雪花膏的特性和用途

雪花膏，白色膏状乳液，是常用的护肤化妆品。典型的雪花膏的乳化形式为水包油型（O/W）。水相主要含有水以及甘油、碱等水溶性物质，而油相主要含高级醇、高级脂肪酸等油脂类。另外，添加一些助剂，如防腐剂、香精等，以改善其性能。雪花膏的 pH 值一般为 5～7，与皮肤表面的 pH 值相近。

雪花膏能保持皮肤的湿度平衡，对皮肤起到保湿、柔软的作用。以雪花膏为基料，再添加其他成分，可以制成特殊用途的膏霜，如防晒霜、粉刺霜等。

2. 洗发香波特性和用途

洗发香波主要由表面活性剂、水和助剂组成，有较弱的碱性、较大的起泡力和较强的去污能力。在水中迅速溶解，不刺激皮肤。用香波洗发过程中，不仅有良好的去油、去污、去头屑作用，而且使洗后的头发光亮、美观、柔软、易梳理，兼有化妆作用。

按洗发香波的状态不同，可分为透明型洗发香波、乳液型洗发香波、胶状洗发香波等。按适用发质的不同，可分为干性头发用、油性头发用和中性头发用洗发香波。按香波具有的功能不同，可分为通用型、药效型、调理型、特殊型洗发香波。

另外，有些洗发香波兼有多个功能，即所谓"二合一"、"三合一"洗发香波。

任务4　了解其他日用化学品

1. 香料

香料是具有挥发性、能被嗅觉嗅出香气或味觉尝出香味的物质。

香料是精细化学品的重要组成部分，它是由天然香料、合成香料和单离香料3个部分组成。

天然香料包括动物性天然香料和植物性天然香料，动物性天然香料是动物的分泌物或排泄物，常用的有麝香、灵猫香、海狸香和龙涎香4种；植物性天然香料是用芳香植物的花、枝、叶、草、根、皮、茎、籽或果等为原料，通过压榨法，蒸馏法、溶剂浸提法、吸收法等生产出来的精油、浸膏、酊剂、香脂、香树脂和净油等。

(1) 合成香料　通过化学合成的方法制取的香料化合物称为合成香料。目前有6000多种香气、性质各不相同的合成香料，常用的产品有400多种。

(2) 单离香料　使用物理的或化学的方法从天然香料中分离出来的单体香料化合物称为单离香料。如薄荷脑，即薄荷醇，是用重结晶方法从薄荷油中分离出来的单离香料。

香料和香精广泛用于香水、化妆品、洗涤剂、烟草、酒类、食品、医药卫生用品等工业，是不可缺少的重要原料，也可用于纺织品、涂料、纸张、文具、塑料制品等。

2. 香精

天然香料和合成香料，由于它们的香气比较单调，多数都不能单独使用。一般要将各种香料调配成香精才能使用。

香精是按特定配方用几种或几十种香料调配而成的，产生一定香型的香料混合体，因此香精也称调合香料。

香精加入到食品、日化产品、烟酒等产品中，这些产品称为加香产品。其过程为香料→香精→加香产品。

香精的分类方法很多，可以按香精的用途、香型、剂型分类。以香精的用途分类，可分为日用香精、食用香精和其他用途类香精三大类。

日用香精：进一步分为皂用、洗涤剂用、清洁剂用、劳动防护品用、卫生制品用、化妆品用、地板蜡用等。

食用香精：进一步分为食品用、烟用、酒用、牙膏牙粉用、药用香精等。

其他香精：塑料制品、橡胶制品、人造革、造纸、涂料、油墨、工艺品、杀虫剂等。

3. 专用清洁剂

洗涤用品的发展趋势之一是各类专用清洁剂的问世。如餐具清洁剂、卫生间清洁剂、玻璃、瓷砖清洁剂、地毯、地板清洁剂、汽车、飞机清洁剂、厨房清洁剂、皮革、橡胶、塑料清洁剂、珠宝、金银清洁剂、金属清洁剂、杀菌消毒清洁剂、机器、零件清洁剂、油漆清洁剂、食品清洁剂等。不同的场所，根据不同的特点选用不同的清洁剂，这样不但使清洁效果更好，而且更有利于环境。

【案例5】 汽车清洗剂配方（表9-5）

表9-5 汽车清洗剂配方　　　　　　　　　　　　　　单位：％

原　料	配　比	原　料	配　比
A 硫酸钠	32	亚硝酸钠	10
硼砂	31	B 辛苯氧基乙醇	3.5
碳酸三钠	21	松油	1.5

4. 沐浴用化学品

沐浴用化学品有些把它归属于化妆品，也有把它归属于洗涤用品。它在人们的生活中变得必不可少了，而且随着人们生活质量的提高，品种也在不断更新。有一般的沐浴液，也有专门淋浴或盆浴的浴液，以及加有人参、芦荟、蜂蜜等成分的特殊浴液。浴用产品要求性质温和，具有抑菌性、高起泡性、泡沫稳定性。其成分配方见表9-6。

表9-6 沐浴用化学品成分配方　　　　　　　　　　单位：％

原　料	配　比	原　料	配　比
月桂基聚氧乙烯醚硫酸铵	5.00	氯化钠	1.30
去离子水	84.28	柠檬酸	适量
$C_{14\sim16}$烯基磺酸钠	5.00	防腐剂	适量
椰油酸二乙醇酰胺	4.00	芦荟胶	0.42

思考与练习

1. 什么叫日用化学品？

2. 表面活性剂在日用化学品中有什么作用？

3. 日用化学品包括哪些方面？

4. 什么叫化妆品？化妆品有哪些作用？

5. 肥皂和香皂的主要区别是什么？

6. 香精和香料的区别是什么？

项目十 化工安全知识

任务1 了解化工生产事故的特点

想一想 由于化工生产具有易燃、易爆、易中毒、高温、高压、易腐蚀等特点，与其他行业相比，化工生产潜在的不安全因素更多，危险性和危害性更大，因此，对从业人员的安全素质要求更高。结合生产实际，想一想化工生产中容易引发哪些生产事故？

【案例1】 印度博帕尔毒气泄漏事故

1984年12月3日，美国联合碳化物公司在印度博帕尔市的一座农药厂，发生了一起液态甲基异氰酸酯大量泄漏气化事故，使附近空气中的这种毒气浓度超过了安全标准的1000倍以上。在事故后的7天内，死亡人数为2500人，该市70万人口中，约20万人受到影响，其中约5万人双目失明，其他幸存者的健康也受到严重危害。博帕尔地区的大批食物和水源被污染，大批牲畜和其他动物死亡，生态环境受到严重破坏。事故后果之惨，损失之大，世人震惊。

化工生产泛指化学工业生产，主要是石油化工提炼，及其衍生物化合生产。石油化工生产的生产链相当冗长，其衍生物亦十分繁多，且生产工艺不乏高温、高压、蒸馏、裂解等，具有相当大的危险性。其初始产品到终极产品绝大多数列入危险物品之列，危险化学品往往具有易燃、易爆、有毒、有害、有腐蚀等危险特性，在生产、储存、搬运和使用过程中存在很多危险性因素，随之也引发了许多危险化学品事故。

【案例2】 重庆天原化工总厂液氯储罐爆炸事故

2004年4月16日凌晨，重庆天原化工总厂发生氯气泄漏和两次局部爆炸，有毒的氯气在空气中不断扩散。16日17时57分，工作人员正在进行抢险处置时，陈旧的氯罐突然发生第3次爆炸，造成9人死亡和失踪，并使15万人紧急大转移（图10-1）。

图10-1 重庆天原化工总厂液氯储罐爆炸事故

化工生产的危险性主要表现在火灾危险、毒害危险、污染危险。火灾形式亦多样，除表现为燃烧以外，多表现为爆炸。毒害危险也有急性和慢性，且经常是大范围的。污染危险又有接触性污染、空气污染、水污染、土壤污染。如此众多的危险集于一个生产行业，实不多见。不仅给国家和人民的生命安全带来了严重危害，甚至造成了环境污染，从而引发了社会的不稳定因数，据统计全世界每年因化学事故和化学危害造成的损失超过 4000 亿人民币。

【案例 3】 深圳安贸危险品储运公司清水河仓库火灾事故

1993 年 8 月 5 日 13 时，清水河 4 号仓库内的硫化钠、硝酸铵、高锰酸钾、过硫酸铵等化学危险品混储，引起化学反应造成的火灾，死亡 18 人，重伤 136 人，烧毁、炸毁建筑物面积 39000m² 和大量化学物品，直接经济损失 2.5 亿元。

在化工企业的诸多安全事故中，火灾、爆炸与泄漏事故是最常见的事故。火灾、爆炸与泄漏事故一旦发生，如果不及时扑救，后果往往十分严重。它不仅会造成人员伤亡，而且还会给企业在经济方面带来巨大损失。

双边交流

1. 查取有关资料，找出典型的化工生产事故案例，分析事故原因，把你获得的资料与其他人交流，看别人的理解与你有何不同，并展开讨论。

2. 完成填空：

(1) 危险化学品在_____、_____、_____和_____过程中存在很多危险性因素，容易引发化学事故。

(2) 最常见的化学事故类型有_____、_____和_____。

任务 2　了解化学危险物质及分类

想一想　常见的化学危险物质有哪些？它们都有什么危险性？如何进行安全管理呢？

化学品危险性鉴别与分类是根据化学品（化合物、混合物或单质）本身的特性，依据有关标准，确定是否为危险化学品，并对危险化学品划出可能的危险性类别和项别。

化学品危险性鉴别与分类是进行化学品安全管理的前提，鉴别与分类的正确与否关系到安全标签的内容、危险标志以及安全技术说明书的编制，因此化学品危险性鉴别与分类也是化学品管理的基础。

1. 我国危险化学品的分类

按《常用危险化学品的分类及标志》（GB 13690—92），我国将常用危险化学品按危险特性分为 8 类。

第 1 类　爆炸品

本类化学品指在外界作用下（如受热、受压、撞击等），能发生剧烈的化学反应，瞬时产生大量的气体和热量，使周围压力急骤上升，发生爆炸，对周围环境造成破坏的物品，也包括无整体爆炸危险，但具有燃烧、抛射及较小爆炸危险的物品。

比如：火药、炸药、烟花爆竹等，都属于爆炸品。

【案例 4】 2010 年 2 月 26 日晚，广东普宁一户村民因非法燃放烟花引起爆炸事故，导致 21 人死亡、48 人受伤。据调查，此次事故的罪魁祸首并非烟花爆竹，而是燃放者缺乏起码的安全意识和燃放技术。礼花弹的燃放需有专业知识，比方说要由专业燃放作业人员实施，燃放的地方要平整坚固，燃放时还要清场。但该户村民根本不知道，安全防范意识薄弱，既随意燃放又随意堆放，请来燃放礼花弹的人又不够专业，所以酿成这样的恶果。

第 2 类　压缩气体和液化气体

本类化学品系指压缩、液化或加压溶解的气体，并应符合下述两种情况之一者。

a. 临界温度低于 50℃。或在 50℃ 时，其蒸气压力大于 294kPa 的压缩或液化气体。

b. 温度在 21.1℃ 时，气体的绝对压力大于 275kPa，或 54.4℃ 时，气体的绝对压力大于 715kPa 的压缩气体；或在 37.8℃ 时，雷德蒸气压力大于 275kPa 的液化气体或加压溶解的气体。

本类物品按其性质分为以下三项。

① 易燃气体　如氢气、甲烷等。

② 不燃气体（无毒不燃气体，包括助燃气体）　如压缩空气、氮气等。

③ 有毒气体（毒性指标同第六类）　如一氧化碳、氯气等。

【案例 5】　黑龙江哈尔滨市打火机厂爆炸火灾事故

1997 年 11 月 13 日，黑龙江哈尔滨市宾县居仁镇巨人打火机厂充气车间在生产过程中发生爆炸火灾事故，造成 16 人死亡，烧毁 55m² 砖木结构厂房及简易打火机充装设备，直接财产损失 1.5 万元。爆炸火灾系充气车间内液化石油气与空气的混合气体遇明火所致。为 1997 年全国十大火灾之一。

第 3 类　易燃液体

本类化学品系指易燃的液体，液体混合物或含有固体物质的液体，但不包括由于其危险特性已列入其他类别的液体，其闭杯试验闪点等于或低于 61℃。

如：汽油、苯、乙醇等均属于易燃液体。

按闪点范围分为以下三项。

① 低闪点液体　闪点＜－18℃，如乙醚等。

② 中闪点液体　－18℃≤闪点＜23℃，如苯等。

③ 高闪点液体　23℃≤闪点≤60℃，如丁醇等。

【案例 6】　浙江省温州市皮鞋厂大火

2002 年 3 月 23 日 12 时 50 分，浙江省温州市瓯海区郭溪镇惠盛皮鞋厂发生大火，造成 6 名女工死亡，4 人受伤。火灾系生产操作不当引起的，首先着火的部位是 2 层楼喷光车间，10 名女工被困火海。有 4 人被及时赶来的消防人员救出送往医院抢救。此次火灾的罪魁祸首是生产过程中采用一种叫做"白乳胶"的易燃液体。属于甲类危险物品，在通风不好的空间里，挥发气体达到一定的浓度遇火花就会爆燃。操作中曾有人把白乳胶容器碰倒，在未清扫干净的情况下开动机器，导致了灾难的发生。

第 4 类　易燃固体、自燃物品和遇湿易燃物品

① 易燃固体系指燃点低，对热、撞击、摩擦敏感，易被外部火源点燃，燃烧迅速，并可能散发出有毒烟雾或有毒气体的固体，但不包括已列入爆炸品的物品。如煤、木材、松香、石蜡等都属于易燃固体。

② 自燃物品系指自燃点低，在空气中易发生氧化反应，放出热量，而自行燃烧的物品。如黄磷、堆积的浸油物、赛璐珞、硝化棉、金属硫化物、堆积植物等，都是常见的自燃物品。

③ 遇湿易燃物品系指遇水或受潮时，发生剧烈化学反应，放出大量的易燃气体和热量的物品，有的不需明火，即能燃烧或爆炸。如金属钠、电石、石灰等都属于遇湿易燃物品

（忌水性物品）。

第 5 类　氧化剂和有机过氧化物

① 氧化剂系指处于高氧化态、具有强氧化性、易分解并放出氧和热量的物质，包括含有过氧基的无机物其本身不一定可燃，但能导致可燃物的燃烧，与松软的粉末状可燃物能组成爆炸性混合物，对热、震动或摩擦较敏感。常见的氧化剂有氯酸钾、次氯酸钠、高锰酸钾等。

② 有机过氧化物系指分子组成中含有过氧基的有机物，其本身易燃易爆。极易分解，对热、震动或摩擦极为敏感。如过氧化苯甲酰、过氧化甲乙酮等。

【案例 7】　河南郑州食品添加剂厂"6·26"特大爆炸

1993 年 6 月 26 日，河南省郑州市食品添加剂厂发生一起爆炸事故，死亡 27 人，受伤 33 人，经济损失 300 万元。16 时 15 分左右，该厂仓库内的 7t 多过氧化苯甲酰发生爆炸，随着爆炸的巨响，一股黑烟夹着火球瞬时就升上了天空，在天空形成一团黑蘑菇云，爆炸所产生的猛烈的气浪和冲击波，冲倒了厂房和院墙，浓烟尘土散尽，3700 多平方米的建筑物已成平地，相邻的企业也受到灾害。

第 6 类　有毒品

本类化学品系指进入机体后，累积达一定的量，能与体液和器官组织发生生物化学作用或生物物理作用，扰乱或破坏肌体的正常生理功能，引起某些器官和系统暂时性或持久性的病理改变，甚至危及生命的物品。经口摄取半数致死量：固体 $LD_{50} \leqslant 500mg/kg$，液体 $LD_{50} \leqslant 2000mg/kg$；经皮肤接触 24h，半数致死量 $LD_{50} \leqslant 1000mg/kg$；粉尘、烟雾及蒸气吸入半数致死量 $LC_{50} \leqslant 10mg/L$ 的固体或液体。毒害品如氰化钠、氰化钾、农药、四乙基铅、硝酸汞、氯化汞、重铬酸钠、羰基镍、磷化锌、三氧化二砷、碳酰氯等。

第 7 类　放射性物品

本类化学品系指放射性比活度大于 $7.4 \times 10^4 Bq/kg$ 的物品。按其放射性大小分为一、二、三级放射性物品。如金属铀、六氟化铀、金属钍、硝酸钍、夜光粉等。

【案例 8】　1986 年 4 月 26 日，位于乌克兰基辅市郊区的切尔诺贝利核电站，由于管理不善和操作失误，4 号反应堆爆炸起火，致使大量放射性物质泄漏。西欧各国及世界大部分地区都测到了核电站泄漏的放射性物质。31 人死亡，237 人受到严重放射性伤害。而且在 20 年内，还将有 3 万人可能因此患上癌症。基辅市和基辅州的中小学生全被疏散到海滨，核电站周围的庄稼全被掩埋，少收 2000 万吨粮食，距电站 7km 内的树木全部死亡，此后半个世纪内，10km 内不能耕作放牧，100km 内不能生产牛奶。这次核污染飘尘给邻国也带来严重灾难，这是世界上最严重的一次核污染。

第 8 类　腐蚀品

本类化学品系指能灼伤人体组织并对金属等物品造成损坏的固体或液体。与皮肤接触在 4h 内出现可见坏死现象，或温度在 55℃ 时，对 20 号钢的表面均匀年腐蚀率超过 6.25mm 的固体或液体。

该类物品按化学性质分为酸性腐蚀品（如硫酸）、碱性腐蚀品（氢氧化钠）和其他腐蚀品（如次氯酸钠）三项。

2. 国外危险化学品分类简介

世界各国都对化学品危险性进行了分类，但存在差别。联合国危险货物运输专家委员会将危险货物分为以下 9 类，与我国大同小异：

第 1 类　爆炸品

第 2 类　压缩、液化、加压溶解或冷冻气体

第 3 类　易燃液体

第 4 类　易燃固体、易于自燃的物质、遇水放出易燃气体的物质

第 5 类　氧化性物质、有机过氧化物

第 6 类　有毒和感染性物质

第 7 类　放射性物质

第 8 类　腐蚀性物质

第 9 类　杂项危险物质

3. 危险化学品的安全标志

安全标志是通过图案、文字说明、颜色等信息鲜明、简洁地表征危险化学品危险特性和类别，向作业人员传递安全信息的警示性资料。危险化学品的安全标志设有主标志和副标志，副标志中没有危险性类别号。主标志表示其主要危险性类别，副标志表示重要的其他危险性类别。

不同国家和地区的安全标志大同小异，只是底色和外形有所差异。我国危险化学品的安全标志如图 10-2 和图 10-3 所示。

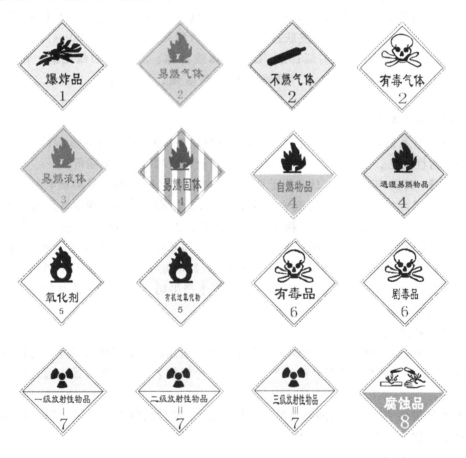

图 10-2　我国危险化学品的主安全标志

图 10-3　我国危险化学品的副安全标志

双边交流

1. 查取有关资料，找出易燃固体、毒害品、腐蚀品事故案例，分析事故原因，把你获得的资料与其他人交流，看别人的理解与你有何不同，并展开讨论。

2. 完成填空

(1) 安全标志是通过_____、_____、_____等信息鲜明、简洁地表征危险化学品危险特性和类别，向作业人员传递安全信息的警示性资料。

(2) 危险化学品的安全标志设有_____标志和_____标志，_____标志表示其主要危险性类别。

(3) 常见的酸性腐蚀品有_____、_____、_____等。

任务3　学习防火防爆技术

想一想　化工生产中，发生火灾爆炸事故时，应该采取哪些措施减少损失，保护自己和他人的安全呢？

化工生产中使用的原料、中间产品和产品很多都是易燃、易爆物品，加上工艺条件苛刻，一旦操作不慎，容易引起火灾爆炸事故。我国的统计资料表明，化工厂火灾爆炸事故的死亡人数占因公死亡总人数的 13.8%，居第一位。所以，防火防爆对化工生产是十分重要的。

1. 燃烧的基础知识

(1) 燃烧的定义　燃烧是一种伴有发光、发热的激烈的氧化反应。其特征是发光、发热、生成新物质。

(2) 燃烧的条件　燃烧若能顺利进行，必须同时具备以下 3 个条件。

① 可燃物质　凡能与空气、氧气或其他氧化剂发生剧烈氧化反应的物质，都可称为可燃物质。可燃物质种类繁多，按物理状态可分为可燃固体（如煤、木材）、可燃液体（如汽油、酒精）和可燃气体（如一氧化碳、甲烷）。

② 助燃物质　凡是具有较强的氧化能力，能与可燃物质发生化学反应并引起燃烧的物质均称为助燃物。如空气、氧气以及氯酸钾等氧化剂。

③ 点火源　凡能引起可燃物质燃烧的能源称为点火源。常见的点火源有明火、电火花、炽热物体等。

可燃物、助燃物和点火源是导致燃烧必要非充分条件。上述"三要素"同时存在，燃烧能否实现，还要看是否满足量上的要求。对于已经进行着的燃烧，若消除其中一个条件，燃烧就会终止，这就是灭火的基本原理。

（3）燃烧过程　可燃物质的燃烧过程都要经历氧化分解、着火和燃烧等阶段，但可燃物的状态不同，其燃烧的特点也不同。气体最容易燃烧，只要达到其本身氧化分解所需的热量就会迅速燃烧。液体受热时，首先蒸发为蒸气，然后蒸气氧化分解进行燃烧。如果固体是简单物质，如硫、磷等，受热时先熔化，然后蒸发燃烧；如果固体是复杂物质，如木材等，受热时先分解成气态或液态产物，然后气态或液态产物蒸气着火燃烧（图10-4）。

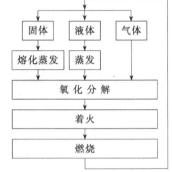

图10-4　物质的燃烧过程

（4）燃烧类型

① 闪燃和闪点　在一定温度下，可燃液体（也包括能蒸发出蒸气的少量固体，如萘、樟脑、石蜡等）的蒸气与空气混合后，遇到点火源而引起一闪即灭的燃烧，这种现象叫做闪燃。液体能发生闪燃的最低温度，称为该液体的闪点（表10-1）。闪燃往往是着火先兆，可燃液体的闪点越低，火灾危险性越大。

表10-1　某些可燃液体的闪点

液体名称	闪点/℃	液体名称	闪点/℃
戊烷	＜−40	丁醇	29
己烷	−21.7	乙酸	40
庚烷	−4	乙酸酐	49
甲醇	11	甲酸甲酯	＜−20
乙醇	11.1	乙酸甲酯	−10
丙醇	15	乙酸乙酯	−4.4
乙酸丁酯	22	氯苯	28
丙酮	−19	二氯苯	66
乙醚	−45	二硫化碳	−30
苯	−11.1	氰化氢	−17.8
甲苯	4.4	汽油	−42.8
二甲苯	30		

② 着火与燃点　可燃物质在有足够助燃物的情况下，由点火源作用引起的持续燃烧现象，称为着火。使可燃物质发生持续燃烧的最低温度，称为燃点（表10-2）。燃点越低，越容易着火。

表 10-2　某些可燃物质的燃点

物 质 名 称	燃点/℃	物 质 名 称	燃点/℃
赤磷	160	聚乙烯	400
石蜡	150～195	聚氯乙烯	400
硝酸纤维	180	吡啶	482
硫黄	255	有机玻璃	260
聚丙烯	400	松香	216
醋酸纤维	482	樟脑	70

③ 自燃和自燃点　可燃物质被加热或由于缓慢氧化分解等自行发热达到一定的温度，即使不与明火接触也能自行着火燃烧的现象，称为受热自燃。可燃物质发生自燃的最低温度，称为自燃点（表 10-3）。同样自燃点越低，越容易自燃。化工生产中，化学反应造成的局部过热，密闭容器中温度高于自燃点的可燃物发生泄漏，都会引发自燃现象，造成火灾。

表 10-3　某些可燃物质的自燃点

物 质 名 称	自燃点/℃	物 质 名 称	自燃点/℃
二硫化碳	102	氯苯	590
乙醚	170	萘	540
甲醇	455	汽油	280
乙醇	422	煤油	380～425
丙醇	405	原油	380～530
丁醇	340	甲烷	537
乙酸	485	乙烷	515
丙酮	537	丙烷	466
甲胺	430	丁烷	365
苯	555	一氧化碳	605
甲苯	535	硫化氢	260
乙苯	430	氨	630
二甲苯	465	天然气	550～650

2. 爆炸的基础知识

爆炸指物质发生的一种极为迅速的物理或化学变化，并在瞬间放出大量能量，同时产生巨大声响（图 10-5）。

（1）爆炸的分类　化学工业常见的爆炸按爆炸能量来源分为物理性爆炸和化学性爆炸两类。

① 物理性爆炸　指由物理因素（如温度、体积、压力）变化而引起的爆炸现象。爆炸前后物质的性质和化学成分均不改变。如锅炉、液化气钢瓶等的爆炸。

② 化学性爆炸　指使物质在短时间内完成化学反应，同时产生大量气体和能量而引起的爆炸现象。物质的化学成分和化学性质在化学爆炸前后均发生了质的变化。如炸药的爆炸，可燃气体、液体蒸气和粉尘与空气混合物的爆炸等。依照爆炸时所进行的化学变化，化学性爆炸可分为以下几种。

a. 简单分解爆炸　简单分解的爆炸物大多是具有不稳定结构的化合物，如乙炔铜、三氯化氮、酚铁盐等，这类爆炸物极危险，受轻微震动或受热即能引起爆炸。

b. 复杂分解爆炸　复杂分解爆炸物包括各种含氧炸药，其危险性较简单分解的爆炸物稍小。含氧炸药在发生爆炸时伴有燃烧反应，燃烧所需的氧由物质本身分解供给。如苦味

图 10-5　爆炸现象

酸、TNT、烟花爆竹等都属于此类。

c. 可燃性混合物爆炸　所有可燃气体、蒸气和可燃粉尘与空气（或氧）组成的混合物遇明火发生的爆炸均属此类。可燃性混合物爆炸需要一定的条件，如可燃物质的含量、氧气的含量及激发能量等，其危险性较前两类低，但极普遍，危害性较大。

（2）爆炸极限

① 爆炸极限　可燃性气体、蒸气或粉尘与空气组成的混合物只在一定的浓度范围遇点火源会发生燃烧或爆炸。能发生爆炸的最低浓度，称为爆炸下限。同样，能发生爆炸的最高浓度，称为爆炸上限。爆炸极限通常以体积分数表示（表 10-4）。

表 10-4　常用可燃气体和液体爆炸极限

物 质 名 称	爆炸浓度/%（体积）		物 质 名 称	爆炸浓度/%（体积）	
	下限	上限		下限	上限
甲烷	5.0	15.0	煤油	0.7	5.0
乙烷	3.0	15.5	汽油	1.4	7.6
丙烷	2.1	9.5	苯	1.2	8.0
丁烷	1.5	8.5	甲苯	1.2	7.0
乙烯	2.7	34.0	甲醇	5.5	36.0
乙炔	1.5	82.0	乙醇	3.5	19.0
氢	4.0	75.6	甲醛	7.0	73.0
一氧化碳	12.5	74.0	乙酸	4.0	17.0
硫化氢	4.3	45.0	丙酮	2.5	13.0
氨气	15.0	28.0	乙醚	1.7	48.0

② 爆炸极限的影响因素　爆炸极限范围不是固定的，影响因素主要有以下几点。

a. 原始温度　原始温度越高，爆炸极限范围越宽。

b. 原始压力　原始压力越高，爆炸极限范围越宽。

c. 惰性介质及杂质　惰性介质的加入可以缩小爆炸极限范围；杂质的存在会使某些气

体反应过程发生爆炸。

d. 容器　容器和管道越小，爆炸极限范围越小。

e. 点火源　点火源的能量，热表面的面积，点火源与混合物接触时间等，均对爆炸极限有影响。

f. 其他因素　如混合物含氧量增加，爆炸下限降低，爆炸上限上升。

（3）粉尘爆炸

① 粉尘爆炸　粉尘在空气中达到一定的浓度，遇点火源会发生爆炸。热能促使粉尘粒子分解，不断放出可燃气体与空气混合，遇点火源会发生爆炸，因此粉尘爆炸的实质是气体爆炸。

② 影响粉尘爆炸的因素

a. 粉尘的物理化学性质　燃烧热越大，氧化速率越大，挥发性越大，带电性越大，越易引起爆炸。

b. 粒大小　颗粒越小，越干燥，燃点越低，危险性越大。

c. 粉尘的漂浮性　粉尘在空气中停留时间越长，危险性越大。

d. 粉尘与空气混合的浓度　粉尘爆炸也有一定的浓度范围，一般以下限表示（表10-5）。发生粉尘爆炸时，不一定在场所整个空间粉尘浓度都达到爆炸下限，只要粉尘成层的附着于墙壁、设备、地面上就可能引起爆炸。

表 10-5　一些粉尘的爆炸下限　　　　　　　单位：g/m³

粉尘名称	雾状粉尘	粉状粉尘	粉尘名称	雾状粉尘	粉状粉尘
铝	35～40	37～50	聚乙烯	26～35	
铁	120	135～204	聚苯乙烯	27～37	
镁	44～59	44～59	聚氯乙烯		63～86
锌	35	214～284	聚丙烯	20	25～35
硫黄	35		硬沥青	20	
红磷		48～64	煤粉	35～45	
萘	2.5	28～38	有机玻璃	20	
松香	12.6		甲基纤维素	25	

③ 粉尘爆炸的特点

a. 多次爆炸是粉尘爆炸的最大特点。

b. 粉尘爆炸所需的最小点火能量较高，一般在几十毫焦耳以上。

c. 与可燃性气体爆炸相比，粉尘爆炸压力上升较缓慢，较高压力持续时间长，释放的能量大，破坏力强。

3. 控制点火源

点火源：指能够使可燃物与助燃物（包括某些爆炸性物质）发生燃烧或爆炸的能量来源。根据产生能量的方式的不同，点火源可分成八类：明火、高温物体、电火花及电弧、静电火花、撞击与摩擦、绝热压缩、光线照射与聚焦、化学反应放热。

（1）明火　为防止明火引起的火灾、爆炸事故，在进行电焊和气焊操作时，应严格遵守动火安全规程。在易燃易爆场所，不得使用普通灯具照明，应采用封闭式或防爆型电气照明。禁止吸烟和携入火柴、打火机等。

（2）高温物体　固体表面温度超过可燃物的燃点时，可燃物接触到该表面有可能一触即燃，另一种情况是可燃物接触高温表面长时间烘烤升温而着火。常见的高温表面：高温管道表面，由机械摩擦导致发热的传动部分，烟道、烟囱的高温部分等。

（3）电火花及电弧　电气设备正常工作时，电气设备和线路发生故障或误操作时，都会产生电火花。常见的电火花有：电气开关开启或关闭时发出的火花、短路火花、漏电火花、接触不良火花、继电器接点开闭时发出的火花、电动机整流子或滑环等器件上接点开闭时发出的火花、过负荷或短路时保险丝熔断产生的火花、电焊时的电弧、雷击电弧、静电放电火花等。

为了防止电火花引起的火灾，要选用检验合格的电气产品。在具有燃烧、爆炸危险的场所，应根据其危险等级选择合适的防爆电气设备或封闭式电气设备。引入易燃易爆场所的电线应绝缘良好，并敷设在铁管内，防止因短路产生的电火花。

（4）静电火花　物料之间摩擦会产生静电，聚积起来可达到很高的电压。静电火花放电，往往酿成火灾、爆炸事故。为了防止静电火花引起的火灾，应适当选择材料，改革制造工艺设备和降低生产工具摩擦速度或相对运动的速度，消除杂质以消除附加静电等；也可采用接地、增湿、应用抗静电剂、采用各种静电消除器等措施。

（5）撞击与摩擦　摩擦与撞击往往成为引起火灾爆炸事故的原因。如金属零件、铁钉等落入粉碎机、反应器、提升机等设备内，由于铁器和机件的撞击起火；导管或容器破裂，内部溶液和气体喷出时摩擦起火等。因此，在有火灾爆炸危险的场所，应采取防止火花生成的措施。如搬运金属容器，禁止在地上抛掷或拖拉；锤子、扳手等工具应用镀铜的钢制作；防爆生产厂房应禁止穿带钉的鞋，地面应采用不产生火花材料的地坪；输送气体或液体的管道，应定期进行耐压试验，以防止破裂或接口松脱喷射起火。

4. 控制可燃物和助燃物

为了防火防爆安全，对火灾爆炸危险性比较大的物料，应该采取安全措施。应首先考虑通过工艺改进，用危险性小的物料代替火灾爆炸危险性比较大的物料。如果不具备上述条件，则应该根据物料的燃烧爆炸性能采取相应的措施，如密闭或通风、惰性介质保护、降低物料蒸气浓度、减压操作以及其他能提高安全性的措施。

（1）用难燃或不燃物料代替可燃物料　在工艺过程中不用或少用易燃易爆物，如通过工艺的改革，用燃烧性能较差的溶剂代替易燃溶剂，会显著改善操作的安全性。

（2）密闭　生产中含有易燃易爆物料，设法使生产设备和容器尽可能密闭；对危险设备及系统应尽可能采用法兰连接；输送危险气体、液体的管道应采用无缝钢管；压缩机、液泵、导管、阀门、法兰连接等容易漏气、漏油部位应经常检查，填料如有损坏应立即调换；设备在运转中也应经常检查气密情况，不允许超压运行。

（3）通风除尘　设备密封再好，也难免会有部分气体、蒸气和粉尘泄露。设置良好的通风除尘装置，降低易燃、易爆、有毒气体的含量，可避免火灾爆炸事故的发生。

（4）惰性介质的惰化和稀释作用　在可燃气体、蒸气或粉尘与空气的混合物中充入惰性气体，降低氧气、可燃物的浓度，可消除火灾爆炸危险。

（5）减压操作　爆炸下限的易燃蒸气的分压即为减压操作的安全压力。减压操作的实质是降低氧气、可燃物的浓度。

5. 灭火方法

扑救危险化学品火灾决不可盲目行事，应针对每一类化学品，选择正确的灭火剂和合适的灭火器材来安全地控制火灾。化学品火灾的扑救必须由专业消防队来进行。其他人员不可盲目行动，待专业消防队到达后，配合扑救。

（1）灭火的基本方法

① 隔离　将正在燃烧的物质与其他可燃物质分开，由于缺少可燃物而使火焰停止燃烧。如森林灭火为了阻止火势蔓延，常在火焰区和未燃区之间设置隔离带，隔离带内清除一切可燃物。

② 窒息　阻止助燃物进入火焰区，使火焰由于缺少助燃物而熄灭。如用湿棉被覆盖在燃烧物的上面，可使火焰熄灭。

③ 冷却　降低着火物质的温度，使其降到燃点以下而停止燃烧。如用水灭火就是起冷却作用。

④ 化学抑制　加入化学物质参与燃烧反应，在反应中起抑制作用而使火焰熄灭。

燃烧的3个必要条件（可燃物、助燃物、点火源）只要设法消除一个，就可以灭火。在灭火过程中要根据具体情况和具体条件选择灭火方法，为了尽快灭火，经常是几种方法同时并用。

（2）常用的灭火剂

① 水　最常用的灭火剂，对燃烧物质冷却降温，从而减弱燃烧的强度；稀释燃烧区的氧，使火势减弱。

② 空气机械泡沫灭火剂　由发泡剂、泡沫稳定剂和其他添加剂组成。经水流机械作用混合而成，气泡内主要是空气。通过泡沫覆盖易燃液体表面，起隔离与窒息作用。

③ 化学泡沫灭火剂　由化学药剂混合反应产生气泡，气泡内主要是二氧化碳，灭火原理也是隔离与窒息作用。

④ 干粉灭火剂　干粉灭火剂主要成分为碳酸氢钠和少量的防潮剂硬脂酸钠及滑石粉等组成。它依靠压缩氮气的压力被喷射到燃烧物表面，起隔离和窒息的作用，同时干粉灭火剂与燃烧区碳氢化合物起作用，抑制燃烧过程，致使火焰熄灭。

⑤ 二氧化碳灭火剂　加压的二氧化碳气从钢瓶喷出即成固体雪花状二氧化碳（干冰），能冷却燃烧物及冲淡燃烧区空气中氧含量。

（3）灭火器的使用与保养　为了扑救初起火灾，在化工生产装置区应配备一定数量的移动式灭火器材。从业人员均须接受消防培训，熟练掌握灭火器的使用和维护保养。常用灭火器的规格、用途、使用方法和保养等见表10-6所列。

🌀 **双边交流**

1. 查取有关资料，找出火灾、爆炸事故案例，分析事故原因，把你获得的资料与其他人交流，看别人的理解与你有何不同，并展开讨论。

2. 完成填空：

（1）燃烧的必要条件是＿＿＿＿＿＿、＿＿＿＿＿＿、＿＿＿＿＿＿。

（2）原始温度越高，爆炸极限范围越＿＿＿＿＿＿。

（3）灭火的基本方法有＿＿＿＿＿＿、＿＿＿＿＿＿、＿＿＿＿＿＿、＿＿＿＿＿＿。

（4）常见的点火源有＿＿＿＿＿、＿＿＿＿＿、＿＿＿＿＿等。

表 10-6　灭火器主要性能

灭火器种类	二氧化碳灭火器	四氯化碳灭火器	干粉灭火器	"1211"灭火器	泡沫灭火器
规格	2kg 以下，2～3kg，5～7kg	2kg 以下，2～3kg，5～8kg	8kg 50kg	1kg，2kg，3kg	10L 56～130L
药剂	瓶内装有压缩成液态的二氧化碳	瓶内装有四氯化碳液体，并加有一定压力	钢筒内装有钾盐或钠盐干粉并备有盛装压缩气体的小钢瓶	钢筒内装有二氟一氯一溴甲烷，并充填压缩	筒内装有碳酸氢钠、发沫剂和硫酸铝溶液
用途	不导电 扑救电气、精密仪器、油类和酸类火灾。不能扑救钾、钠、镁、铝等物质火灾	不导电 扑救电气设备火灾。不能扑救钾、钠、镁、铝、乙炔、二硫化碳等火灾	不导电 可扑救电气设备火灾。而不宜扑救旋转电机火灾。可扑救石油、石油产品、有机溶剂、天然气和天然气设备火灾	氮不导电 扑救油类、电气设备、化工化纤等初起火灾	有一定导电性 扑救油类，或其他易燃液体火灾。不能扑救忌水和带电物体火灾
效能	接近着火地点，保持3m 远	3kg 喷射时间为30s，射程为7m	8kg 喷射时间为14～18s，射程为4.5m；50kg 喷射时间为 50～55s，射程为6～8m	1kg 喷射时间为6～8s，射程为2～3m	10L 喷射时间为60s，射程为8m；65L 喷射时间为170s，射程为13.5m
使用方法	一手拿好喇叭筒对着火源，另一手打开开关即可	只要打开开关，液体就可喷出	提起圈环，干粉即可喷出	拔下铅封或横锁，用力压下压把即可	倒过来稍加拨滚或打开开关，药剂即喷出
保养和检查方法	保管：1. 置于取用方便的地方；2. 注意使用期限；3. 防止喷嘴堵塞；4. 冬季防冻，夏季防晒。检查：1. 二氧化碳灭火机、每月测量一次，当低于原重 1/10 时，应充气；2. 四氯化碳灭火机，应检查压力情况，少于规定压力时应充气		置于干燥通风处，防受潮日晒，每年抽查一次干粉是否受潮或结块，小钢瓶内的气体压力，每半年检查一次，如重量减少 1/10，应换气	置于干燥处，勿摔碰，每年检查一次重量	一年检查一次，泡沫发生倍数低于 4 倍时，应换药

任务4　学习工业防毒技术

想一想　化工生产中，原料、中间产品、产品以及"三废"排放物很多都是有毒物质，而设备在使用过程又经常损坏，一旦泄漏，容易引起中毒事故。当中毒事故时，怎样采取正确的措施自救和救人呢？

1. 工业毒物及其分类

（1）工业毒物与职业中毒　当某物质进入肌体后，累积达一定的量，能与体液组织发生生物化学作用或生物物理变化，扰乱或破坏肌体的正常生理功能，引起暂时性或持久性的病理状态，甚至危及性命，该物质称为毒物。工业生产中接触到的毒物主要是化学物质，称为工业毒物或生产性毒物。在生产过程中由于接触化学毒物而引起的中毒称为职业中毒。化工生产中原料、中间产品、产品以及"三废"排放物很多都是有毒物质。我国的统计资料表明，化工厂中毒事故的死亡人数占因公死亡总人数的 12%，居第二位，所以化工生产必须预防中毒事故的发生。

（2）工业毒物的分类

① 粉尘　飘浮于空气中的固体颗粒，直径一般大于 $1\mu m$ ，大都在固体物质机械粉碎、研磨时形成。如制造铅丹颜料的铅尘水泥加工过程中产生的粉尘等。

② 烟尘　又称烟雾或烟气，也是飘浮于空气中的固体颗粒，但直径一般小于 $1\mu m$。有机物加热或燃烧时可产生烟，如塑料燃烧产生的烟尘。

③ 雾　悬浮于空气中的微小液滴。多为蒸汽冷凝或液体喷散而成，如喷漆中的含苯漆雾、铬电镀时铬酸雾等。

④ 蒸气　液体蒸发或固体物料升华而形成。如苯蒸气、磷蒸气等。

⑤ 气体　生产场所温度、气压条件下散发于空气中的气态物质。如氯气、一氧化碳、硫化氢等。

2. 化学中毒现场急救

（1）气体中毒　迅速将伤员救离现场，搬至空气新鲜、流通的地方，松开领口、紧身衣服和腰带，以利呼吸畅通，使毒物尽快排出，有条件时可接氧气。同时要保暖、静卧、并密切观察伤者病情的变化。

（2）毒物灼伤　应迅速除去伤者被污染的衣服、鞋袜，立即用大量清水冲洗（时间一般不能少于 $15\sim20min$），也可用"中和剂"（弱酸、弱碱性溶液）清洗。对一些能和水发生反应的物质，应先用棉花、布和纸吸除后，再用水冲洗，以免加重损伤。

（3）口服非腐蚀性毒物　首先要催吐。若伤者神志清醒，能配合时，可先设法引吐。即用手指、鸡毛、压舌板或筷子等刺激咽后壁或舌根引起呕吐，然后给患者饮温水 $300\sim500$ 毫升，反复进行引吐，直到吐出物已是清水为止。

严重中毒昏迷不醒时，对心跳、呼吸停止者，要进行人工呼吸和胸外心脏按压。同时，迅速送就近医院进行诊断治疗。在送医院途中，要坚持进行抢救，密切注意伤者的神志、瞳孔、呼吸、脉搏及血压等情况。

3. 常见危险化学品中毒与急救

常见危险化学品中毒急救措施如下所述。

（1）二硫化碳中毒的应急处理方法　吞食时，给患者洗胃或用催吐剂催吐。将患者躺下并加保暖，保持通风良好。

（2）氰中毒的应急处理方法　不管怎样要立刻处理。每隔 $2min$，给患者吸入亚硝酸异戊酯 $15\sim30s$。这样氰基与高铁血红蛋白结合，生成无毒的氰络高铁血红蛋白。接着给其饮服硫代硫酸盐溶液。使其与氰络高铁血红蛋白解离的氰化物相结合，生成硫氰酸盐。

① 吸入时把患者移到空气新鲜的地方，使其横卧着。然后，脱去沾有氰化物的衣服，马上进行人工呼吸。

② 吞食时用手指摩擦患者的喉头，使之立刻呕吐。决不要等待洗胃用具到来才处理。因为患者在数分钟内，即有死亡的危险。

（3）卤素气中毒的应急处理方法　把患者转移到空气新鲜的地方，保持安静。吸入氯气时，给患者嗅 1∶1 的乙醚与乙醇的混合蒸气；若吸入溴气时，则给其嗅稀氨水。

（4）有机磷中毒的应急处理方法　使患者确保呼吸道畅通，并进行人工呼吸。万一吞食时，用催吐剂催吐，或用自来水洗胃等方法将其除去。沾在皮肤、头发或指甲等地方的有机磷，要彻底把它洗去。

（5）三硝基甲苯中毒的应急处理方法　沾到皮肤时，用肥皂和水，尽量把它彻底洗去。若吞食时，可进行洗胃或用催吐剂催吐，将其大部分排除之后，才服泻药。

（6）氨气中毒的应急处理方法　立刻将患者转移到空气新鲜的地方，然后，给其输氧。进入眼睛时，将患者躺下，用水洗涤角膜至少 5min。其后，再用稀醋酸或稀硼酸溶液洗涤。

（7）强碱中毒的应急处理方法

① 吞食时，立刻用食道镜观察，直接用 1% 的醋酸水溶液将患部洗至中性。然后，迅速饮服 500mL 稀的食用醋（1 份食用醋加 4 份水）或鲜橘子汁将其稀释。

② 沾着皮肤时，立刻脱去衣服，尽快用水冲洗至皮肤不滑止。接着用经水稀释的醋酸或柠檬汁等进行中和。但是，若沾着生石灰时，则用油之类东西，先除去生石灰。

③ 进入眼睛时，撑开眼睑，用水连续洗涤 15min。

（8）苯胺中毒的应急处理方法　如果苯胺沾到皮肤时，用肥皂和水把其洗擦除净。若吞食时，用催吐剂、洗胃及服泻药等方法把它除去。

（9）氯代烃中毒的应急处理方法　把患者转移，远离药品处，并使其躺下、保暖。若吞食时，用自来水充分洗胃，然后饮服于 200mL 水中溶解 30g 硫酸钠制成的溶液。不要喝咖啡之类兴奋剂。吸入氯仿时，把患者的头降低，使其伸出舌头，以确保呼吸道畅通。

（10）强酸中毒的应急处理方法

① 吞服时，立刻饮服 200mL 氧化镁悬浮液，或者氢氧化铝凝胶、牛奶及水等东西，迅速把毒物稀释。然后，至少再食 10 多个打溶的蛋作缓和剂。因碳酸钠或碳酸氢钠会产生二氧化碳气体，故不要使用。

② 沾着皮肤时，用大量水冲洗 15min。如果立刻进行中和，因会产生中和热，而有进一步扩大伤害的危险。因此，经充分水洗后，再用碳酸氢钠之类稀碱液或肥皂液进行洗涤。但是，当沾着草酸时，若用碳酸氢钠中和，因为由碱而产生很强的刺激物，故不宜使用。此外，也可以用镁盐和钙盐中和。

③ 进入眼睛时，撑开眼睑，用水洗涤 15min。

（11）酚类化合物中毒的应急处理方法

① 吞食的场合　马上给患者饮自来水、牛奶或吞食活性炭，以减缓毒物被吸收的程度。接着反复洗胃或催吐。然后，再饮服 60mL 蓖麻油及于 200mL 水中溶解 30g 硫酸钠制成的溶液。不可饮服矿物油或用乙醇洗胃。

② 烧伤皮肤的场合　先用乙醇擦去酚类物质，然后用肥皂水及水洗涤。脱去沾有酚类物质的衣服。

（12）草酸中毒的应急处理方法　立刻饮服下列溶液，使其生成草酸钙沉淀：

① 在 200mL 水中，溶解 30g 丁酸钙或其他钙盐制成的溶液；

② 大量牛奶，可饮食用牛奶打溶的蛋白作镇痛剂。

（13）乙醛、丙酮中毒的应急处理方法　用洗胃或服催吐剂等方法，除去吞食的药品。随后服下泻药。呼吸困难时要输氧。丙酮不会引起严重中毒。

（14）乙二醇中毒的应急处理方法　用洗胃、服催吐剂或泻药等方法，除去吞食的乙二醇。然后，静脉注射 10mL 10% 的葡萄糖酸钙，使其生成草酸钙沉淀。同时，对患者进行人工呼吸。聚乙二醇及丙二醇均为无害物质。

（15）乙醇中毒的应急处理方法　用自来水洗胃，除去未吸收的乙醇。然后，一点点地吞服 4g 碳酸氢钠。

（16）甲醇中毒的应急处理方法　用 1%～2% 的碳酸氢钠溶液充分洗胃。然后，把患者转移到暗房，以抑制二氧化碳的结合能力。为了防止酸中毒，每隔 2～3h，经口每次吞服 5～15g 碳酸氢钠。同时为了阻止甲醇的代谢，在 3～4 日内，每隔 2h，以平均每公斤体重 0.5mL 的数量，从口饮服 50% 的乙醇溶液。

（17）烃类化合物中毒的应急处理方法　把患者转移到空气新鲜的地方。因为如果呕吐物一进入呼吸道，则会发生严重的危险事故，所以，除非平均每公斤体重吞食超过 1mL 的烃类物质，否则，应尽量避免洗胃或用催吐剂催吐。

（18）重金属中毒的应急处理方法　当吞食重金属时，可饮服牛奶、蛋白或丹宁酸等，使其吸附胃中的重金属。但是，用螯合物除去重金属也很有效。

（19）硫酸铜中毒的应急处理方法　将 0.3～1.0g 亚铁氰化钾溶解于一酒杯水中，后饮服。也可饮服适量肥皂水或碳酸钠溶液。

（20）硝酸银中毒的应急处理方法　将 3～4 茶匙食盐溶解于一酒杯水中饮服。然后，服用催吐剂，或者进行洗胃或饮牛奶。接着用大量水吞服 30g 硫酸镁泻药。

（21）钡中毒的应急处理方法　将 30g 硫酸钠溶解于 200mL 水中，然后从口饮服，或用洗胃导管加入胃中。

（22）镉（致命剂量 10mg）、锑（致命剂量 100mg）中毒的应急处理方法　吞食时，使患者呕吐。

（23）铅中毒的应急处理方法　保持患者每分钟排尿量 0.5～1mL，至连续 1～2h 以上。饮服 10% 的右旋醣酐水溶液（按每公斤体重 10～20mL 计）。或者，以每分钟 1mL 的速度，静脉注射 20% 的甘露醇水溶液，至每公斤体重达 10mL 为止。

（24）汞中毒的应急处理方法　饮食打溶的蛋白，用水及脱脂奶粉作沉淀剂。立刻饮服二巯基丙醇溶液及于 200mL 水中溶解 30g 硫酸钠制成的溶液作泻剂。

（25）砷中毒的应急处理方法　吞食时，使患者立刻呕吐，然后饮食 500mL 牛奶。再用 2～4L 温水洗胃，每次用 200mL。

（26）二氧化硫中毒的应急处理方法　把患者移到空气新鲜的地方，保持安静。进入眼睛时，用大量水洗涤，并要洗漱咽喉。

（27）甲醛中毒的应急处理方法　吞食时，立刻饮食大量牛奶，接着用洗胃或催吐等方法，使吞食的甲醛排出体外，然后服下泻药。有可能的话，可服用 1% 的碳酸铵水溶液。

4. 综合防毒措施

（1）防毒技术措施

① 用无毒或低毒物质替代有毒和高毒物质。生产中，原料尽量采用无毒或低毒物质。例如用抽余油代替苯及其同系物作为油漆的稀释剂。

② 改革工艺，采用较安全的工艺路线。应尽量选用生产过程中不产生有毒物质的工艺过程。例如在镀锌、铜等电镀工艺中，常使用氰化物作配合物，易散发出剧毒的氰化氢气体。如果改用无氰工艺，可消除氰化物的危害。

③ 优化生产过程，采用较安全的工艺条件。为了防止有毒物质的散发，可采用密闭操作，生产过程中应尽量避免跑、冒、泄、漏。

④ 隔离操作和自动控制。为了减少有毒物质对人员的伤害，可以把易散发有毒物质的

生产设备放置在隔离室中，采用排风装置使隔离室内保持负压状态。通过自动控制操作，人员在控制室远距离监控，减少人员在现场的机会，也能起到很好的效果。

（2）净化回收措施　尽管生产中采用了各种预防措施，但难免会有有毒物质的散发，为了减少有毒物质对人员的伤害，还可以采取以下措施。

① 通风排毒　通风排毒可分为局部通风、全面通风，由于局部通风是把有毒物质从发生源直接抽出去，比较经济，应尽可能采用局部通风的方法进行排毒。全面通风是将新鲜空气通入作业场所，把有毒物质稀释到符合国家卫生标准，一般用于有毒物质散发源过于分散且散发量不大的情况。

② 净化回收　局部通风系统中的有毒物质浓度高，直接排入大气会污染环境，需先进行全净化处置。常用的净化措施有燃烧净化方法、吸收和吸附净化。如果有毒物质有回收价值，还需进行回收利用。

（3）个体防护措施　由于有毒物质进入人体有三条途径：呼吸道、皮肤、消化道，所以需要有针对性采取不同的措施进行防护。

① 呼吸防护　佩戴呼吸防护器是防止有毒物质通过呼吸道进入人体的有效措施，常用的呼吸防护器有过滤式防毒口罩（图10-6）、过滤式防毒面具（图10-7）和隔离式呼吸器。

图 10-6　过滤式防毒口罩　　　　图 10-7　过滤式防毒面具

过滤式防毒口罩由主体、滤毒盒、呼气阀和系带四部分构成。使用时，必须根据现场的毒气种类选用适当型号的防毒药剂，不能随便代替。过滤式防毒口罩由于滤毒盒容量小，一般用以防御低浓度的有毒物质。

过滤式防毒面具由面罩、吸气管和滤毒罐组成，面罩包括罩体、眼窗、通话器、呼吸活门和头带（或头盔）等部件。滤毒罐用以净化染毒空气，内装滤烟层和吸着剂。滤烟层由活性炭制成，可以阻挡有害粉尘。不同型号的滤毒罐中吸着剂种类不同，可以吸收不同的有毒气体。为了便于使用，不同型号的滤毒罐制成不同的颜色。

过滤式防毒面具使用时要注意以下几点。

a. 使用面具时，由下巴处向上佩戴，再适当调整头带，戴好面具后用手掌堵住滤毒罐进气口用力吸气，面罩与面部紧贴不产生漏气，则表明面具已经佩戴气密，可以进入危险涉毒区域工作。

b. 面具使用完后，应擦净各部位汗水及脏物，尤其是镜片、呼气活门和吸气活门要保持清洁，必要时可以用水冲洗面罩部位，对滤毒罐部分也要擦干净。

c. 如在具有传染性质的病毒环境使用后，面罩及滤毒罐可用1%过氧乙酸消毒液擦拭，清洗消毒，必要时面罩可浸泡在1％过氧乙酸消毒液中，但滤毒罐不可浸泡，也不可进水以防失效。而且经消毒液消毒后，应用清水擦拭，晾干后再用。

隔离式呼吸器是不依赖环境的呼吸防护器材，可在有毒物质浓度高的环境中使用。隔离式呼吸器主要有各种氧气呼吸器和空气呼吸器（图10-8、图10-9）。

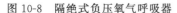

图10-8　隔绝式负压氧气呼吸器　　　　图10-9　正压式空气呼吸器

氧气呼吸器又称隔绝式压缩氧呼吸器。呼吸系统与外界隔绝，仪器与人体呼吸系统形成内部循环，由高压气瓶提供氧气，有气囊存储呼、吸时的气体。佩带人员从肺部呼出的气体，由面具、通过呼吸软管和呼气阀进入清净罐，清净罐内的吸收剂吸收了呼出气体中的二氧化碳成分后，其余气体进入气囊；另处，氧气瓶中储存的氧气经高压管、减压器进入气囊，气体汇合组成含氧气体。当佩带人员吸气时，含氧气体从气囊经吸气阀、吸气软管、面具进入人体肺部，从而完成一个呼吸循环。在这一循环中，由于呼气阀和吸气阀是单向阀，因此气流始终是向一个方向流动。

空气呼吸器是进入缺氧、有毒有害气体环境中作业的必备装具。空气呼吸器面罩密闭性好，呼吸阻力小，具有强制供气功能，确保使用者呼吸安全。面罩与供气阀装卸快速，操作简便、连接牢固。

② 皮肤防护　皮肤防护主要依靠个人防护用品，操作者应按工种要求穿用工作服、工作帽、工作鞋、手套、口罩、眼镜等防护用品。对于裸露的皮肤，可根据所接触的不同物质，涂上相应的皮肤防护剂。

即使采取了各种防护措施，也难免会发生有毒物质污染皮肤的情况。当皮肤被有毒物质污染后，立即清洗。清洗时，按不同的污染物分别采用不同的清洗剂。

③ 消化道防护　防止有毒物质从消化道进入人体，主要是搞好个人卫生。例如，饭前漱口、洗手；班后沐浴，工作服、工作帽、手套等个人防护用品经常清洗。

◎ 双边交流

1. 查取有关资料，找出化学中毒事故案例，分析事故原因，把你获得的资料与其他人交流，看别人的理解与你有何不同，并展开讨论。

2. 完成填空

（1）有毒物质进入人体有三条途径：_____、_____、_____。

（2）常用的呼吸防护器有_____、_____、_____等。

（3）隔离式呼吸器一般用于_____的环境。

1. 人工呼吸法

施行人工呼吸法以口对口人工呼吸法效果最好。捏紧中毒者鼻孔，深吸一口气后紧贴中毒者的口向口内吹气，时间约为 2s，吹气完毕后，立即离开中毒者的口，并松开中毒者的鼻孔，让他自行呼气，时间约 3s。如此以每分钟约 12 次的速度进行。

2. 胸外心脏按压法

救护者跪在中毒者一侧或骑跪在其腰部两侧，两手相叠，手掌根部放在伤者心窝上方、胸骨下，掌根用力垂直向下挤压，挤压后迅速松开，胸部自动复原，以每分钟 60 次速度进行。

一旦呼吸和心脏跳动都停止了，应当同时进行口对口人工呼吸和胸外挤压，如现场仅一人抢救，可以两种方法交替使用，每吹气 2～3 次，再挤压 10～15 次。抢救要坚持不断，切不可轻率终止，运送途中也不能终止抢救（图 10-10）。

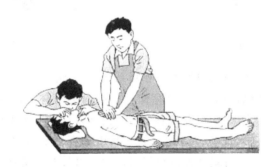

图 10-10　口对口人工呼吸和胸外按压

3. 化学药品中毒洗胃

将患者躺下，使其头和肩比腰略低。在粗的柔软胃导管上，装上大漏斗。把涂上甘油的胃导管，从口或鼻慢慢地插入胃里，注意不要插入气管。查明在离牙齿约 50cm 的地方，导管尖端确实落到胃中。其后，降低漏斗，尽量把胃中的物质排出。接着提高漏斗，装入 250mL 水或洗胃液，再排出胃中物质。如此反复操作几次。最后，在胃里留下泻药（即于 120mL 水中，溶解 30g 硫酸镁制成的溶液），拔出导管。最好在实验室里常备有洗胃导管。此外，活性炭加水，充分摇动制成润湿的活性炭，或者温水，对任何毒物中毒，均可使用。

任务5　了解劳动保护基本常识

📖 想一想　化工生产中，容易造成哪些职业危害？怎样进行预防？常见的个体防护器具有哪些？

据统计，目前我国接触职业危害人数、职业病累积病例数，均居世界首位，因职业病造成的经济损失每年超过百亿元人民币。由于不少职业病目前尚无有效根治手段，因此，防治职业病关键在预防。个体防护是预防职业危害最重要、最关键的一个环节，因此，劳动者不仅要树立防护意识，还要具备一定的防护知识和技能。

1. 化学灼伤及其防护

化学灼伤是常温或高温化学物直接对皮肤刺激、腐蚀及化学反应热引起的急性皮肤、黏膜的损害，常伴有眼灼伤和呼吸道损伤，某些化学物还可经皮肤黏膜吸收引起中毒。化学烧伤包括强酸类烧伤、强碱类烧伤及磷烧伤等。化学灼伤的处理原则同一般烧伤，应迅速脱离事故现场，终止化学物质对机体的继续损害；采取有效解毒措施，防止中毒；进行全面体检和化学监测。

（1）脱离现场与应急处置　发生化学灼伤时，应立即脱离现场，脱去被化学物质污染的衣服，并迅速用大量清水冲洗。其目的是稀释和机械冲洗，将化学物质从创面和黏膜上冲洗干净，冲洗时可能产生一定热量，继续冲洗，可使热量逐渐消散。冲洗用水要多，时间要够长，一般清水（自来水、井水和河水等）均可使用。冲洗持续时间一般要求在 2h 以上，尤其在碱烧伤时，冲洗时间过短很难奏效。如果同时有火焰烧伤，冲洗尚有冷疗的作用，当然有些化学致伤物质并不溶于水，冲洗的机械作用也可将其自创面清除干净。

头、面部烧伤时，要注意眼睛、鼻、耳、口腔内的清洗。特别是眼睛，应首先冲洗，动作要轻柔，一般清水亦可，如有条件可用生理盐水冲洗。如发现眼睑痉挛、流泪，结膜充血，角膜上皮肤及前房混浊等，应立即用生理盐水或蒸馏水冲洗。用消炎眼药水、眼膏等以预防继发性感染。局部不必用眼罩或纱布包扎，但应用单层油纱布覆盖以保护裸露的角膜，防止干燥所致损害。

化学灼伤要按化学物质的理化特性分别处理。大量流动水的持续冲洗，比单纯用中和剂的效果更好。用中和剂的时间不宜过长，一般 20min 即可，中和处理后仍须再用清水冲洗，以避免因为中和反应产生热而给机体带来进一步的损伤。

（2）防止中毒　有些化学物质可引起全身中毒，应严密观察病情变化，一旦诊断有化学中毒可能时，应根据致伤因素的性质和病理损害的特点，选用相应的解毒剂或对抗剂治疗，有些毒物迄今尚无特效解毒药物。在发生中毒时，应使毒物尽快排出体外，以减少其危害。一般可静脉补液和使用利尿剂，以加速排尿。

（3）化学烧伤　化学烧伤比单纯的热力烧伤复杂，由于化学物品本身的特性，造成对组织的损伤不同，所以在急救处理上各有特点。现就常见的几种化学烧伤分述如下。

① 酸烧伤　常见的酸烧伤为硫酸、盐酸、硝酸烧伤。此外尚有氢氟酸、苯酚、草酸等。它们的特点是使组织脱水，蛋白沉淀、凝固，故烧伤后创面迅速成痂、界限清楚，因此限制了继续向深部侵蚀。

a. 硫酸、盐酸、硝酸烧伤　硫酸、盐酸、硝酸烧伤发生率较高，占酸烧伤的 80.6%。硫酸烧伤创面呈黑色或棕黑色；盐酸呈黄色；硝酸呈黄棕色。此外，颜色改变与创面深浅也有关系，潮红色最浅，灰色、棕黄色或黑色较深。

硫酸、盐酸、硝酸在液态时可引起皮肤烧伤，气态时吸入可致吸入性损伤。3 种酸比较，在同样浓度下，液态时硫酸作用最强，气态时硝酸作用最强。气态硝酸吸入后，数小时即可出现肺水肿。它们口服后均可造成上消化道烧伤、喉水肿及呼吸困难，甚至溃疡穿孔。

其处理同化学烧伤的急救处理原则。冲洗后，可用 5% 碳酸氢钠溶液或氧化镁、肥皂水等中和留在皮肤上的氢离子，中和后，仍继续冲洗。创面采用暴露疗法。吸入性损伤按其常规处理。吞食强酸后，可口服牛奶、蛋清、氢氧化铝凝胶、豆浆、镁乳等，禁忌洗胃或用催吐剂。

b. 氢氟酸烧伤　氢氟酸是氟化氢的水溶液，无色透明，具有强烈腐蚀性，并具有溶解脂肪和脱钙的作用。氢氟酸烧伤后，创面起初可能只有红斑或皮革样焦痂，随后即发生坏死，向四周及深部组织侵蚀，可伤及骨骼使之坏死，形成难以愈合的溃疡，伤员疼痛较重。10％氢氟酸有较大的致伤作用，而40％则对皮肤浸润较慢。

氢氟酸烧伤后，关键在于早期处理。应立即用大量流动水冲洗，至少30min，也有主张冲洗1～3h。冲洗后，创面可涂氧化镁甘油（1∶2）软膏，或用饱和氯化钙或25％硫酸镁溶液浸泡，使表面残余的氢氟酸沉淀为氟化钙或氟化镁。忌用氨水，以免形成有腐蚀性的二氟化铵（氟化氢铵）。

c.苯酚烧伤　苯酚吸收后主要对肾脏产生损害。其腐蚀、穿透性均较强，对组织有进行性浸润损害，故急救时首先用大量流动冷水冲洗，然后再用70％酒精冲洗或包扎。

d.草酸烧伤　皮肤、黏膜接触草酸后易形成粉白色顽固性溃烂，且草酸与钙结合使血钙降低，故处理时在用大量冷水冲洗的同时，局部及全身应及时应用钙剂。

② 碱烧伤　常见的碱烧伤有苛性碱、石灰及氨水等，其发生率较酸烧伤为高。碱烧伤的特点是与组织蛋白结合，形成碱性蛋白化合物，易于溶解，进一步使创面加深；皂化脂肪组织；使细胞脱水而致死，并产生热量加深损伤。因此它造成损伤比酸烧伤严重。

a.苛性碱烧伤　苛性碱是指氢氧化钠与氢氧化钾，具有强烈的腐蚀性和刺激性。其烧伤后创面呈皂状焦痂，色潮红，一般均较深，疼痛剧烈，往往经久不愈。

其处理关键在于早期及时流动冷水冲洗，冲洗时间要长，有人主张冲洗24h，不主张用中和剂。误服苛性碱后禁忌洗胃、催吐，以防胃与食道穿孔，可用小剂量橄榄油、5％醋酸或食用醋、柠檬汁口服。

b.石灰烧伤　生石灰（氧化钙）与水生成氢氧化钙（熟石灰），并放出大量的热。石灰烧伤时创面较干燥呈褐色，较深。注意用水冲洗前，应将石灰粉末擦拭干净，以免产生热量加重创面。

c.氨水烧伤　氨水极易挥发释放氨，具有刺激性，吸入后可发生喉痉挛、喉头水肿、肺水肿等吸入性损伤。氨水接触的创面浅度者有水泡，深度者干燥呈黑色皮革样焦痂。其创面处理同一般碱烧伤。对伴有吸入性损伤者，应按吸入性损伤原则处理。

③ 磷烧伤　磷烧伤在化学烧伤中居第三位，仅次于酸、碱烧伤。除磷遇空气燃烧可致伤外，还由于磷氧化后生成五氧化二磷，其对细胞有脱水和夺氧作用。五氧化二磷遇水后生成磷酸并在反应过程中产生热量使创面继续加深。磷蒸气吸入可引起吸入性损伤，磷及磷化物经创面和黏膜吸入可引起磷中毒。

磷烧伤后，应立即扑灭火焰，脱去污染的衣服。仔细清除创面上的磷颗粒，避免与空气接触。创面用大量清水冲洗后，再用1％硫酸铜清洗，然后用5％的碳酸氢钠溶液湿敷，中和磷酸，最后用绷带包扎，严禁用油质敷料。若一时无大量清水，可用湿布覆盖创面。为避免吸入性损伤，病人及救护者应用湿的手帕或口罩掩护口鼻。

④ 氰化物烧伤　局部创面应先用大量流动清水冲洗，然后用0.01％的高锰酸钾冲洗，再用5％硫代硫酸钠冲洗。应该注意的硫代硫酸钠对有机氰中毒无解毒作用。

2. 工业噪声的危害与防治

噪声是指令人们厌烦的声音，生产过程中产生的一切声音都称为生产性噪声。如生产场所中各种机床、纺织机、碎石机、轧钢机等机械所发出的声音，通风机、空气压缩机、汽笛等发出的声音以及发电机、变压器等所发出的嗡嗡声。

工业卫生标准中，噪声的标准是85dB以下，最高不得超过90dB。化工生产中噪声超过规定的标准时，会影响人们注意力的集中，成为事故发生的隐患。

噪声对人体的影响是多方面的，主要表现为：短时间接触强噪声，主观感觉耳鸣、听力下降；长期接触强噪声，听力下降可呈永久性改变。长期接触强噪声后，有头痛、头晕、耳鸣、心悸与睡眠障碍等。噪声能引起心率加快，血压不稳，长期作用多表现升高症状。噪声可能影响消化系统的功能，表现有胃肠功能紊乱，消化功能减弱，食欲减退，消瘦等。

噪声的治理可以分为控制噪声源、切断传播途径（隔离噪声）和保护接受者三方面。因此，噪声的预防常采用以下措施。

（1）控制噪声源　将与生产工艺无直接关系的噪声源，如电动机等移出室外；采用不发声或低声设备代替高噪声的设备，如用无梭织机代替有梭织机；加强设备维修，减少不必要的噪声。

（2）隔离噪声　产生噪声车间与非噪声车间应有一定的距离；强噪声源应安置隔离屏、隔离机罩等；建筑工程上合理应用吸声材料，控制噪声的传播；把消声器安装在气流通道上，可大幅降低各种风机、空压机、内燃机的噪声级；利用天然地形，如山冈、土坡、树木、草丛或已有的建筑屏蔽等阻断一部分噪声的传播。

（3）加强个人防护　接触强噪声的工人应佩带耳塞、耳罩等（图10-11、图10-12），以减少噪声对工人的影响。就业前进行体检，凡有听觉器官病态、中枢神经系统等职业禁忌征者，不宜参加噪声作业；定期对作业工人进行听力测试等体检，发现问题及时采取措施，如调离等。

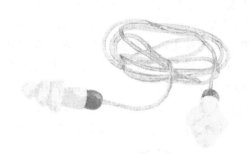

图10-11　防噪声耳罩　　　　　　　　　　图10-12　防噪声耳塞

3. 生产性粉尘的危害与防治

生产性粉尘是指生产过程中破碎、研磨、过筛、运输、包装时产生的各种悬浮于作业场所空气中的固体微粒。对生产性粉尘如果不加以控制，它将危害工人身体健康，损坏机器设备，还会污染大气环境。化工生产中，粉尘主要来源于固体原料、产品的粉碎、研磨、造粒、筛分以及粉状物料的干燥、输送、包装等环节。

（1）生产性粉尘对人体的危害　生产性粉尘经呼吸道进入人体后，主要可引起肺组织的纤维化，导致尘肺；有机粉尘还可引起支气管哮喘、棉尘症、职业性过敏性肺炎、非特异性慢性阻塞性肺病、混合性尘肺等；有些粉尘已确诊可致癌，如放射性矿物尘、金属尘（镍、铬、砷）、石棉等。如果粉尘侵入眼睛，可引起结膜炎、角膜浑浊、眼睑水肿和急性角膜炎等症状。粉尘侵入皮肤后，可堵塞皮脂腺、汗腺，造成皮肤干燥，易受感染，引起毛囊炎、粉刺、皮炎等。

粉尘对人体的危害程度取决于其化学成分和浓度。在众多粉尘中，以石棉尘和含游离二氧化硅粉尘对人体危害最为严重。同一种粉尘，浓度愈高，对人体危害愈严重。另外，粉尘对人体的危害还与其被粉碎的程度即分散度有关，粒径较小和颗粒愈多，分散度愈高，在空气中浮游的时间愈长，被人体吸入的机会就愈多，其危害也就愈大。粉尘直径在 $2\sim10\mu m$ 的粉尘对人体的危害最大。此外，荷电粉尘、溶解度小的粉尘、硬度大的粉尘、不规则形状的粉尘，对人体危害较大。

（2）生产性粉尘防治技术措施　粉尘对人造成的危害，特别是尘肺病尚无特异性治疗，因此预防粉尘危害，加强对粉尘作业的劳动防护管理十分重要。化工企业防止生产性粉尘的危害常采用以下措施。

① 工艺改革　选用不产生或少产生粉尘的工艺，采用无危害或危害性较小的物料，是消除、减弱粉尘危害的根本途径。例如尽可能采用不含游离二氧化硅或含游离二氧化硅低的材料代替含游离二氧化硅高的材料。

② 湿式操作　在工艺要求许可的条件下，尽可能采用湿法作业，这是最经济有效的降尘方法，在防尘工作中占有非常重要的地位。对亲水性、弱黏性的物料和粉尘应尽量采用增湿、喷雾、喷水蒸气等措施，可有效地减少物料在装卸、运转、破碎、筛分、混合和清扫等过程中粉尘的产生和扩散；厂房喷雾有助于室内漂尘的凝聚、降落。

③ 密闭尘源　生产过程连续化、密闭化、自动化代替手工和开放式操作。例如，用密闭管道气流输送粉料代替皮带运输；采用密闭自动（机械）称量、密闭设备加工，防止粉尘外逸。不能完全密闭的尘源，在不妨碍操作条件下，尽可能采用半封闭罩、隔离室等设施来隔绝、减少粉尘与工作场所空气的接触，将粉尘限制在局部范围内，减弱粉尘的扩散。

④ 通风除尘　包括自然通风、机械通风。在密闭尘源基础上进行通风，可提高降尘效果。除尘器收集的粉尘，应根据工艺条件、粉尘性质、利用价值及粉尘量，采用就地回收、集中回收、湿法处理等方式，将粉尘回收利用或综合利用，并防止二次扬尘。

⑤ 个体防护　由于工艺、技术上的原因，通风和除尘设施无法达到卫生标准的有尘作业场所，操作人员必须佩戴防尘口罩（工作服、头盔、呼吸器、眼镜）等个体防护用品（图10-13、图10-14）。接触粉尘工人要注意营养，并禁止吸烟。

图 10-13　简易防尘口罩

图 10-14　自吸式防尘口罩

⑥ 健全防尘管理制度　良好的防尘设备必须坚持维护检修制度，保证其正常使用运行。防尘设备应由专人管理，坚持防尘操作制度，如：喷砂机先开风后开机，先关机后关风等。

⑦ 宣传教育　大力宣传粉尘的危害性和尘肺的可预防性，将有关直观的宣传画册及典

型的职业病事例，通过开班培训或上墙、上报，来普及尘肺病的防治知识，调动全体人员共同搞好防尘工作。

⑧ 定期检查防尘设备效果、定期监测作业场所的粉尘浓度以及对接触粉尘人员定期开展职业性健康检查　根据三级防护原则，生产企业必须对作业环境的粉尘浓度实施定期检测，确保工作环境中的粉尘浓度达到标准规定的要求；定期对从事粉尘作业的职工进行健康检查，发现不宜从事接触粉尘工作的职工，要及时调离；对已确诊为尘肺病的职工，应及时调离原工作岗位，安排合理的治疗和疗养。

双边交流

1. 查取有关资料，找出化学灼伤事故案例，分析事故原因，把你获得的资料与其他人交流，看别人的理解与你有何不同，并展开讨论。

2. 完成填空

（1）发生化学灼伤时，用大量清水冲洗创面，时间不得少于_____。

（2）噪声的治理可以分为_____、_____和_____三方面。

（3）化工生产中，粉尘主要来源于_____、_____以及_____等环节。

思考与练习

1. 何谓危险化学品的安全标志？

2. 按《常用危险化学品的分类及标志》，我国将常用危险化学品按危险特性分为哪几类？

3. 何谓闪燃和闪点？

4. 什么是爆炸极限？影响爆炸极限的因素有哪些？

5. 点火源有几类？控制点火源的技术措施有哪些？

6. 常用的灭火剂有哪几种？

7. 简述防毒技术措施有哪些？

8. 如何进行呼吸防护？

9. 简述化学灼伤应急处置的注意事项有哪些？

10. 简述噪声的预防和控制措施。

11. 生产性粉尘对人体有哪些危害？生产性粉尘防治技术措施有哪些？

附　　录

附录一　化工常用法定计量单位及单位换算

1. 常用单位

基本单位			具有专门名称的导出单位				允许并用的其他单位			
物理量	单位名称	单位符号	物理量	单位名称	单位符号	与基本单位关系式	物理量	单位名称	单位符号	与基本单位关系式
长度	米	m	力	牛顿	N	$1N=1kg \cdot m/s^2$	时间	分	min	$1min=60s$
质量	千克(公斤)	kg	压力、应力	帕斯卡	Pa	$1Pa=1N/m^2$		时	h	$1h=3600s$
时间	秒	s	能、功、热量	焦耳	J	$1J=1N \cdot m$		日	d	$1d=86400s$
热力学温度	开(尔文)	K	功率	瓦特	W	$1W=1J/s$	体积	升	L(l)	$1L=10^{-3}m^3$
物质的量	摩(尔)	mol	摄氏温度	摄氏度	℃	$1℃=1K$	质量	吨	t	$1t=10^3kg$

2. 常用十进倍数单位及分数单位的词头

词头符号	M	k	d	c	m	μ
词头名称	兆	千	分	厘	毫	微
表示因数	10^6	10^3	10^{-1}	10^{-2}	10^{-3}	10^{-6}

3. 单位换算表

说明：单位换算表中，各单位名称上的数字代表所属的单位制，①cgs 制，②法定单位，③工程制，④英制。没有标志的是制外单位。

（1）质量

①	②	③	④
g 克	kg 千克	kgf · s²/m 千克(力)·秒²/米	lb 磅
1	10^{-3}	$1.02×10^{-4}$	$2.205×10^{-3}$
1000	1	0.102	2.205
9807	9.807	1	—
453.6	0.4536	—	1

（2）长度

①	②③	④	④	①	②③	④	④
cm 厘米	m 米	ft 英尺	in 英寸	cm 厘米	m 米	ft 英尺	in 英寸
1	10^{-2}	0.03281	0.3937	30.48	0.048	1	12
100	1	3.281	39.37	2.54	0.0254	0.08333	1

注：其他长度换算关系：1埃（Å）=10^{-10}米（m），1码（yd）=0.9144米（m）。

（3）力

②	③	④	①	②	③	④	①
N 牛顿	kgf 千克(力)	lbf 磅(力)	dyn 达因	N 牛顿	kgf 千克(力)	lbf 磅(力)	dyn 达因
1	0.102	0.2248	10^5	4.448	0.4536	1	4.448×10^5
9.807	1	2.205	9.807×10^5	10^{-5}	1.02×10^{-6}	2.248×10^{-6}	1

（4）压力

②	①	③			③	④
Pa(帕斯卡) $=N/m^2$	Bar(巴)$=10^6$ dyn/cm²	kgf/cm² 工程大气压	atm 物理大气压	mmHg(0℃) 毫米汞柱	mmH₂O(毫米 水柱)$=kgf/m^2$	lbf/in² 磅/英寸²
1	10^{-5}	1.02×10^{-5}	9.869×10^{-6}	0.0075	0.102	1.45×10^{-4}
10^5	1	1.02	0.09869	750.0	1.02×10^4	14.50
9.807×10^4	0.9807	1	0.9678	735.5	10^4	14.22
1.013×10^5	1.013	1.033	1	760	1.033×10^4	14.7
133.3	0.001333	0.001360	0.001316	1	13.6	0.0193
9.807	9.807×10^{-5}	10^{-4}	9.678×10^{-5}	0.07355	1	1.422×10^{-3}
6895	0.06895	0.07031	0.06804	51.72	703.1	1

（5）运动黏度、扩散系数

①	② ③	④	①	② ③	④
cm²/s 厘米²/秒	m²/s 米²/秒	ft²/s 英尺²/秒	cm²/s 厘米²/秒	m²/s 米²/秒	ft²/s 英尺²/秒
1	10^4	1.076×10^{-3}	929	9.29×10^{-2}	1
10^4	1	10.76			

注：运动黏度 cm²/s 又称斯托克斯（池），以 St 表示。

（6）动力黏度（通称黏度）

①	①	②	③	④
P(泊)$=g/(cm \cdot s)$	cP 厘泊	Pa·s$=kg/(m \cdot s)$	kgf·s/m² 千克(力)·秒/米²	lbf/(ft·s) 磅/(英尺·秒)
1	10^2	10^{-1}	0.0102	0.06720
10^{-2}	1	10^{-3}	1.02×10^{-4}	6.720×10^{-4}
10	10^3	1	0.102	0.6720
98.1	9810	9.81	1	6.59
14.88	1488	1.488	0.1519	1

（7）能量，功，热量

②	③		hp·h 马力·时	③	④
J(焦耳)$=N \cdot m$	kgf·m 千克(力)·米	kW·h 千瓦时		kcal 千卡	B.t.U 英热单位
1	0.102	2.778×10^{-7}	3.725×10^{-7}	2.39×10^{-4}	9.486×10^{-4}
9.807	1	2.724×10^{-6}	3.653×10^{-6}	2.342×10^{-3}	9.296×10^{-3}
3.6×10^6	3.671×10^5	1	1.341	860.0	3413
2.685×10^6	2.738×10^5	0.7457	1	641.3	2544
4.187×10^3	426.9	1.162×10^{-3}	1.558×10^{-3}	1	3.968
1.055×10^3	107.58	2.930×10^{-4}	3.926×10^{-4}	0.2520	1

注：其他换算关系 1erg（尔格）$=1dyn \cdot cm = 10^{-7}J$。

(8) 功率，传热速率

② W 瓦	③ kgf·m/s 千克(力)·米/秒	hp 马力	③ kcal/s 千卡/秒	④ B.t.U/s 英热单位/秒
1	0.102	1.341×10^{-3}	2.389×10^{-4}	9.486×10^{-4}
9.807	1	0.01315	2.342×10^{-3}	9.296×10^{-3}
745.7	76.04	1	0.17803	0.7068
4187	426.9	5.614	1	3.968
1055	107.58	1.415	0.252	1

注：其他换算关系为 1erg/s（尔格/秒）=10^{-7}W(J/s)=10^{-10}kW。

(9) 比热容

② kJ/(kg·K) 千焦/(千克·开)	① cal/(g·℃) 卡/(克·摄氏度)	③ kcal/(kgf·℃) 千卡/(千克力·摄氏度)	④ B.t.U./(lb·℉) 英热单位/(磅·℉)
1	0.2389	0.2389	0.2389
4.187	1	1	1

(10) 热导率（导热系数）

② W/(m·K)	③ kcal/(m·h·℃)	① cal/(cm·s·℃)	④ Btu/(ft·h·℉)	② W/(m·K)	③ kcal/(m·h·℃)	① cal/(cm·s·℃)	④ Btu/(ft·h·℉)
1	0.86	2.389×10^{-3}	0.5779	418.7	360	1	241.9
1.163	1	2.778×10^{-3}	0.6720	1.73	1.488	4.134×10^{-3}	1

(11) 传热系数

② W/(m·K)	③ kcal/(m·h·℃)	① cal/(cm·s·℃)	④ Btu/(ft·h·℉)	② W/(m·K)	③ kcal/(m·h·℃)	① cal/(cm·s·℃)	④ Btu/(ft·h·℉)
1	0.86	2.389×10^{-5}	0.176	4.187×10^{4}	3.60×10^{4}	1	7374
1.163	1	2.778×10^{-5}	0.2048	5.678	4.882	1.356×10^{-4}	1

(12) 表面张力

① dyn/cm	② N/m	③ kgf/m	④ lbf/ft	① dyn/cm	② N/m	③ kgf/m	④ lbf/ft
1	10^{-3}	1.02×10^{-4}	6.852×10^{-5}	9807	9.807	1	0.6720
10^{3}	1	0.102	6.852×10^{-2}	14592	14.592	1.488	1

(13) 标准重力加速度

$$g=9.807\text{m/s}^{2②③}=980.7\text{cm/s}^{2①}=52.17\text{ft/s}^{2④}$$

(14) 通用气体常数

$$R=8.314\text{kJ/(kmol·K)}^{②}=1.987\text{kcal/(kmol·K)}^{①}=848\text{kgf·m/(kmol·K)}^{③}$$
$$=82.06\text{atm·cm}^3/\text{(mol·K)}=0.08206\text{atm·m}^3/\text{(kmol·K)}$$
$$=1.987\text{Btu/(lb·mol·°R)}^{④}$$
$$=1544\text{lbf·ft/(lb·mol·°R)}^{④}$$

(15) 斯蒂芬-波尔兹曼常数

$$\sigma_0=5.67\times10^{-8}\text{W/(m}^2\text{·K}^4)^{②}=5.71\times10^{-5}\text{erg/(s·cm}^2\text{·K}^4)^{①}$$
$$=4.88\times10^{-8}\text{kcal/(h·m}^2\text{·K}^4)^{③}=0.173\times10^{-8}\text{Btu/(ft}^2\text{·h·°R}^4)^{④}$$

附录二　常用固体材料的密度和比热容

名　称	密度 /(kg/m³)	比热容 /[kJ/(kg·℃)]	名　称	密度 /(kg/m³)	比热容 /[kJ/(kg·℃)]
(1)金属			(3)建筑材料、绝热材料、耐酸材料及其他		
钢	7850	0.461	干砂	1500～1700	0.796
不锈钢	7900	0.502	黏土	1600～1800	0.754
铸铁	7220	0.502			(−20℃～20℃)
铜	8800	0.406	锅炉炉渣	700～1100	—
青铜	8000	0.381	黏土砖	1600～1900	0.921
黄铜	8600	0.379	耐火砖	1840	0.963～1.005
铝	2670	0.921	绝热砖(多孔)	600～1400	—
镍	9000	0.461	混凝土	2000～2400	0.837
铅	11100	0.1298	软木	100～300	0.963
(2)塑料			石棉板	770	0.816
酚醛	1250～1300	1.26～1.67	石棉水泥板	1600～1900	—
脲醛	1400～1500	1.26～1.67	玻璃	2500	0.67
聚氯乙烯	1380～1400	1.81	耐酸陶瓷制品	2200～2300	0.75～0.80
聚苯乙烯	1050～1070	1.34	耐酸砖和板	2100～2400	—
低压聚乙烯	940	2.55	耐酸搪瓷	2300～2700	0.837～1.26
高压聚乙烯	920	2.22	橡胶	1200	1.38
有机玻璃	1180～1190	—	冰	900	2.11

附录三　干空气的重要物理性质 (101.33kPa)

温度 T /℃	密度 ρ /(kg/m³)	比热容 /[kJ/(kg·℃)]	热导率 λ×10² /[W/(m·℃)]	黏度 μ×10⁵ /Pa·s	普兰德数 Pr
−50	1.584	1.013	2.035	1.46	0.728
−40	1.515	1.013	2.117	1.52	0.728
−30	1.453	1.013	2.198	1.57	0.723
−20	1.395	1.009	2.279	1.62	0.716
−10	1.342	1.009	2.360	1.67	0.712
0	1.293	1.005	2.442	1.72	0.707
10	1.247	1.005	2.512	1.77	0.705
20	1.205	1.005	2.591	1.81	0.703
30	1.165	1.005	2.673	1.86	0.701
40	1.128	1.005	2.756	1.91	0.699
50	1.093	1.005	2.826	1.96	0.698
60	1.060	1.005	2.896	2.01	0.696
70	1.029	1.009	2.966	2.06	0.694
80	1.000	1.009	3.047	2.11	0.692
90	0.972	1.009	3.128	2.15	0.690
100	0.946	1.009	3.210	2.19	0.688
120	0.898	1.009	3.338	2.29	0.686
140	0.854	1.013	3.489	2.37	0.684

温度 T /℃	密度 ρ /(kg/m³)	比热容 /[kJ/(kg·℃)]	热导率 $\lambda \times 10^2$ /[W/(m·℃)]	黏度 $\mu \times 10^5$ /Pa·s	普兰德数 Pr
160	0.815	1.017	3.640	2.45	0.682
180	0.779	1.022	3.780	2.53	0.681
200	0.746	1.026	3.931	2.60	0.680
250	0.674	1.038	4.268	2.74	0.677
300	0.615	1.047	4.605	2.97	0.674
350	0.566	1.059	4.908	3.14	0.676
400	0.524	1.068	5.210	3.30	0.678
500	0.456	1.093	5.745	3.62	0.687
600	0.404	1.114	6.222	3.91	0.699
700	0.362	1.135	6.711	4.18	0.706
800	0.329	1.156	7.176	4.43	0.713
900	0.301	1.172	7.630	4.67	0.717
1000	0.277	1.185	8.071	4.90	0.719
1100	0.257	1.197	8.502	5.12	0.722
1200	0.239	1.206	9.153	5.35	0.724

附录四　水的重要物理性质

温度 T/℃	饱和蒸气压 p /kPa	密度 ρ /(kg/m³)	焓 H /(kJ/kg)	比热容 C_p /[kJ/(kg·℃)]	热导率 $\lambda \times 10^2$ /[W/(m·℃)]	黏度 10^5 /Pa·s	表面张力 $\sigma \times 10^3$ /(N/m)
0	0.608	999.9	0	4.212	55.13	179.2	75.6
10	1.226	999.7	42.04	4.191	57.45	130.8	74.1
20	2.335	998.2	83.90	4.183	59.89	100.5	72.6
30	4.247	995.7	125.7	4.174	61.76	80.07	71.2
40	7.377	992.2	167.5	4.174	63.38	65.60	69.6
50	12.31	988.1	209.3	4.174	64.78	54.94	67.7
60	19.92	983.2	251.1	4.178	65.94	46.88	66.2
70	31.16	977.8	293	4.178	66.76	40.61	64.3
80	47.38	971.8	334.9	4.195	67.45	35.65	62.6
90	70.14	965.3	377	4.208	68.04	31.65	60.7
100	101.3	958.4	419.1	4.220	68.27	28.38	58.8
110	143.3	951.0	461.3	4.238	68.50	25.8922	56.9
120	198.6	943.1	503.7	4.250	68.62	3.73	54.8
130	270.3	934.8	546.4	4.266	68.62	21.77	52.8
140	361.5	926.1	589.1	4.287	68.50	20.10	50.7
150	476.2	917.0	632.2	4.312	68.38	18.63	48.6
160	618.3	907.4	675.3	4.346	68.27	17.36	46.6
170	792.6	897.3	719.3	4.379	67.92	16.28	45.3
180	1003.5	886.9	763.3	4.417	67.45	15.30	42.3
190	1225.6	876.0	807.6	4.460	66.99	14.42	40.8
200	1554.8	863.0	852.4	4.505	66.29	13.63	38.4
210	1917.7	852.8	897.7	4.555	65.48	13.04	36.1
220	2320.9	840.3	943.7	4.614	64.55	12.46	33.8
230	2798.6	827.3	990.2	4.681	63.73	11.97	31.6
240	3347.9	813.6	1037.5	4.756	62.80	11.47	29.1
250	3977.7	799.0	1085.6	4.844	61.76	10.98	26.7
260	4693.8	784.0	1135.0	4.949	60.43	10.59	24.2
270	5504.0	767.9	1185.3	5.070	59.96	10.20	21.9
280	6417.2	750.7	1236.3	5.229	57.45	9.81	19.5
290	7443.3	732.3	1289.9	5.485	55.82	9.42	17.2
300	8592.9	712.5	1344.8	5.736	53.96	9.12	14.7

附录五　饱和水蒸气表（按温度排列）

温度 t /℃	绝对压力 p /kPa	蒸汽密度 ρ /(kg/m³)	比焓 H/(kJ/kg) 液体	比焓 H/(kJ/kg) 蒸汽	比汽化焓 /(kJ/kg)
0	0.6082	0.00484	0	2491	2491
5	0.8730	0.00680	20.9	2500.8	2480
10	1.226	0.00940	41.9	2510.4	2469
15	1.707	0.01283	62.8	2520.5	2458
20	2.335	0.01719	83.7	2530.1	2446
25	3.168	0.02304	104.7	2539.7	2435
30	4.247	0.03036	125.6	2549.3	2424
35	5.621	0.03960	146.5	2559.0	2412
40	7.377	0.05114	167.5	2568.6	2401
45	9.584	0.06543	188.4	2577.8	2389
50	12.34	0.0830	209.3	2587.4	2378
55	15.74	0.1043	230.3	2596.7	2366
60	19.92	0.1301	251.2	2606.3	2355
65	25.01	0.1611	272.1	2615.5	2343
70	31.16	0.1979	293.1	2624.3	2331
75	38.55	0.2416	314.0	2633.5	2320
80	47.38	0.2929	334.9	2642.3	2307
85	57.88	0.3531	355.9	2651.1	2295
90	70.14	0.4229	376.8	2659.9	2283
95	84.56	0.5039	397.8	2668.7	2271
100	101.33	0.5970	418.7	2677.0	2258
105	120.85	0.7036	440.0	2685.0	2245
110	143.31	0.8254	461.0	2693.4	2232
115	169.11	0.9635	482.3	2701.3	2219
120	198.64	1.1199	503.7	2708.9	2205
125	232.19	1.296	525.0	2716.4	2191
130	270.25	1.494	546.4	2723.9	2178
135	313.11	1.715	567.7	2731.0	2163
140	361.47	1.962	589.1	2737.7	2149
145	415.72	2.238	610.9	2744.4	2134
150	476.24	2.543	632.2	2750.7	2119
160	618.28	3.252	675.8	2762.9	2087
170	792.59	4.113	719.3	2773.3	2054
180	1003.5	5.145	763.3	2782.5	2019
190	1255.6	6.378	807.6	2790.1	1982
200	1554.8	7.840	852.0	2795.5	1944
210	1917.7	9.567	897.2	2799.3	1902
220	2320.9	11.60	942.4	2801.0	1859
230	2798.6	13.98	988.5	2800.1	1812
240	3347.9	16.76	1034.6	2796.8	1762
250	3977.7	20.01	1081.4	2790.1	1709
260	4693.8	23.82	1128.8	2780.9	1652
270	5504.0	28.27	1176.9	2768.3	1591
280	6417.2	33.47	1225.5	2752.0	1526
290	7443.3	39.60	1274.5	2732.3	1457
300	8592.9	46.93	1325.5	2708.0	1382

附录六 饱和水蒸气表（按压力排列）

绝对压力 p /kPa	温度 t /℃	蒸汽密度 ρ /(kg/m³)	比焓 H/(kJ/kg) 液体	比焓 H/(kJ/kg) 蒸汽	比汽化焓 /(kJ/kg)
1.0	6.3	0.00773	26.5	2503.1	2477
1.5	12.5	0.01133	52.3	2515.3	2463
2.0	17.0	0.01486	71.2	2524.2	2453
2.5	20.9	0.01836	87.5	2531.8	2444
3.0	23.5	0.02179	98.4	2536.8	2438
3.5	26.1	0.02523	109.3	2541.8	2433
4.0	28.7	0.02867	120.2	2546.8	2427
4.5	30.8	0.03205	129.0	2550.9	2422
5.0	32.4	0.03537	135.7	2554.0	2418
6.0	35.6	0.04200	149.1	2560.1	2411
7.0	38.8	0.01864	162.4	2566.3	2404
8.0	41.3	0.05514	172.7	2571.0	2398
9.0	43.3	0.06156	181.2	2574.8	2394
10.0	45.3	0.06798	189.6	2578.5	2389
15.0	53.5	0.09956	224.0	2594.0	2370
20.0	60.1	0.1307	251.5	2606.4	2355
30.0	66.5	0.1909	288.8	2622.4	2334
40.0	75.0	0.2498	315.9	2634.1	2312
50.0	81.2	0.3080	339.8	2644.3	2304
60.0	85.6	0.3651	358.2	2652.1	2394
70.0	89.9	0.4223	376.6	2659.8	2283
80.0	93.2	0.4781	390.1	2665.3	2275
90.0	96.4	0.5338	403.5	2670.8	2267
100.0	99.6	0.5896	416.9	2676.3	2259
120.0	104.5	0.6987	437.5	2684.3	2247
140.0	109.2	0.8076	457.7	2692.1	2234
160.0	113.0	0.8298	473.9	2698.1	2224
180.0	116.6	1.021	489.3	2703.7	2214
200.0	120.2	1.127	493.7	2709.2	2205

绝对压力 p /kPa	温度 t /℃	蒸汽密度 ρ /(kg/m³)	比焓 H/(kJ/kg)		比汽化焓 /(kJ/kg)
			液体	蒸汽	
250.0	127.2	1.390	534.4	2719.7	2185
300.0	133.3	1.650	560.4	2728.5	2168
350.0	138.8	1.907	583.8	2736.1	2152
400.0	143.4	2.162	603.6	2742.1	2138
450.0	147.7	2.415	622.4	2747.8	2125
500.0	151.7	2.667	639.6	2752.8	2113
600.0	158.7	3.169	676.2	2761.4	2091
700.0	164.7	3.666	696.3	2767.8	2072
800.0	170.4	4.161	721.0	2773.7	2053
900.0	175.1	4.652	741.8	2778.1	2036
1×10^3	179.9	5.143	762.7	2782.5	2020
1.1×10^3	180.2	5.633	780.3	2785.5	2005
1.2×10^3	187.8	6.124	797.9	2788.5	1991
1.3×10^3	191.5	6.614	814.2	2790.9	1977
1.4×10^3	194.8	7.103	829.1	2792.4	1964
1.5×10^3	198.2	7.594	843.9	2794.5	1951
1.6×10^3	201.3	8.081	857.8	2796.0	1938
1.7×10^3	204.1	8.567	870.6	2797.1	1926
1.8×10^3	206.9	9.053	883.4	2798.1	1915
1.9×10^3	209.8	9.539	896.2	2799.2	1903
2×10^3	212.2	10.03	907.3	2799.7	1892
3×10^3	233.7	15.01	1005.4	2798.9	1794
4×10^3	250.3	20.10	1082.9	2789.8	1707
5×10^3	263.8	25.37	1146.9	2776.2	1629
6×10^3	275.4	30.85	1203.2	2759.5	1556
7×10^3	285.7	36.57	1253.2	2740.8	1488
8×10^3	294.8	42.58	1299.2	2720.5	1404
9×10^3	303.2	48.89	1343.5	2699.1	1357

附录七 液体黏度共线图

用法举例：求苯在50℃时的黏度。

从液体黏度共线图（附图1）坐标值表中查得苯的两个坐标值分别为 $X=12.5$，$Y=10.9$，在共线图上可找到这两个坐标值所对应的点，将此点与图中左方温度标尺上的50℃点连成一直线，延长交于右方黏度标尺上，即可读得苯在50℃的黏度为0.44cP（或 mPa·s）。

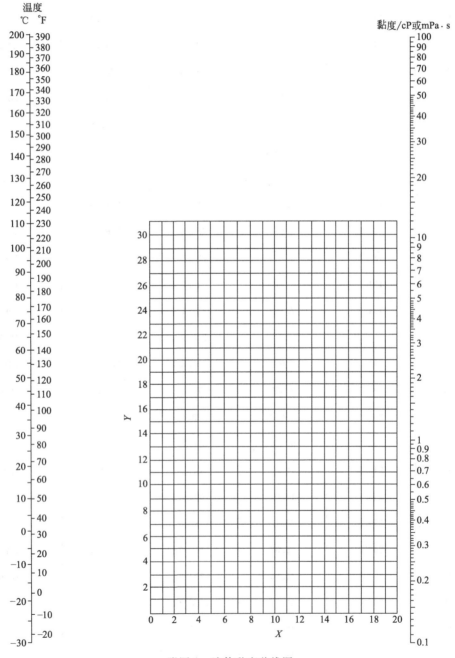

附图1 液体黏度共线图

液体黏度共线图坐标值

序号	名称	X	Y	序号	名称	X	Y
1	水	10.2	13.0	36	氯苯	12.3	12.4
2	盐水(25% NaCl)	10.2	16.6	37	硝基苯	10.6	16.2
3	盐水(25% CaCl$_2$)	6.6	15.9	38	苯胺	8.1	18.7
4	氨	12.6	2.0	39	酚	6.9	20.8
5	氨水(26%)	10.1	13.9	40	联苯	12.0	18.3
6	二氧化碳	11.6	0.3	41	萘	7.9	18.1
7	二氧化硫	15.2	7.1	42	甲醇(100%)	12.4	10.5
8	二氧化氮	12.9	8.6	43	甲醇(90%)	12.3	11.8
9	二硫化碳	16.1	7.5	44	甲醇(40%)	7.8	15.5
10	溴	14.2	13.2	45	乙醇(100%)	10.5	13.8
11	汞	18.4	16.4	46	乙醇(95%)	9.8	14.3
12	硫酸(60%)	10.2	21.3	47	乙醇(40%)	6.5	16.6
13	硫酸(98%)	7.0	24.8	48	乙二醇	6.0	23.6
14	硫酸(100%)	8.0	25.1	49	甘油(100%)	2.0	30.0
15	硫酸(110%)	7.2	27.4	50	甘油(50%)	6.9	19.6
16	硝酸(60%)	10.8	17.0	51	乙醚	14.5	5.3
17	硝酸(95%)	12.8	13.8	52	乙醛	15.2	14.8
18	盐酸(31.5%)	13.0	16.6	53	丙酮(35%)	7.9	15.0
19	氢氧化钠(50%)	3.2	25.8	54	丙酮(100%)	14.5	7.2
20	戊烷	14.9	5.2	55	甲酸	10.7	15.8
21	己烷	14.7	7.0	56	醋酸(100%)	12.1	14.2
22	庚烷	14.1	8.4	57	醋酸(70%)	9.5	17.0
23	辛烷	13.7	10.0	58	醋酸酐	12.7	12.8
24	氯甲烷	15.0	3.8	59	醋酸乙酯	13.7	9.1
25	氯乙烷	14.8	6.0	60	醋酸戊酯	11.8	12.5
26	三氯甲烷	14.4	10.2	61	甲酸乙酯	14.2	8.4
27	四氯化碳	12.7	13.1	62	甲酸丙酯	13.1	9.7
28	二氯乙烷	13.2	12.2	63	丙酸	12.8	13.8
29	氯乙烯	12.7	12.2	64	丙烯酸	12.3	13.9
30	苯	12.5	10.9	65	氟利昂-11	14.4	9.0
31	甲苯	13.7	10.4	66	氟利昂-12	16.8	5.6
32	邻二甲苯	13.5	12.1	67	氟利昂-21	15.7	7.5
33	间二甲苯	13.9	10.6	68	氟利昂-22	17.2	4.71
34	对二甲苯	13.9	10.9	69	氟利昂-113	12.5	1.4
35	乙苯	13.2	11.5	70	煤油	10.2	16.9

附录八　气体黏度共线图（常压下用）

气体黏度共线图（常压下用）如附图2所示。用法同附录九（液体黏度共线图）。

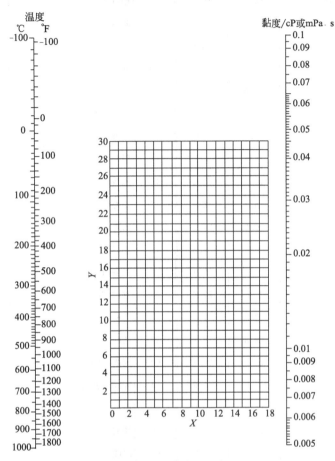

附图2　气体黏度共线图（常压下用）

气体黏度共线图坐标值

序号	名称	X	Y	序号	名称	X	Y	序号	名称	X	Y
1	空气	11.0	20.0	17	氯化氢	8.8	18.7	33	苯	8.5	13.2
2	氧	11.0	21.3	18	溴	8.9	19.2	34	甲苯	8.6	12.4
3	氮	10.6	20.0	19	溴化氢	8.8	20.9	35	甲醇	8.5	15.6
4	氢	11.2	12.4	20	碘	9.0	18.4	36	乙醇	9.2	14.2
5	$3H_2+N_2$	11.2	17.2	21	碘化氢	9.0	21.3	37	丙醇	8.4	13.4
6	水蒸气	8.0	16.0	22	硫化氢	8.6	18.0	38	醋酸	7.7	14.3
7	一氧化碳	11.0	20.0	23	甲烷	9.9	15.5	39	丙酮	8.9	13.0
8	二氧化碳	9.5	18.7	24	乙烷	9.1	14.5	40	乙醚	8.9	13.0
9	一氧化二氮	8.8	19.0	25	乙烯	9.5	15.1	41	醋酸乙酯	8.5	13.2
10	二氧化硫	9.6	17.0	26	乙炔	9.8	14.9	42	氟利昂-11	10.6	15.1
11	二硫化碳	8.0	16.0	27	丙烷	9.7	12.9	43	氟利昂-12	11.1	16.0
12	一氧化氮	10.9	20.5	28	丙烯	9.0	13.8	44	氟利昂-21	10.8	15.3
13	氨	8.4	16.0	29	丁烯	9.2	13.7	45	氟利昂-22	10.1	17.0
14	汞	5.3	22.9	30	戊烷	7.0	12.8	46	氟利昂-113	11.3	14.0
15	氟	7.3	23.8	31	己烷	8.6	11.8				
16	氯	9.0	18.4	32	三氯甲烷	8.9	15.7				

附录九　液体比热容共线图

使用方法：用本图（附图 3）求液体在指定温度下的比热容时，可连接温度标尺上的指定温度与物料编号所对应的点，延长在比热容标尺上读得所需数据乘以 4.187 即得以 kJ/(kg·℃) 为单位的比热容值。

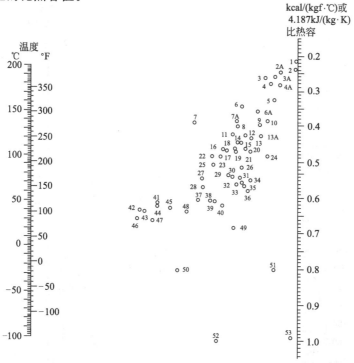

附图 3　液体比热容共线图

液体比热容共线图中的编号

编号	名称	温度范围/℃	编号	名称	温度范围/℃	编号	名称	温度范围/℃
53	水	10～200	6A	二氯乙烷	−30～60	47	异丙醇	−20～50
51	盐水(25％NaCl)	−40～20	3	过氯乙烯	−30～40	44	丁醇	0～100
49	盐水(25％CaCl₂)	−40～20	23	苯	10～80	43	异丁醇	0～100
52	氨	−70～50	23	甲苯	0～60	37	戊醇	−50～25
11	二氧化硫	−20～100	17	对二甲苯	0～100	41	异戊醇	10～100
2	二硫化碳	−100～25	18	间二甲苯	0～100	39	乙二醇	−40～200
9	硫酸(98％)	10～45	19	邻二甲苯	0～100	38	甘油	−40～20
48	盐酸(30％)	20～100	8	氯苯	0～100	27	苯甲醇	−20～30
35	己烷	−80～20	12	硝基苯	0～100	36	乙醚	−100～25
28	庚烷	0～60	30	苯胺	0～130	31	异丙醚	−80～200
33	辛烷	−50～25	10	苯甲基氯	−20～30	32	丙酮	20～50
34	壬烷	−50～25	25	乙苯	0～100	29	醋酸	0～80
21	癸烷	−80～25	15	联苯	80～120	24	醋酸乙酯	−50～25
13A	氯甲烷	−80～20	16	联苯醚	0～200	26	醋酸戊酯	0～100
5	二氯甲烷	−40～50	16	联苯-联苯醚	0～200	20	吡啶	−50～25
4	三氯甲烷	0～50	14	萘	90～200	2A	氟利昂-11	−20～70
22	二苯基甲烷	30～100	40	甲醇	−40～20	6	氟利昂-12	−40～15
3	四氯化碳	10～60	42	乙醇(100％)	30～80	4A	氟利昂-21	−20～70
13	氯乙烷	−30～40	46	乙醇(95％)	20～80	7A	氟利昂-22	−20～60
1	溴乙烷	5～25	50	乙醇(50％)	20～80	3A	氟利昂-113	−20～70
7	碘乙烷	0～100	45	丙醇	−20～100			

附录十 气体比热容共线图（常压下用）

气体比热容共线图（常压下用）如附图4所示。使用方法同附录十一（液体比热容共线图）。

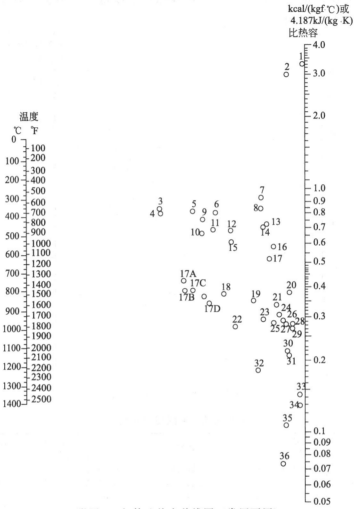

附图4 气体比热容共线图（常压下用）

气体比热容共线图中的编号

编号	名称	温度范围/℃	编号	名称	温度范围/℃	编号	名称	温度范围/℃
27	空气	0～1400	24	二氧化碳	400～1400	9	乙烷	200～600
23	氧	0～500	22	二氧化硫	0～400	8	乙烷	600～1400
29	氧	500～1400	31	二氧化硫	400～1400	4	乙烯	0～200
26	氮	0～1400	17	水蒸气	0～1400	11	乙烯	200～600
1	氢	0～600	19	硫化氢	0～700	13	乙烯	600～1400
2	氢	600～1400	21	硫化氢	700～1400	10	乙炔	0～200
32	氯	0～200	20	氟化氢	0～1400	15	乙炔	200～400
34	氯	200～1400	30	氯化氢	0～1400	16	乙炔	400～1400
33	硫	300～1400	35	溴化氢	0～1400	17B	氟利昂-11	0～500
12	氨	0～600	36	碘化氢	0～1400	17C	氟利昂-21	0～500
14	氨	600～1400	5	甲烷	0～300	17A	氟利昂-22	0～500
25	一氧化氮	0～700	6	甲烷	300～700	17D	氟利昂-113	0～500
28	一氧化氮	700～1400	7	甲烷	700～1400			
18	二氧化碳	0～400	3	乙烷	0～200			

附录十一 气体热导率共线图（常压下用）

气体热导率共线图（常压下用）如附图 5 所示。用法同附录九（液体黏度共线图）。

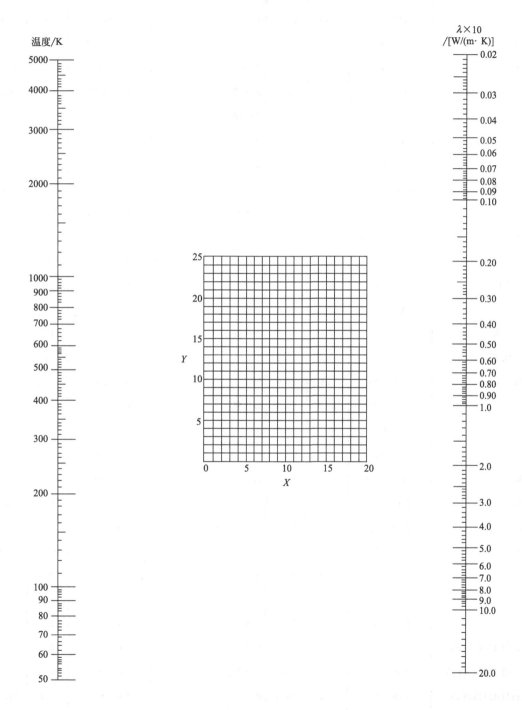

附图 5 气体热导率共线图（常压下用）

气体热导率共线图中的标号

气体或蒸气	温度范围/K	X	Y	气体或蒸气	温度范围/K	X	Y
内酮	250～500	3.7	14.8	氟利昂-22($CHClF_2$)	250～500	6.5	18.6
乙炔	200～600	7.5	13.5	氟利昂-113($CCl_2F \cdot CClF_2$)	250～400	4.7	17.0
空气	50～250	12.4	13.9	氦	50～500	17.0	2.5
空气	250～1000	14.7	15.0	氦	500～5000	15.0	3.0
空气	1000～1500	17.1	14.5	正庚烷	250～600	4.0	14.8
氨	200～900	8.5	12.6	正庚烷	600～1000	6.9	14.9
氩	50～250	1.25	16.5	正己烷	250～1000	3.7	14.0
氩	250～5000	1.54	18.1	氢	50～250	13.2	1.2
苯	250～600	2.8	14.2	氢	250～1000	15.7	1.3
三氟化硼	250～400	12.4	16.4	氢	1000～2000	13.7	2.7
溴	250～350	10.1	23.6	氯化氢	200～700	12.2	18.5
正丁烷	250～500	5.6	14.1	氪	100～700	13.7	21.8
异丁烷	250～500	5.7	14.0	甲烷	100～300	11.2	11.7
二氧化碳	200～700	8.7	15.5	甲烷	300～1000	8.5	11.0
二氧化碳	700～1200	13.3	15.4	甲醇	300～500	5.0	14.3
一氧化碳	80～300	12.3	14.2	氯甲烷	250～700	4.7	15.7
一氧化碳	300～1200	15.2	15.2	氖	50～250	15.2	10.2
四氯化碳	250～500	9.4	21.0	氖	250～5000	17.2	11.0
氯	200～700	10.8	20.1	氧化氮	100～1000	13.2	14.8
氘	50～100	12.7	17.3	氮	50～250	12.5	14.0
氘	100～400	14.5	19.3	氮	250～1500	15.8	15.3
乙烷	200～1000	5.4	12.6	氮	1500～3000	12.5	16.5
乙醇	250～350	2.0	13.0	一氧化二氮	200～500	8.4	15.0
乙醇	350～500	7.7	15.2	一氧化二氮	500～1000	11.5	15.5
乙醚	250～500	5.3	14.1	氧	50～300	12.2	13.8
乙烯	200～450	3.9	12.3	氧	300～1500	14.5	14.8
氟	80～600	12.3	13.8	戊烷	250～500	5.0	14.1
氟	600～800	18.7	13.8	丙烷	200～300	2.7	12.0
氟利昂-11(CCl_3F)	250～500	7.5	19.0	丙烷	300～500	6.3	13.7
氟利昂-12(CCl_2F_2)	250～500	6.8	17.5	二氧化硫	250～900	9.2	18.5
氟利昂-13($CClF_3$)	250～500	7.5	16.5	甲苯	250～600	6.1	14.8
氟利昂-21($CHCl_2F$)	250～450	6.2	17.5	氙	150～700	13.3	25.0

附录十二　液体比汽化焓（蒸发潜热）共线图

　　液体比汽化焓共线图如附图 6 所示。用法举例：求水在 $t=100℃$ 时的比汽化焓（蒸发潜热）。从编号表中查得水的编号为 30，又查得水的临界温度 $t_c=374℃$，则 $t_c-t=374-100-274℃$，在图中的 t_c-t 标尺上定出 274℃点，并与编号 30 的圆圈中心点联成一直线，延长交于比汽化焓标尺上，可读得交点读数 540kcal/kgf 或 2260kJ/kg，即为水在 100℃ 温度下的比汽化焓（蒸发潜热）。

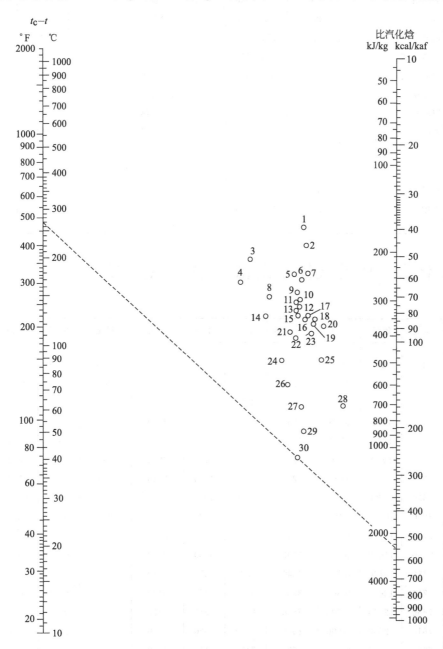

附图 6　液体比汽化焓共线图

液体比汽化焓共线图中的编号

编号	名　称	$t_c/℃$	t_c-t 范围 /℃	编号	名　称	$t_c/℃$	t_c-t 范围 /℃
30	水	374	100～500	25	乙烷	32	25～150
29	氨	133	50～200	23	丙烷	96	40～200
19	一氧化氮	36	25～150	16	丁烷	153	90～200
21	二氧化碳	31	10～100	15	异丁烷	134	80～200
2	四氯化碳	283	30～250	12	戊烷	197	20～200
17	氯乙烷	187	100～250	11	己烷	235	50～225
13	苯	289	10～400	10	庚烷	267	20～300
3	联苯	527	175～400	9	辛烷	296	30～300
4	二硫化碳	273	140～275	20	一氯甲烷	143	70～250
14	二氧化硫	157	90～160	8	二氯甲烷	216	150～250
7	三氯甲烷	263	140～270	18	醋酸	321	100～225
27	甲醇	240	40～250	2	氟利昂-11	198	70～225
26	乙醇	243	20～140	2	氟利昂-12	111	40～200
28	乙醇	243	140～300	5	氟利昂-21	178	70～250
24	丙醇	254	20～200	6	氟利昂-22	96	50～170
13	乙醚	194	10～400	1	氟利昂-113	214	90～250
22	丙酮	235	120～210				

▌附录十三　　常见气体水溶液的亨利系数 E

单位：MPa

气体		氢气	氮气	空气	一氧化碳	氧气	甲烷	一氧化氮	二氧化碳	氯气	硫化氢	溴气
	0	5870	5360	4240	3560	2570	2270	1710	73.7	27.2	27.0	2.16
	5	6160	6050	4950	4000	2940	2630	1950	89	33.4	31.9	2.79
	10	6450	6770	5560	4480	3320	3010	2200	106	39.6	37.0	3.71
	15	6700	7480	6150	4960	3700	3410	2450	124	46.1	42.8	4.72
	20	6930	8150	6720	5430	4050	3800	2680	144	53.9	49.0	6.02
	25	7160	8760	7300	5870	4440	4180	2910	165	60.5	55.2	7.47
温度/℃	30	7390	9360	7820	6280	4810	4550	3140	188	67.0	61.7	9.20
	35	7520	9980	8340	6680	5130	4930	3360	212	73.8	68.5	11.1
	40	7610	10600	8810	7050	5560	5270	3580	236	80.0	75.5	13.5
	45	7700	11100	9230	7390	5710	5570	3780	260	85.5	83.5	16.0
	50	7750	11500	9590	7700	5960	5860	3950	287	93.0	89.6	19.4
	60	7750	12100	10200	8340	6380	6350	4240	345	97.5	104	25.5
	70	7710	12600	10600	8560	6720	6750	4430	—	99.4	121	32.5
	80	7650	12800	10900	8570	6950	6910	4530	—	97.3	137	41.0
	90	7610	12800	11000	8570	7080	7020	4570	—	96.3	145	—
	100	7550	12700	10900	8570	7100	7100	4600	—	—	149	—

附录十四 双组分汽液平衡数据与温度（或压力）的关系

1. 苯-甲苯（101.3kPa）

温度/℃	苯摩尔分数		温度/℃	苯摩尔分数	
	液体中	气体中		液体中	气体中
110.6	0.0	0.0	89.4	0.592	0.789
106.1	0.088	0.212	86.8	0.700	0.853
102.2	0.200	0.370	84.4	0.803	0.914
98.6	0.300	0.500	82.3	0.903	0.957
95.2	0.397	0.618	81.2	0.950	0.979
92.1	0.489	0.710	80.2	1.00	1.00

2. 乙醇-水（101.325kPa）

温度/℃	乙醇摩尔分数		温度/℃	乙醇摩尔分数	
	液体中	气体中		液体中	气体中
100	0.0	0.0	81.5	0.3273	0.5826
95.5	0.0190	0.1700	80.7	0.3965	0.6122
89.0	0.0721	0.3891	79.8	0.5079	0.6564
86.7	0.0966	0.4375	79.7	0.5198	0.6599
85.3	0.1238	0.4704	79.3	0.5732	0.6841
84.1	0.1661	0.5089	78.74	0.6763	0.7385
82.7	0.2337	0.5445	78.41	0.7472	0.7815
82.3	0.2608	0.5580	78.15	0.8943	0.8943

3. 甲醇-水（101.325kPa）

温度/℃	甲醇摩尔分数		温度/℃	甲醇摩尔分数		温度/℃	甲醇摩尔分数	
	液相	汽相		液相	汽相		液相	汽相
100	0	0	84.4	0.15	0.517	69.3	0.70	0.870
96.4	0.02	0.134	81.7	0.20	0.579	67.6	0.80	0.915
93.5	0.04	0.230	78.0	0.30	0.665	66.0	0.90	0.958
91.2	0.06	0.304	75.3	0.40	0.729	65.0	0.95	0.979
89.3	0.08	0.365	73.1	0.50	0.779	64.5	1.00	1.00
87.7	0.10	0.418	71.2	0.60	0.825			

4. 正庚烷-正辛烷（101.325kPa）

温 度	正庚烷蒸气压/kPa	正辛烷蒸气压/kPa	正庚烷摩尔分数（计算值）	
			液相	汽相
98.4	101.3	44.4	1	1
105	125.3	55.6	0.6557	0.8110
110	140	64.5	0.4874	0.6736
115	160	74.8	0.3110	0.4913
120	180	86.6	0.1574	0.2797
125.6	205	101.3	0	0

型号	转速 n /(r/min)	流 量		扬程 H /m	效率 η	功率/kW		允许汽蚀余量 /m	质量(泵/底座) /kg
		m³/h	L/s			轴功率	电机功率		
IS50-32-125	2900	7.5	2.08	22	47%	0.96		2.0	32/46
		12.5	3.47	20	60%	1.13	2.2	2.0	
		15	4.17	1835	60%	1.26		2.5	
	1450	3.75	1.04	5.4	43%	0.13		2.0	32/38
		6.3	1.74	5	54%	0.16	0.55	2.0	
		7.5	2.08	4.6	55%	0.17		2.5	
IS50-32-160	2900	7.5	2.08	34.3	44%	1.59		2.0	50/46
		12.5	3.47	32	54%	2.02	3	2.0	
		15	4.17	29.6	56%	2.16		2.5	
	1450	3.75	1.04	13.1	35%	0.25		2.0	50/38
		6.3	1.74	12.5	48%	0.29	0.55	2.0	
		7.5	2.08	12	49%	0.31		2.5	
IS50-32-200	2900	7.5	2.08	82	38%	2.82		2.0	52/66
		12.5	3.47	80	48%	3.54	5.5	2.0	
		15	4.17	78.5	51%	3.95		2.5	
	1450	3.75	1.04	20.5	33%	0.41		2.0	52/38
		6.3	1.74	20	42%	0.51	0.75	2.0	
		7.5	2.08	19.5	44%	0.56		2.5	
IS50-32-250	2900	7.5	2.08	21.8	23.5%	5.87		2.0	88/110
		12.5	3.47	20	38%	7.16	11	2.0	
		15	4.17	18.5	41%	7.83		2.5	
	1450	3.75	1.04	5.35	23%	0.91		2.0	88/64
		6.3	1.74	5	32%	1.07	1.5	2.0	
		7.5	2.08	4.7	35%	1.14		3.0	
IS65-50-125	2900	7.5	4.17	35	58%	1.54		2.0	50/41
		12.5	6.94	32	69%	1.97	3	2.0	
		15	8.33	30	68%	2.22		3.0	
	1450	3.75	2.08	8.8	53%	0.21		2.0	50/38
		6.3	3.47	8.0	64%	0.27	0.55	2.0	
		7.5	4.17	7.2	65%	0.30		2.5	
IS65-50-160	2900	15	4.17	53	54%	2.65		2.0	51/66
		25	6.94	50	65%	3.35	5.5	2.0	
		30	8.33	47	66%	3.71		2.5	
	1450	7.5	2.08	13.2	50%	0.36		2.0	51/38
		12.5	3.47	12.5	60%	0.45	0.75	2.0	
		15	4.17	11.8	60%	0.49		2.5	
IS65-40-200	2900	15	4.17	53	49%	4.42		2.0	62/66
		25	6.94	50	60%	5.67	7.5	2.0	
		30	8.33	47	61%	6.29		2.5	
	1450	7.5	2.08	13.2	43%	0.63		2.0	62/46
		12.5	3.47	12.5	55%	0.77	1.1	2.0	
		15	4.17	11.8	57%	0.85		2.5	
IS65-40-250	2900	15	4.17	82	37%	9.05		2.0	82/110
		25	6.94	80	50%	10.89	15	2.0	
		30	8.33	78	53%	12.02		2.5	
	1450	7.5	2.08	21	35%	1.23		2.0	82/67
		12.5	3.47	20	46%	1.48	2.2	2.0	
		15	4.17	19.4	48%	1.65		2.5	

型号	转速 n /(r/min)	流 量		扬程 H /m	效率 η	功率/kW		允许汽蚀余量 /m	质量(泵/底座) /kg
		m³/h	L/s			轴功率	电机功率		
IS65-40-315	2900	15	4.17	127	28%	18.5	30	2.0	152/110
		25	6.94	125	40%	21.3		2.0	
		30	8.33	123	44%	22.8		3.0	
	1450	7.5	2.08	32.2	25%	6.63	4	2.0	152/67
		12.5	3.47	32.0	37%	2.94		2.0	
		15	4.17	31.7	41%	3.16		3.0	
IS80-65-125	2900	30	8.33	22.5	64%	2.87	5.5	3.0	44/46
		50	13.9	20	75%	3.63		3.0	
		60	16.7	18	74%	3.98		3.5	
	1450	15	4.17	5.6	55%	0.42	0.75	2.5	44/38
		25	6.94	5	71%	0.48		2.5	
		30	8.33	4.5	72%	0.51		3.0	
IS80-65-160	2900	30	8.33	36	61%	4.82	7.5	2.5	48/66
		50	13.9	32	73%	5.97		2.5	
		60	16.7	29	72%	6.59		3.0	
	1450	15	4.17	9	55%	0.67	1.5	2.5	48/46
		25	6.94	8	69%	0.79		2.5	
		30	8.33	7.2	68%	0.86		3.0	
IS80-50-200	2900	30	8.33	53	55%	7.87	15	2.5	64/124
		50	13.9	50	69%	9.87		2.5	
		60	16.7	47	71%	10.8		3.0	
	1450	15	4.17	13.2	51%	1.06	2.2	2.5	64/46
		25	6.94	12.5	65%	1.31		2.5	
		30	8.33	11.8	67%	1.44		3.0	
IS80-50-250	2900	30	8.33	84	52%	13.2	22	2.5	90/110
		50	13.9	80	63%	17.3		2.5	
		60	16.7	75	64%	19.2		3.0	
	1450	15	4.17	21	49%	1.75	3	2.5	90/64
		25	6.94	20	60%	2.22		2.5	
		30	8.33	18.1	61%	2.52		3.0	
IS80-50-315	2900	30	8.33	128	41%	25.5	37	2.5	125/160
		50	13.9	125	54%	31.5		2.5	
		60	16.7	123	57%	35.3		3.0	
	1450	15	4.17	32.5	39%	3.4	5.5	2.5	125/66
		25	6.94	32	52%	4.19		2.5	
		30	8.33	31.5	56%	4.6		3.0	
IS100-80-125	2900	60	16.7	24	67%	5.86	11	4.0	49/64
		100	27.8	20	78%	7.00		4.5	
		120	33.3	16.5	74%	7.28		5.0	
	1450	30	8.33	6	64%	0.77	1	2.5	49/64
		50	13.9	5	75%	0.91		2.5	
		60	16.7	4	71%	0.92		3.0	
IS100-80-160	2900	60	16.7	36	70%	8.42	15	3.5	69/110
		100	27.8	32	78%	11.2		4.0	
		120	33.3	28	75%	12.2		5.0	
	1450	30	8.33	9.2	67%	1.12	2.2	2.0	69/64
		50	13.9	8.0	75%	1.45		2.5	
		60	16.7	6.8	71%	1.57		3.5	
IS100-65-200	2900	60	16.7	54	65%	13.6	22	3.0	81/110
		100	27.8	50	76%	17.9		3.6	
		120	33.3	47	77%	19.9		4.8	
	1450	30	8.33	13.5	60%	1.84	4	2.0	81/64
		50	13.9	12.5	73%	2.33		2.0	
		60	16.7	11.8	74%	2.61		2.5	

型号	转速 n /(r/min)	流 量		扬程 H /m	效率 η	功率/kW		允许汽蚀余量 /m	质量(泵/底座) /kg
		m³/h	L/s			轴功率	电机功率		
IS100-65-250	2900	60	16.7	87	61%	23.4	37	3.5	90/160
		100	27.8	80	72%	30.0		3.8	
		120	33.3	74.5	73%	33.3		4.8	
	1450	30	8.33	21.3	55%	3.16	5.5	2.0	90/66
		50	13.9	20	68%	4.00		2.0	
		60	16.7	19	70%	4.44		2.5	
IS100-65-315	2900	60	16.7	133	55%	39.6	75	3.0	180/295
		100	27.8	125	66%	51.6		3.6	
		120	33.3	118	67%	57.5		4.2	
	1450	30	8.33	34	51%	5.44	11	2.0	180/112
		50	13.9	32	63%	6.92		2.0	
		60	16.7	30	64%	7.67		2.5	
IS125-100-200	2900	120	33.3	57.5	67%	28.0	45	4.5	108/160
		200	55.6	50	81%	33.6		4.5	
		240	66.7	44.5	80%	36.4		5.0	
	1450	60	16.7	14.5	62%	3.83	7.5	2.5	108/66
		100	27.8	12.5	76%	4.48		2.5	
		120	33.3	11	75%	4.79		3.0	
IS125-100-250	2900	120	33.3	87	66%	43.0	75	3.8	166/295
		200	55.6	80	78%	55.9		4.2	
		240	66.7	72	75%	62.8		5.0	
	1450	60	16.7	21.5	63%	5.59	11	2.5	166/112
		100	27.8	20	76%	7.17		2.5	
		120	33.3	18.5	77%	7.84		3.0	
IS125-100-315	2900	120	33.3	132.5	60%	72.1	110	4.0	189/330
		200	55.6	125	75%	90.8		4.5	
		240	66.7	120	77%	101.9		5.0	
	1450	60	16.7	33.5	58%	9.4	15	2.5	189/160
		100	27.8	32	73%	7.9		2.5	
		120	33.3	30.5	74%	13.5		3.0	
IS125-100-400	1450	60	16.7	52	53%	16.1	30	2.5	205/233
		100	27.8	50	65%	21.0		2.5	
		120	33.3	48.5	67%	23.6		3.0	
IS150-125-250	1450	120	33.3	22.5	71%	10.4	18.5	3.0	188/158
		200	55.6	20	81%	13.5		3.0	
		240	66.7	17.5	78%	14.7		3.5	
IS150-125-315	1450	120	33.3	34	70%	15.9	30	2.5	192/233
		200	55.6	32	79%	22.1		2.5	
		240	66.7	29	80%	23.7		3.0	
IS150-125-400	1450	120	33.3	53	62%	27.9	45	2.0	223/233
		200	55.6	50	75%	36.3		2.8	
		240	66.7	46	74%	40.6		3.5	
IS200-150-250	1450	240	66.7				37		203/233
		400	111.1	20	82%	26.6			
		460	127.8						
IS200-150-315	1450	240	66.7	37	70%	34.6	55	3.0	262/295
		400	111.1	32	82%	42.5		3.5	
		460	127.8	28.5	80%	44.6		4.0	
IS200-150-400	1450	240	66.7	55	74%	48.6	90	3.0	295/298
		400	111.1	50	81%	67.2		3.8	
		460	127.8	48	76%	74.2		4.5	

参 考 文 献

[1]　刘盛宾，苏建智主编．化工基础．北京：化学工业出版社，2005.

[2]　王振中，张利锋主编．化工原理，北京：化学工业出版社，2005.

[3]　冯元琦．甲醇生产操作问答．北京：化学工业出版社，2000.

[4]　许祥静．煤炭气化工艺技术．北京．化学工业出版社，2005.

[5]　谢克昌．甲醇及其衍生物．北京．化学工业出版社，2002.

[6]　苏华龙．危险化学品安全管理．北京：化学工业出版社，2006.

[7]　赵惠恋．化妆品与合成洗涤剂检验技术．北京：化学工业出版社，2005.

[8]　徐宝财．日用化学品——性能、制备、配方．北京：化学工业出版社，2002.

[9]　冷士良．精细化工实验技术．北京：化学工业出版社，2005.

[10]　陆美娟，张浩勤．化工原理．北京：化学工业出版社，2007.

[11]　程桂花．合成氨．北京：化学工业出版社，2005.

[12]　王志魁．化工原理．北京：化学工业出版社，2005.

[13]　侯丽新．化工生产单元操作．北京：化学工业出版社，2009.

[14]　吴红．化工单元过程及操作．北京：化学工业出版社，2008.

[15]　冷士良．化工单元过程及操作．北京：化学工业出版社，2002.

[16]　刘景良．化工安全技术．北京：化学工业出版社，2003.